自学经典

PHP 开发自学经典

张　莹　耿兴隆　薛玉倩　编著

清华大学出版社

北京

内 容 简 介

作为一种通用开源脚本语言，PHP 语法吸收了 C 语言、Java 和 Perl 的特点，利于学习，使用广泛，主要适用于 Web 开发领域。用 PHP 制作出的动态页面与其他的编程语言相比，PHP 是将程序嵌入到 HTML 文档中去执行。本书从最基础的 HTML 开始，全面系统地介绍了 PHP 的各项技术。主要内容包括：XHTML 技术、CSS 技术、JavaScript 基础知识、Web 开发环境部署、精品课网站制作、PHP 基础、数据库基础、PHP 高级应用、会话管理与 XML 技术、正则表达式及 PHP 异常处理机制、Smarty 模板技术、基于 MVC 的案例等内容，并在最后两章详细介绍了旅游网站开发、博客管理系统两个实例的制作过程。

本书专为广大 PHP 初学者量身定制，不仅适合各大院校作为教材使用，同时，也是 PHP 爱好者自学 PHP 的首选之作。

图书在版编目（CIP）数据

PHP 开发自学经典 / 张莹，耿兴隆，薛玉倩编著. —北京：清华大学出版社，2016（2017.2 重印）
（自学经典）
ISBN 978-7-302-42293-8

Ⅰ. ①P…　Ⅱ. ①张…　②耿…　③薛…　Ⅲ. ①PHP 语言 – 程序设计　Ⅳ. ①TP312

中国版本图书馆 CIP 数据核字（2015）第 286968 号

责任编辑：袁金敏　薛　阳
封面设计：刘新新
责任校对：徐俊伟
责任印制：王静怡

出版发行：清华大学出版社
　　　　网　　　址：http://www.tup.com.cn, http://www.wqbook.com
　　　　地　　　址：北京清华大学学研大厦 A 座　　　邮　　编：100084
　　　　社 总 机：010-62770175　　　　　　　　　邮　　购：010-62786544
　　　　投稿与读者服务：010-62776969，c-service@tup.tsinghua.edu.cn
　　　　质量反馈：010-62772015，zhiliang@tup.tsinghua.edu.cn
印 装 者：北京密云胶印厂
经　　销：全国新华书店
开　　本：185mm×260mm　　印　　张：23.25　　字　　数：581 千字
版　　次：2016 年 2 月第 1 版　　　　　　　　　印　　次：2017 年 2 月第 2 次印刷
印　　数：3001～4000
定　　价：49.00 元

产品编号：063975-01

前　言

PHP（Hypertext Preprocessor）是一种通用开源脚本语言，特别适合于 Web 开发领域。PHP 独特的语法混合了 C、Java、Perl 以及 PHP 自创的语法，因此它更易于学习，应用更加广泛。

本书从最基本的 HTML 知识开始讲起，将 PHP 开发的完整步骤非常清晰地呈现给读者。书中含有大量基础案例，并标有代码的详细注解，很多内容都通过截图的形式展现出来，让读者一目了然。书中还提供了一些初学者易犯错误的经验总结，让读者通过本书的学习可以在最短的时间内掌握最基本、最实用的核心技术。

本书共分为 14 章，各章节内容如下。

第 1 章：XHTML 技术，介绍静态网页 XHTML 应用的注意事项。

第 2 章：CSS 技术，通过案例介绍 CSS 基础语法及常用属性。

第 3 章：JavaScript 基础知识，进一步巩固 JavaScript 基本语法，熟练应用 JavaScript 实现网页动态效果。

第 4 章：Web 开发环境部署，分别介绍 Windows 环境下以及 Linux 环境下 PHP 开发及运行环境的安装与部署。

第 5 章：精品课网站制作，通过河北软件职业技术学院《HTML+CSS+JavaScript 精品课程》网站静态页面的开发介绍 XHTML 的使用、CSS 修饰技巧以及 JavaScript 提供交互动态功能的综合开发过程。

第 6 章：PHP 基础，学习 PHP 的基本语法。

第 7 章：数据库基础，Web 项目中通常会有大量数据被存储到数据库中，本章主要介绍开源数据库 MySQL 的基本应用以及 PHP 访问数据库的一些典型技巧。

第 8 章：PHP 高级应用，PHP 5 正式版本的发布，标志着一个全新的 PHP 时代的到来。PHP 5 的最大特点是引入了面向对象的全部机制。本章将介绍类与对象的相关概念。在 Web 编程中，文件的操作是非常重要的，本章还将介绍文件处理的相关技术。

第 9 章：会话管理与 XML 技术，HTTP 是一个无状态的协议，为了使得网站可以跟踪客户端与服务器之间的交互，保存和记忆每个用户的身份和信息，就需要进行会话管理。而 XML 是一个新兴技术，通常被用来解决网络间的数据共享、分布式数据处理、不同平台间的信息交换等。本章主要介绍会话管理与 XML 技术。

第 10 章：正则表达式及 PHP 异常处理机制，正则表达式在字符串处理上有着强大的功能。许多程序设计语言都支持利用正则表达式进行字符串操作，使用正则表达式可以非常方便地用来检索和/或替换那些符合某个模式的文本内容。本章主要介绍正则表达式的基本语法以及在 PHP 开发过程中常见错误的控制。

第 11 章：Smarty 模板技术，本章介绍 MVC 程序设计的理论与实现方法，对 PHP 中常用的 Smarty 模板技术进行了详细阐述。主要知识点包括：MVC 程序设计的思想，Smarty

的安装，Smarty 模板的常用语法、函数及缓存技术等。

第 12 章：基于 MVC 的仿记事狗微博系统，详细介绍了 MVC 框架技术的应用。

第 13 章：旅游网站开发，在 Windows + PHP + Apache +MySQL 的开发环境下实现一个旅游网站，通过该案例详细介绍如何利用 Smarty 模板技术进行项目开发的思路及技术。

第 14 章：博客管理系统，综合运用本书中所有理论知识，详细介绍管理系统的开发流程，进一步掌握项目的需求分析及系统设计。

本书由张莹、耿兴隆、薛玉倩编著。作者均有多年 PHP 开发实战经验，同时也具有多年的教学经验，在结构安排上更加能够考虑到初学者的需求。另外，参与本书编写的还有张丽、曹培培、胡文华、尚峰、蒋燕燕、杨诚、张悦、李凤云、薛峰、张石磊、孙蕊、王雪丽、张旭、伏银恋、张班班等人，由于编者水平所限，加之时间仓促，书中难免有疏漏和不足之处，恳请专家和广大读者指正。

编者

目　　录

第1章 XHTML 技术

XHTML 指可扩展超文本标记语言（eXtensible HyperText Markup Language），其目标是逐渐取代 HTML。XHTML 是作为一种 XML 应用被重新定义的 HTML，与 HTML 4.01 兼容，目前，所有新的浏览器都支持 XHTML。

本章知识点：
- 了解 XHTML 技术
- 熟悉 XHTML 应用

1.1 XHTML 基础

超文本标记语言（HyperText Markup Language，HTML）是为"网页创建及其他可在网页浏览器中看到的信息"设计的一种标记语言。XHTML 在表现方式上与 HTML 类似，不过语法上更加严格，在 2000 年 1 月 26 日成为 W3C 的推荐标准。

本节将讲述如何利用 HTML 制作一个简单的网页。

1.1.1 HTML 与 XHTML

HTML 作为定义万维网的基本规则之一，最初由 Tim Berners-Lee 于 1989 年在 CERN（Conseil European pour la Recherche Nucleaire）研制出来。1995 年，HTML 2.0 由 IETF（Internet Engineering Task Force）发布，成为官方标准。1997 年，万维网联盟（W3C）发布 HTML 4.0 版。

XHTML 作为更严格更纯净的 HTML 代码，于 2000 年成为 W3C 标准。其中"X"代表是可扩展的，是单词"extensible"的缩写。事实上它也属于 HTML 家族，对比以前各个版本的 HTML，它具有更严格的书写标准、更好的跨平台能力。XHTML 与 HTML 4.01 几乎完全相同，可以简单看作是 HTML 4.01 的小小升级。XHTML 对设计提出更高的要求与规范，用户应该以更严谨的编码来替代 HTML 松散的编码结构，真正使页面代码清晰易读，以便于样式设计与浏览器解析。

小实例演练：一分钟制作属于自己的第一个网页。

下面尝试实现一个简单的网页。解决该问题需要两个工具：一个文本编辑器用来编写代码，一个 Web 浏览器用来查看显示效果。首先请打开"记事本"程序，输入如下内容。

1-1.html

```
<html>
   <head>
      <title>请看标题：PHP 入门</title>
   </head>
   <body>
      <p>请看内容：这是 PHP 入门教程。</p>
   </body>
</html>
```

输入完成后，单击记事本菜单栏中的"文件"|"保存"菜单，弹出"另存为"对话框，命名为"index.html"，在"保存类型"下拉列表框中选择"所有文件"，在"编码"下拉框中选择 UTF-8 选项，保存文件并双击该文件，浏览器就会自动打开这个网页了，如图 1-1 所示。

图 1-1　实例效果图

以上只是一个简单的页面，距离完整的、符合 W3C 标准的 XHTML 网页还有一些差距。

实例关键点解析：

接下来针对刚刚制作的网页从结构上进行简单分析。

```
<html>   -------------------------   根节点，即文档的开始
   <head>   --------------------   文档头，即信息，用于搜索
      <title>请看标题：PHP 入门</title>
   </head>
   <body>   --------------------   文档体，即内容，在浏览器中显示
      <p>请看内容：这是 PHP 入门教程。</p>
   </body>
</html>   -------------------------   根节点，即文档的结束
```

以下代码存在十分严重的错误，但是浏览器却会准确无误地显示这两个网页。

错误示例一

```
<html>
   <head>
      <title>我是标题</title>
      <p>我站错位了！</p>         -------------------   错误 1
   </head>
   <body>
```

```
    </body>
 </html>
```

错误示例二：

```
<html>
    <head>
    </head>
    <body>
            <title>我应该是标题啊！</title> ----------------错误 2
            <p>这次我的位置对了！</p>
    </body>
</html>
```

这些看似无关的小错误，会造成极其严重的后果。

（1）<head>部分出现差错，搜索引擎可能无法正常收录该网站；

（2）针对该网站的浏览可能会遇到未知错误。

浏览器的纠错能力实在是令人佩服，因此标签语言既简单又不简单，在写代码的过程中应具有极其严谨的精神。

1.1.2　XHTML 语法规则

通过以上内容可以看出，XHTML 文件与普通的纯文本文件的最大不同在于包含一些带有"<>"的单词，例如<html>、<head>、<body>等，即 HTML 标签，在 XHTML 中仍然把它们叫作标签或标记。XHTML 与 HTML 4.01 标准没有太多的不同，因此针对有过 HTML 使用经验的读者来讲学习起来非常容易。接下来本节只选取几个常用标签进行介绍。详尽内容请参阅在线学习手册 http://www.w3school.com.cn/。

1. 关于大小写

以前各个版本 HTML 标签并不区分大小写，例如，标签<HTML>和标签<html>是等效的。而在 XHTML 中，所有标签均使用小写，标签的属性也必须小写且必须加引号。

2. 标签的作用

XHTML 标签是 XHTML 文档的基本组成部分。XHTML 标签可以理解为是 XHTML 用于定义描述 XHTML 文档"这是什么，那是什么"的标记。XHTML 标签有些是成对出现的，例如<html></html>，叫作双标记。可以看到它们只相差一个"/"，类似<html>的没有"/"的标记叫作起始标记，而对应有"/"的</html>标记则叫作结束标记。当然，XHTML 也有一些标记并不成对出现，它们没有终止标记，例如
，这样的标记叫作"单标记"。

3. 标签的属性

标签的属性是为标签或者文档的元素提供更多的附加信息说明。就像标签可以分为双标记与单标记一样，标签同样可以分为有属性标签与无属性标签。可以手动为有属性

XHTML 标签设置一些属性。

例如，HTML 中<hr>标签是有属性单标记，代表一条水平分割线。

```
<hr/>
```

可以为这条分割线添加属性"size"（即分割线的大小），属性值为 10（默认单位为 px）。那么它的正确代码就是：

```
<hr size="10" />
```

添加属性的格式：

```
<起始标签　属性1="属性值1"　属性2="属性值2"　……>
```

（1）属性名称必须小写。

这是错误的：

```
<table WIDTH="100%">
```

这是正确的：

```
<table width="100%">
```

（2）属性值必须加引号。

这是错误的：

```
<table width=100%>
```

这是正确的：

```
<table width="100%">
```

（3）属性不能简写。

这是错误的：

```
<input checked>
```

这是正确的：

```
<input checked="checked" />
```

4. 标题标签<h1>到<h6>

使用<h1>到<h6>这几个标签，可以实现标题的变化。其中<h1>到<h6>字号按顺序减小，重要性也逐渐降低。通常浏览器将在标题的上面和下面自动各空出一行距离。

1-2.html

```
<html>
<head>
<title>标题标签</title>
</head>
<body>
<h1>我是一级标题</h1>
<h2>我是二级标题</h2>
```

```
<h3>我是三级标题</h3>
<h4>我是四级标题</h4>
<h5>我是五级标题</h5>
<h6>我是六级标题</h6>
</body>
</html>
```

5. 段落标签<p>

文章的段落使用<p>标签。与标题标签类似，浏览器也会在段落的开始之前和结束之后各加一行空白。

6. 换行标签

该标签表示另起一行的作用，但不会增加新的空行。
标签是一个单标记，需要加上一个"/"以符合 XHTML 的要求。

1-3.html

```
<html>
<head>
<title>标题标签</title>
</head>
<body>
体会一下我与段落标签的区别吧，重点看是否有新的空行哦。<br/>
我换行了，但不是新的段落。<br/>
<p>我是段落标签，前后会有空行。</p>
</body>
</html>
```

7. 注释<!--　-->

注释是为了让代码更清晰，被包含在<!--和-->之间的内容就是注释内容，它们不会在网页上显示。

1-4.html

```
<html>
<head>
<title>标题标签</title>
</head>
<body>
<!--我是注释信息，不会被显示到网页上。下面是文章的段落部分-->
<p>有了注释，阅读代码会更有层次感。</p>
</body>
</html>
```

8. 格式化标签

XHTML 中可定义很多供格式化输出的元素，比如粗体、斜体等。

1-5.html

```
<html>
<head>
```

```
<title>标题标签</title>
</head>
<body>
<b>我可以定义粗体字</b>
<em>我可以定义着重文字</em>
<i>我可以定义斜体字</i>
</body>
</html>
```

9. 特殊字符

在 HTML 中，某些字符是预留的。例如，不能使用小于号（<）和大于号（>），这是因为浏览器会误认为它们是标签。如果希望正确地显示预留字符，必须在 HTML 源代码中使用字符实体。

字符实体类似这样：

```
&entity_name;
```

或者

```
&#entity_number;
```

例如：

1-6.html

```
<html>
<head>
<title>标题标签</title>
</head>
<body>
<!--首先是连续的空格-->
<p>体会一下空格的使用         空格添加结束。</p>
<p>体会一下小于号的使用&lt; &lt; &lt; &lt;结束。</p>
</body>
</html>
```

10. 标签的顺序

多组标签混合使用就出现了嵌套，唯一需要注意的是结束标签的书写顺序。
正确的使用：

```
<!--体会一下标签嵌套-->
<p>我是<b><i>粗体与斜体的综合</i></b>效果</p>
```

错误的使用：

```
<!--体会一下标签嵌套-->
<p>我是<b><i>粗体与斜体的综合</b></i>效果</p>
```

尽管浏览器可能会正常显示，但这不符合 XHTML 的标准。

11. 链接标签<a>

毫不夸张地说，是链接把整个互联网连接了起来。超链接可以是一个字、一个词或者一组词，也可以是一幅图像，用户可以单击这些内容来跳转到新的文档或者当前文档中的某个部分。当用户把鼠标指针移动到网页中的某个链接上时，箭头会变为一只小手。它的实现却非常简单。

小实例演练：页面间跳转。

1-7.html

```
<html>
    <head>
        <title>体会超级链接的作用</title>
    </head>
    <body>
        <a  href=" http://www.w3school.com.cn">在线学习手册</a>
    </body>
</html>
```

效果如图 1-2 所示。

图 1-2　超级链接实现页面间跳转

小实例演练：页面内跳转（锚记）。

1-8.html

```
<html>
    <head>
        <title>体会超级链接的作用</title>
    </head>
    <body>
        <a id="mulu">目录</a>
        <h1>第一章  XHTML 技术</h1>
        <h1>第二章  CSS 技术</h1>
        <h1>第三章  JS 技术</h1>
        <h1>第四章  小项目 </h1>
        <h1>第五章  PHP 基础</h1>
        <h1>第六章  数据库基础</h1>
        <h1>第七章  连接数据库</h1>
        <h1>第八章  小项目</h1>
        <h1>第九章  smarty</h1>
        <h1>第十章  小项目</h1>
        <p>基本的注意事项 – 有用的提示:
注意：请始终将正斜杠添加到子文件夹。假如这样书写链接：href="http://www.w3school.
```

com.cn/html"，就会向服务器产生两次 HTTP 请求。这是因为服务器会添加正斜杠到这个地址，然后创建一个新的请求，就像这样：href="http://www.w3school.com.cn/html/"。
提示：命名锚经常用于在大型文档开始位置上创建目录。可以为每个章节赋予一个命名锚，然后把链接到这些锚的链接放到文档的上部。如果您经常访问百度百科，您会发现其中几乎每个词条都采用这样的导航方式。
提示：假如浏览器找不到已定义的命名锚，那么就会定位到文档的顶端。不会有错误发生。</p>
　　　　　　　　<a href="#mulu">回到目录</a>
　　　　</body>
</html>

页面内跳转通常被应用到页面内有大量内容又需要迅速回到指定位置的情况下，例如小说阅读过程中回到章节目录的效果。以上实例是同一页面内的跳转，其他页面跳转到该锚点稍微复杂一些，请将真实 URL 地址替换掉 URL：

```
<a href="URL#mulu">回到目录</a>
```

例如：

```
<a href="http://www.zhy.com/index.php#mulu">回到目录</a>
```

12. 列表标签\<ul>\<ol>\<dl>

无序列表的标签是\<ul>\</ul>，每一个列表项则用\<li>标签表示，是一个项目的列表，此列表项目在浏览器中使用粗体圆点进行标记。列表项内部可以使用段落、换行符、图片、链接以及其他列表等。效果如图 1-3 所示。

图 1-3　ul 标签的使用

小实例演练：
1-9.html

```
<html>
    <head>
        <title>小学生暑假作业</title>
    </head>
    <body>
        <ul>
            <li>语文暑假生活</li>
            <li>数学暑假生活</li>
            <li>阅读课外书两本</li>
            <li>制作读书手抄报两份</li>
        </ul>
    </body>
</html>
```

有序列表的标签是<ol></ol>，列表项仍然是<li>，但列表项目在浏览器中使用数字进行标记，当然也可通过属性自定义标记符号。再用有序列表来改写上面那段代码：

```
<html>
    <head>
        <title>小学生暑假作业</title>
    </head>
    <body>
        <ol>
            <li>语文暑假生活</li>
            <li>数学暑假生活</li>
            <li>阅读课外书两本</li>
            <li>制作读书手抄报两份</li>
        </ol>
    </body>
</html>
```

效果如图 1-4 所示。

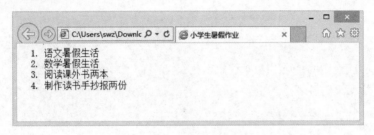

图 1-4　ol 标签的使用

自定义列表不仅仅是一列项目，而是项目及其注释的组合。自定义列表以 <dl> 标签开始。每个自定义列表项以<dt>开始。每个自定义列表项的定义以 <dd> 开始。

小实例演练：

1-10.html

```
<html>
    <head>
        <title>小学生暑假作业</title>
    </head>
    <body>
     <dl>
        <dt>软件系</dt>
         <dd>省级示范专业</dd>
         <dd>拥有多名教学名师</dd>
        <dt>网络系</dt>
         <dd>建设学院优质教学资源库</dd>
     </dl>
    </body>
</html>
```

效果如图 1-5 所示。

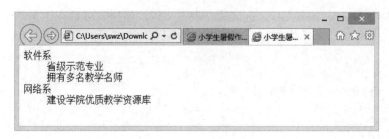

图 1-5　dl 标签的使用

13. 图像标签\<img /\>

该标签主要用于在网页里插入图片。\<img /\>标签有一个非常重要的属性"src"，它的属性值就是图片的地址。

小实例演练：

1-11.html

```
<html>
    <head>
        <title>如何插入图像</title>
    </head>
    <body>
        <p><img src="flower.jpg"  alt="兰花" /></p>
    </body>
</html>
```

我们注意到\<img/\>也是一个有属性单标记，需要在结尾加上一个"/"以符合 XHTML 的要求。这里的例子除 src 外还有一个属性 alt，即替换属性：当图片由于某种原因无法显示的时候，alt 属性值会代替图片出现提示信息；当图片正常显示时，鼠标停在图片上也可以看到 alt 属性值的提示信息。

14. 表格标签\<table\>

创建表格的标签是\<table\>，\<tr\>标签将表格分成行，\<td\>标签把每行分成列。\<table\>标签可以有 border 属性。如果不设置 border 属性的值，在默认情况下，浏览器将不显示表格的边框。

小实例演练：

1-12.html

```
<html>
    <head>
        <title>下面是一个二行三列的表格</title>
    </head>
 <body>
    <table border="1">
    <tr>
        <td>第一行第一列</td>
```

```
            <td>第一行第二列</td>
            <td>第一行第三列</td>
        </tr>
        <tr>
            <td>第二行第一列</td>
            <td>第二行第二列</td>
            <td>第二行第三列</td>
        </tr>
    </table>
</body>
</html>
```

效果如图 1-6 所示。

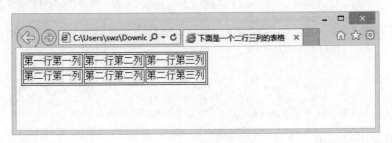

图 1-6 table 标签的使用

15. 框架标签<frameset>

通过使用框架，可以在同一个浏览器窗口中显示不止一个页面。每份 HTML 文档称为一个框架，并且每个框架都独立于其他的框架。

小实例演练：

1-13.html

```
<html>
    <!--首先分上下两栏，每栏使用百分比划分大小-->
<frameset rows="30%,70%">
        <!--上栏显示1.html 文档内容-->
        <frame src="1.html"/>
        <!--下栏显示2.html 文档内容-->
        <frame src="2.html"/>
</frameset>
</html>
```

16. DTD

DTD 即文档类型定义，规定了使用通用标记语言（Standard Generalized Markup Language，SGML）的网页的语法。要想让 HTML 文档符合 XHTML 标准就必须在文档的首行使用相应声明。

XHTML 文档类型包括以下三种。

（1）XHTML 1.0 Strict：需要干净的标记，避免表现上的混乱时使用。请与层叠样式表配合使用。

```
<!DOCTYPE html
PUBLIC "-//W3C//DTD XHTML 1.0 Strict//EN"
"http://www.w3.org/TR/xhtml1/DTD/xhtml1-strict.dtd">
```

（2）XHTML 1.0 Transitional：当需要利用 HTML 在表现上的特性时，并且当需要为那些不支持层叠样式表的浏览器编写 XHTML 时使用。

```
<!DOCTYPE html
PUBLIC "-//W3C//DTD XHTML 1.0 Transitional//EN"
"http://www.w3.org/TR/xhtml1/DTD/xhtml1-transitional.dtd">
```

（3）XHTML 1.0 Frameset：需要使用 HTML 框架将浏览器窗口分割为两部分或更多框架时使用。

```
<!DOCTYPE html
PUBLIC "-//W3C//DTD XHTML 1.0 Frameset//EN"
"http://www.w3.org/TR/xhtml1/DTD/xhtml1-frameset.dtd">
```

17. 表单标签<form>

表单是一个包含表单元素的区域，允许用户在表单中（比如：文本域、下拉列表、单选框、复选框等）输入信息的元素，表单使用表单标签（<form>）定义。例如，注册会员、网站投票等都需要表单来实现。当然，仅依靠 XHTML 是无法真正处理这些表单的，还需要使用 PHP 网页后台技术。

小实例演练：

1-14.html

```
<html>
  <head>
    <title>体会表单的使用</title>
  </head>
  <body>
    <p>会员注册</p>
<form id="myForm" action="login.php" method="get">
Username: <input type="text" id="username" />
Password: <input type="password" id="password" />
<p>文本框中文字原样显示，密码框中信息显示小圆点。</p>
    <input type="submit" value="注册" />
</form>
</body>
</html>
```

效果如图 1-7 所示。

常用的表单元素还有很多，比如单选框和复选框、下拉列表、文本域以及从表单发送电子邮件等，使用方法基本同上，读者可以自己根据手册进行练习，此处不再赘述。

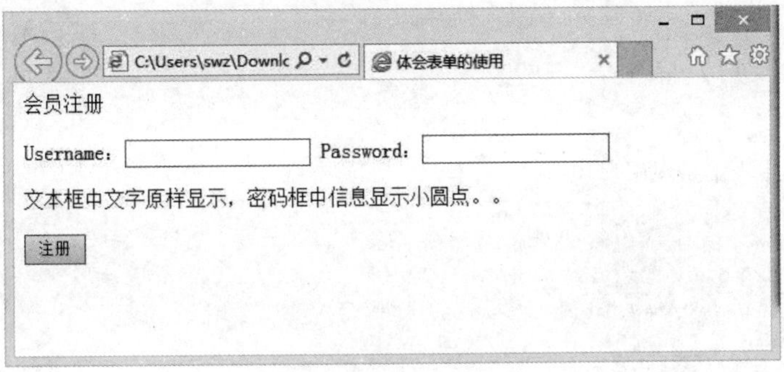

图 1-7　表单标签的使用

1.2　XHTML 应用

综合实例：完善属于自己的第一个网页。

现在可以打开在 1.1 节中保存的网页或者新建一个空白网页，练习一下学习过的几个重要标签，实现最基本的 XHTML 文档结构。

1-15.html

```
<!DOCTYPE html
PUBLIC "-//W3C//DTD XHTML 1.0 Strict//EN"
"http://www.w3.org/TR/xhtml1/DTD/xhtml1-strict.dtd">
<html>
    <head>
        <title>最基本文档结构</title>
    </head>
    <body>
        <p>我是一个非常简单的段落。</p>
        <!--注释：我是注释，我在浏览器上是不会被显示的。 -->
        <h1>我是一级标题</h1>
        <h4>我们标题最大到 h6</h4>
        <!--画一条华丽的水平分割线吧-->
        <hr />
体会一下只换行不分段落的效果<br />
<!--下面制作一个简单的统计表-->
<table  border="1">
  <tr>
    <td>姓名</td>
    <td>年龄</td>
    <td>性别</td>
  </tr>
  <tr>
    <td>张三</td>
    <td>20</td>
    <td>男</td>
  </tr>
  <tr>
    <td>王五</td>
```

```
        <td>18</td>
        <td>女</td>
      </tr>
    </table>
    <!--利用表单实现用户注册-->
    <form>
      账号:<input type="text" />
      口令:<input type="password" />
      <input type="submit" value="提交">
    </form>
  </body>
</html>
```

效果如图 1-8 所示。

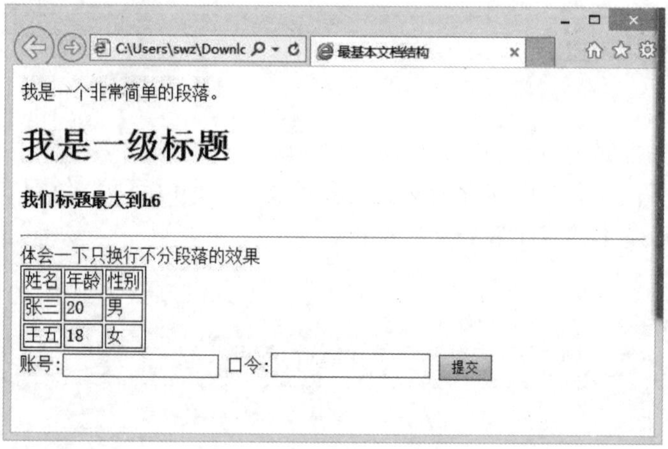

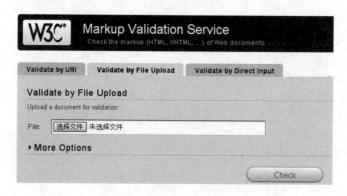

图 1-8　实例效果

1.　XHTML有效性检验

现在将网页送交权威机构检验一下。进入站点 http://validator.w3.org/，该页面用来检验制作的网页是否符合 XHTML 的标准。有三种方式提交文件，如图 1-9 所示。

图 1-9　有效性检查

单击 Validate by File Upload 一项，找到 File，单击“选择文件”按钮，找到要进行检测的 XHTML 文档，然后单击 Check 按钮。显示结果如图 1-10 所示。

Errors found while checking this document as XHTML 1.0 Strict!
Result: 11 Errors, 7 warning(s)
File: 选择文件 未选择文件
Use the file selection box above if you wish to re-validate the uploaded file a.html
Encoding: windows-1252
(detect automatically)
Doctype: XHTML 1.0 Strict
(detect automatically)
Root Element: html

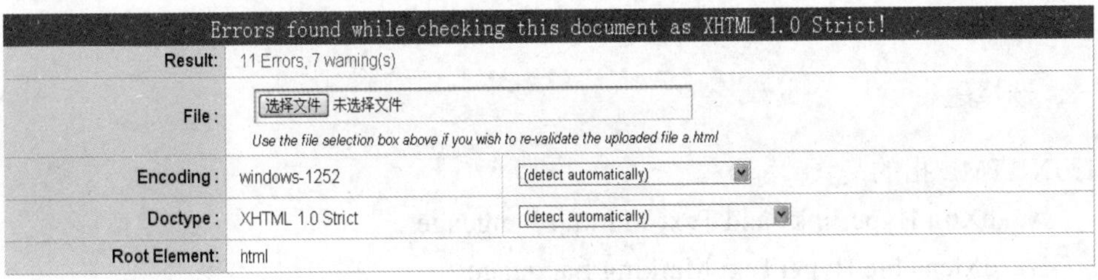

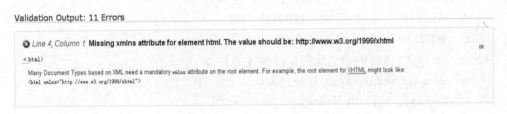

图 1-10　文件检查结果

2. 为什么会出错

检测结果显示有 11 处错误和 7 处警告，继续向下滚动页面会看到错误的原因及修改建议。下面以其中一个错误为例简单介绍，如图 1-11 所示。

Validation Output: 11 Errors
Line 4, Column 1: Missing xmlns attribute for element html. The value should be: http://www.w3.org/1999/xhtml
<html>
Many Document Types based on XML need a mandatory xmlns attribute on the root element. For example, the root element for XHTML might look like:
<html xmlns="http://www.w3.org/1999/xhtml">

图 1-11　第一处错误

第一处错误显示原因是：在第 4 行上缺少 xmlns 属性，该属性值应该为：http://www.w3.org/1999/xhtml。所以找到 HTML 文档中的第 4 行：

```
<html>
```

改为：

```
<html xmlns="http://www.w3.org/1999/xhtml">
```

保存再次检测，该条错误被成功修复，其他情况以此类推。以上检测过程可以看出 XHTML 要比 HTML 严格得多。

在编辑或者修复过程中会频繁查找某特定行，所以安装一款小巧又实用的编辑器是非常有必要的。读者可以选择 Notepad++、EditPlus、Dreamweaver 系列，本系列是一套非常有特色的纯文字编辑器，开源、免费但是功能强大，可处理文本、HTML 和程序语言。默认支持 HTML、CSS、PHP、ASP、Perl、C/C++、Java、JavaScript 和 VBScript 等语法高亮显示，通过定制语法文件，可以扩展到其他程序语言，界面简洁美观，比较适合初学者使用。

本章只介绍了 HTML/XHTML 中最常用的知识，而不是所有的标签。事实上也没有必要一下就把所有的 HTML 标签都记住。为了有利于读者更好地学习，请密切关注 http://www.w3school.com.cn/xhtml/。

习题

一、选择题

1. XHTML 指的是（　　　）。
   A．eXtra Hyperlinks and Text Markup Language
   B．eXtensible HyperText Marking Language
   C．eXtreme HyperText Markup Language
   D．eXtensible HyperText Markup Language

2. 在下面的 XHTML 中，哪个可以正确地标记段落？（　　　）
   A．`<P></p>`　　　　　　　B．`<P></P>`
   C．`<p></p>`　　　　　　　D．`</p><p>`

3. 下列 XHTML 中的属性和值，哪个是正确的？（　　　）
   A．width=80　　　　　　　B．WIDTH="80"
   C．WIDTH=80　　　　　　　D．width="80"

4. 在 XHTML 文档中哪些元素是强制性的？（　　　）
   A．doctype、html、head 以及 body
   B．doctype、html 以及 body
   C．doctype、html、head、body 以及 title

5. 下列哪些是格式良好的 XHTML？（　　　）
   A．`<p>A <b><i>short</b></i> paragraph</p>`
   B．`<p>A <b><i>short</i></b> paragraph</p>`
   C．`<p>A <b><i>short</i></b> paragraph`

6. 在 XHTML 中有哪些不同的 DTD？（　　　）
   A．Strict, Transitional, Frameset
   B．Strict, Transitional, Loose, Frameset
   C．Strict, Transitional, Loose

二、判断题

1. XHTML 是一个 Web 标准。（　　　）
2. HTML 会被 XHTML 取代。（　　　）
3. 所有的 XHTML 标签和属性都必须是小写的。（　　　）
4. 在 XHTML 中不允许简写属性。（　　　）

三、上机练习

1. 按格式实现以下诗句。

静夜思

床前明月光，

疑是地上霜。

举头望明月，

低头思故乡。

2. 按格式实现以下表格。

姓名	性别	年龄	系部
张三	女	20	软件系
李四	男	20	网络系
王五	男	21	智能系
赵六	男	18	外语系
人数统计			

第 2 章　CSS 技术

　　XHTML 技术仅仅实现了页面的内容布局，其效果仍不尽如人意。CSS 技术可以更好地定义网页的外观，甚至可以说没有 CSS 的 XHTML 是不完整的。CSS 是一种能够真正做到网页表现与内容分离的样式设计语言。它能够对网页进行像素级的精确控制，并能够根据不同使用者的理解能力，简化或者优化写法，有较强的易读性，是重要的网页排版和美化技术，本章就来学习 CSS 技术。

　　本章知识点:
- CSS 语法基础
- CSS 常用属性
- CSS 应用举例

2.1　CSS 语法基础

　　CSS（Cascading Style Sheets，层叠样式表）是一种用来为结构化文档添加样式的计算机语言，由 W3C 定义和维护。XHTML 仅仅将网页要显示的内容做了安排，但页面中各项内容的颜色、大小、排版效果等需要使用 CSS 来完成。

　　CSS 在完成页面效果修饰时可以做到与页面内容完全分离，这样就给网页设计带来了很多的好处，比如：增强了 XHTML 文件的可读性、简化了 XHTML 文件的结构、集中了修饰信息等。掌握 CSS 基本语法并做到熟练运用 CSS 进行页面修饰，对进行网页开发的人员来说是非常重要的。

2.1.1　CSS 的引入

　　CSS 代码在与 XHTML 文档结合时允许以多种方式来实现样式规定。

　　（1）可以在 XHTML 文件中引入一个外部独立的 CSS 文件，即外部样式表，其优先级别最低；

　　（2）可以将 CSS 代码嵌入到 XHTML 文件头部（<head>）信息内，即内部样式表，其优先级别居中；

　　（3）可以将 CSS 代码作为 XHTML 标签属性进行结合，即内联样式表，其优先级别最高。

1. 外部样式表

外部样式表，是推荐使用的一种引入 CSS 样式的常用方法。这种方法的好处在于样式与内容完全分离，使 XHTML 文件结构更简洁、易读。因为 CSS 文件独立存在，所以 CSS 代码的效果如果遇到有后面两种方式引入相同 CSS 修饰时会被覆盖。

其语法如下。

2-1.html

```
<html>
    <head>
        <title>外部样式表语法</title>
    <link rel="stylesheet" type="text/css" href="style.css" />
    </head>
    <body>
        <p>外部样式表独立存在。</p>
    </body>
</html>
```

"style.css"即为外部 CSS 文件名，注意路径的写法。

2. 内部样式表

内部样式表，是一种书写在<head></head>标签内部的 CSS 代码形式。这种方法使得 CSS 代码比较集中，XHTML 标签与 CSS 分离，易读性好，但会增加整个 XHTML 文档的长度。

其语法如下。

2-2.html

```
<html>
    <head>
        <title>内部样式表语法</title>
        <style type="text/CSS">
    *{
margin:0;
padding:0;
}
body{
font-size:12px;
font-color:red;
}
…
        </style>
    </head>
    <body>
        <p>内部样式表与标签分离</p>
    </body>
</html>
```

3. 内联样式

内联样式表，是一种将 CSS 代码作为标签属性结合在标签内部的形式。这种方法使得 CSS 代码与 XHTML 标签距离更近，但不适合书写太多，否则文档易读性会变差。

其语法如下。

2-3.html

```
<html>
    <head>
        <title>内联样式表语法</title>
    </head>
    <body>
        <p style="font-size:15px">内部样式表与标签分离</p>
        </body>
</html>
```

2.1.2 CSS 的构成

无论采取哪种方式引入 CSS 样式，其代码书写格式都是一致的。构成 CSS 规则的主要有两个部分：选择器；一条或多条声明。

语法形式如下。

```
selector{
    属性 1:值;
    属性 2:值;
    ...
    属性 N:值;
}
```

其中，Selector（选择器）包括以下几种情况，为了方便读者读懂代码，下面的实例选取"内部样式表"形式为例进行介绍。

1. 标签名选择器

标签名选择器，即修饰哪个 XHTML 标签，就以该标签名字本身作为选择器。

2-4.html

```
<html>
<head>
<title>标签名选择器</title>
<style type="text/css">
<!--修饰单个标签-->
    p{color:red;}
 <!--修饰并列多个标签-->
   h1,h2{
 font-size:15px;
 text-align:center;
}
</style>
</head>
<body>
<p>帮我改成红色文字</p>
<h1>我是一级标题，我和 h2 要求一样</h1>
<h2>我是二级标题，我和 h1 要求一样</h2>
</body>
</html>
```

注意：color 属性值除了英文单词写法之外，还可以使用十六进制的颜色值，如#ff0000，或者通过以下两种方法使用 RGB 值。

```
p { color: rgb(255,0,0); }
p { color: rgb(100%,0%,0%); }
```

提示：（1）尽量一组属性值占一行，这样可以增加可读性。
　　　　（2）如果值中间包含空格，则要记得给属性值加引号。

2. 标签名派生选择器

标签名选择器是最直观、最简单的一种选择器的写法。但 XHTML 文档中标签有时候会以多个标签嵌套的形式出现，因此为了修饰效果更精确，在标签名选择器基础上通过层级关系又引入了标签名派生选择器。

即：根据文档的上下文关系来确定标签子元素的样式，中间是用空格分隔符。

2-5.html

```
<html>
<head>
<title>标签名派生选择器</title>
<style type="text/css">
li strong{
    font-style:italic;
    font-size:15px;
  }
</style>
</head>
<body>
    <strong>这次修饰和我没关系啊！</strong>
<ul>
  <li><strong>修饰的是我呀！</strong></li>
</ul>
</body>
</html>
```

根据标签名派生选择器的上下文关系，以上代码只针对<li>标签包含的<strong>标签下的内容进行字体类型、字体大小的修饰，而独立存在的<strong>标签则不受影响。

3. id选择器

XHTML 文档中有时也会同时出现多次相同标记，但每个标记又要求使用不同效果。这种情况下，标签名选择器就无能为力了，因此 CSS 中针对此种情况提供了一种 id 选择器。即根据 HTML 标签的 id 属性值进行修饰。

要求：id 选择器以“#”开头，例如：#id_name。

2-6.html

```
<html>
<head>
<title>id选择器</title>
<style type="text/css">
#red{
```

```
        font-color:red;
    }
</style>
</head>
<body>
    <p id="red">整个段落为红色。</p>
<p id="green">整个段落不受控制。</p>
</body>
</html>
```

代码中出现了两次 p 标记，每种标记都有自己的 id 属性值，通过"#red"的限制，CSS 仅针对"id=red"的标记进行修饰，而"id=green"则不受控制。

4．id 派生选择器

id 选择器解决了同名标签不同修饰的问题，但当具有 id 属性的标签又嵌套其他成批标签后，只使用 id 选择器显然无法从大量标签中挑选某一个指定标签进行特殊修饰，因此在 id 选择器的基础上又出现了 id 派生选择器。

即：使用 id 属性值再根据上下文关系定义对应子元素的特殊样式。

2-7.html

```
<html>
<head>
    <title>id 派生选择器</title>
<style type="text/css">
#red p{
        font-style: italic;
            text-align: right;
}
</style>
</head>
<body>
    <div id="red">
 <p>文字为斜体居右对齐。</p>
 <span>与 p 标签同级别，但不受影响</span>
</div>
<p>本段文字不受影响。</p>
</body>
</html>
```

在以上代码中，"id=red"标签中同时包含两个标签，但只有 p 标签被修饰，同级别的 span 标签不受影响，独立存在的 p 标签更不会被修饰。

5．类选择器

在 XHTML 文档中，有时候需要针对不同标签进行相同修饰，即批量修饰。CSS 提供了类选择器解决以上问题。

要求：类选择器以一个点号"."开头，例如：.class_name。

2-8.html

```
<html>
<head>
<title>类选择器</title>
```

```
<style type="text/css">
.center{
text-align:center;
}
</style>
</head>
<body>
<h1 class="center">我和 p 标记样式一致，居中显示一级标题</h1>
<p  class="center">我和 h1 标记样式一致，居中显示段落内容。</p>
</body>
</html>
```

类选择器的作用就是无论标签名是什么，只要 class 属性值一致就同时进行修饰。

6. 类派生选择器

派生选择器都是在某种选择器基础上出现的升级选择器，使得修饰更精确，类派生选择器也不例外。类派生选择器是在类选择器的基础上再根据上下文关系进行修饰的一种选择器。

2-9.html

```
<html>
<head>
<title>类派生选择器</title>
<style type="text/css">
.center h1{
text-align:center;
}
</style>
</head>
<body>
<div class="center">
<h1>我在 div 里面，居中显示一级标题</h1>
<h2>我也属于 div，但不会被修饰</h2>
</div>
</body>
</html>
```

同 id 派生选择器的效果，CSS 通过 ".center h1" 选择器限制，上述代码中只有 h1 标签被修饰。

7. 基于类的元素选择器

在 CSS 中为了更精确，还提供了一种元素名与类属性值相结合的选择器，即基于类的元素选择器。

2-10.html

```
<html>
<head>
  <title>基于类的元素选择器</title>
<style type="text/css">
td.grey {
    color:pink;
```

```
    background:grey;
    }
</style>
</head>
<body>
<table border="1px">
<tr>
  <td class="grey">我变色</td>
<td>我不变</td>
</tr>
</table>
<p class="grey">跟我无关</p>
</body>
</html>
```

以上代码中 td 标签出现多次，但"td.grey"选择器仅针对元素名为 td，且 class 属性值为 grey 的部分进行修饰，这种写法更精确。

8．CSS属性选择器

XHTML 文档中有时候标签不具有 id 或者 class 属性值也可以进行精确修饰。CSS 还有一种通过标签普通属性值来限制修饰内容的选择器，即属性选择器。这种方法对带有指定属性的 XHTML 元素设置样式。

要求：属性选择器使用"[]"，例如：[属性名=属性值]。

2-11.html

```
<html>
<head>
  <title>属性选择器</title>
<style type="text/css">
input[type="text"]{
  width:100px;
  display:block;
  margin-bottom:5px;
  }
</style>
</head>
<body>
<form>
姓名：<input type="text"/>
口令：<input type="password"/>
</form>
</body>
</html>
```

上述代码中 input 标签出现了两次，但每次的 type 属性类型值都不同，且没有指定 id 属性值和 class 属性值，因此选择"input[type="text"]"方法限制后，只有 type 属性值为 text 的标签会被修饰。

当然 CSS 选择器还有很多种，以上只是常用的几种类型，详细内容可参考在线手册

www.w3school.com.cn。

2.2 CSS 常用属性

CSS 的引入以及构成在上述章节中已经介绍过了，从本节开始进入 CSS 的应用核心部分，即常用属性的介绍。CSS 的常用属性很多，本书中主要介绍 CSS 背景属性、文本属性、字体属性、列表属性、边距属性等。

2.2.1 CSS 背景属性

CSS 可以用来修饰整个页面的背景或者某个标签的背景，其属性主要包括：添加图像作为背景、设置背景为某种底色以及指定背景出现的位置等，具体见表 2-1。

表 2-1　CSS背景属性

属　　　性	描　　　述
background	简化写法，可以在同一个声明中设置全部背景属性
background-attachment	背景图像是否固定。取值包括：scroll、fixed
background-color	单独设置背景颜色。取值包括：颜色单词（如：red）、十六进制（如：#ff0000）、rgb 代码（如：rgb(255,0,0)）
background-image	单独设置背景图像
background-position	设置背景图像的起始位置。常用取值：x%　y%
background-repeat	设置背景图像是否及如何重复。取值包括：repeat（默认）、repeat-x（x 方向重复）、repeat-y（y 方向重复）、no-repeat

下面通过一个实例来熟悉一下关于"添加背景图"属性的使用。

2-12.html

```
<html>
<head>
  <title>添加背景图</title>
<style type="text/css">
p {background-color:grey;}
body {background-image:url(top.JPG);
    background-repeat:repeat-y;
    background-position:10%  60%;
}
</style>
</head>
<body>
  <p>给我加点颜色吧！</p>
</body>
</html>
```

上述代码为 p 标签加了段落底色为灰色，为整个页面 body 添加了背景图片并且指定为 y 轴方向上重复，起始位置使用百分比后效果如图 2-1 所示：

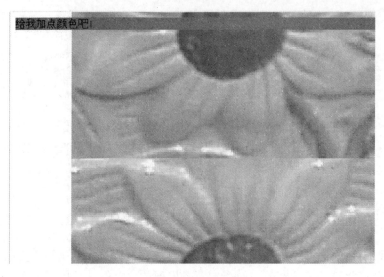

图 2-1　背景属性使用

2.2.2　CSS 文本属性

CSS 文本属性主要用于定义文本的外观。通过文本属性，可以改变文本的颜色、字符间距、文本对齐方式、下划线、首行缩进等，具体见表 2-2。

表 2-2　CSS文本属性

属　　性	描　　述
color	设置文本颜色。取值包括：颜色单词（如：red）、十六进制（如：#ff0000）、rgb 代码（如：rgb(255,0,0)）
line-height	设置行高。取值包括：数字（如：5px）、百分比（如：15%）
letter-spacing	设置字符间距。取值包括：数字（如：5px，允许使用负值）
text-align	设置文本对齐。取值包括：left、right、center、justify
text-decoration	设置文本修饰。取值包括：none、underline、overline、blink、line-through
text-indent	设置文本缩进。取值包括：数字（如：5px）、百分比（如：15%）
word-spacing	设置字间距。取值包括：数字（如：5px）

下面通过一个实例来熟悉一下关于文本属性的使用。

2-13.html

```
<html>
<head>
<title>文本属性应用</title>
<style type="text/css">
p.one {text-indent:5px;}
p.two {word-spacing:30px;}
h1 {letter-spacing:10px;}
</style>
</head>
<body>
<p class="one">这是第一段话，需要缩进 5 像素。</p>
```

```
<p class="two">这是第二段话，需要将字符间距设置为 30 像素。
</p>
<h1>this is header</h1>
</body>
</html>
```

上述代码使用基于类的元素选择器进行修饰，第一段缩进 5px，第二段字符间距为 30 像素，h1 标签内容字母间距 10px，效果如图 2-2 所示。

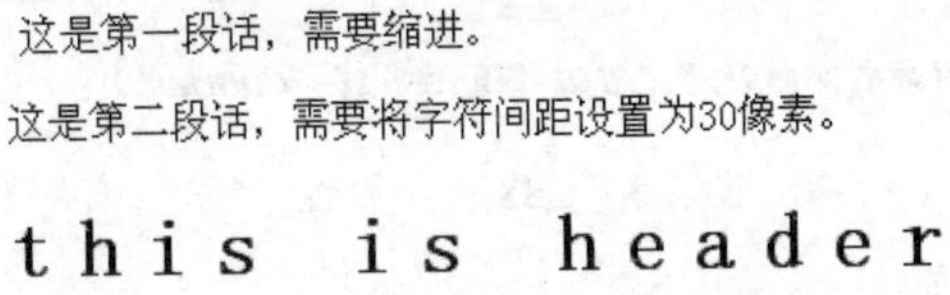

这是第一段话，需要缩进。

这是第二段话，需要将字符间距设置为30像素。

this is header

图 2-2　CSS 文本属性

2.2.3　CSS 字体属性

CSS 字体属性主要定义网页中文字的效果，包括字形、字号等，具体参见表 2-3。

表 2-3　CSS字体属性

属　　性	描　　述
font	可以将字体全部属性设置在一个声明中
font-family	设置字体系列
font-size	设置字体大小。取值包括：数字（如：5px）、百分比（如：15%）
font-style	设置字体风格。取值包括：normal（文本正常显示）、italic（文本斜体显示）、oblique（文本倾斜显示）
font-weight	设置字体粗细。取值包括：normal（默认）、 bold（粗体）、 bolder（较粗）、lighter（较细）

下面通过一个实例来熟悉一下关于字体属性的使用。

2-14.html

```
<html>
<head>
<title>字体属性</title>
<style type="text/css">
body {font-family: sans-serif;
font-size:12px;
font-style:italic;
font-weight:bold;
}
</style>
</head>
<body>
   <p> CSS 字体属性定义文本的字体系列、大小、加粗、风格（如斜体）和变形（如小型大写字
   母）。在 CSS 中，有两种不同类型的字体系列名称：</p>
<p>通用字体系列 - 拥有相似外观的字体系统组合（比如 "Serif" 或 "Monospace"）；</p>
<p>特定字体系列 - 具体的字体系列（比如 "Times" 或 "Courier"）；</p>
```

```
    </body>
    </html>
```

上述代码使用元素名选择器进行 CSS 修饰，整个页面中的文字统一选择一种字体、字号、倾斜加粗来显示，效果如图 2-3 所示。

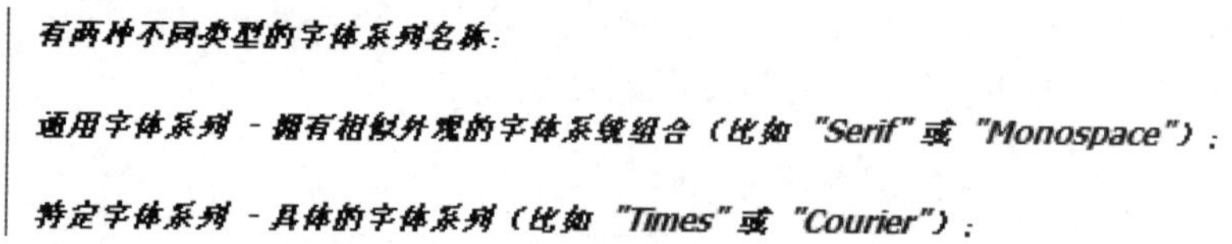

有两种不同类型的字体系列名称：

通用字体系列 - 拥有相似外观的字体系统组合（比如 "Serif" 或 "Monospace"）；

特定字体系列 - 具体的字体系列（比如 "Times" 或 "Courier"）；

图 2-3　CSS 文字属性

2.2.4　CSS 列表属性

CSS 列表属性主要针对列表标签进行修饰，包括标志位置、标志类型等，具体见表 2-4。

表 2-4　CSS列表属性

属　　性	描　　述
list-style	设置所有列表属性于一个声明中
list-style-image	设置列表项标志为某图像
list-style-position	设置列表项标志的位置。取值包括：inside、outside
list-style-type	设置列表项标志的类型。取值包括：disc、circle、square、decimal、decimal-leading-zero、lower-roman、upper-roman、lower-greek、lower-latin、upper-latin

下面通过一个实例来熟悉一下关于列表属性的使用。

2-15.html

```
<html>
<head>
<title>列表属性</title>
<style type="text/css">
ul.dec {
list-style-type:square;
  list-style-position:inside;
}
</style>
</head>
<body>
  <ul class="dec">
    <li>软件工程系</li>
    <li>网络工程系</li>
    <li>计应工程系</li>
    <li>智能工程系</li>
  </ul>
<ul>
    <li>软件工程系</li>
    <li>网络工程系</li>
    <li>计应工程系</li>
```

```
    <li>智能工程系</li>
  </ul>

</body>
</html>
```

　　上述代码第一次出现的 ul 增加了 class 属性并进行列表修饰，第二次
出现的 ul 标签照原样显示，可以增加对比效果，如图 2-4 所示。

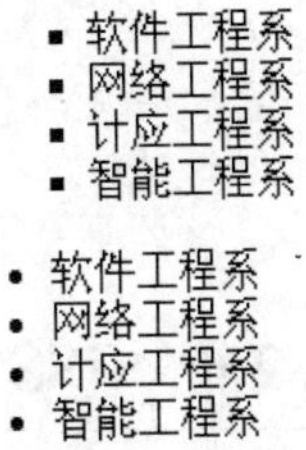

- ■ 软件工程系
- ■ 网络工程系
- ■ 计应工程系
- ■ 智能工程系

- ● 软件工程系
- ● 网络工程系
- ● 计应工程系
- ● 智能工程系

2.2.5　CSS 边距属性

　　CSS 将每个标签都看作是一个盒子，所以就出现了盒子内部的距离设
置以及盒子与盒子之间的外部距离的设置，因此边距属性是出现频率最高
的。具体参见表 2-5。

图 2-4　列表属性

表 2-5　CSS边距属性

属　　　性	描　　　述
padding	简写属性。设置元素所有内边距属性在同一个声明中
padding-bottom	设置元素的下内边距。取值包括：数字（如：5px）、百分比（如：15%）
padding-left	设置元素的左内边距。取值包括：数字（如：5px）、百分比（如：15%）
padding-right	设置元素的右内边距。取值包括：数字（如：5px）、百分比（如：15%）
padding-top	设置元素的上内边距。取值包括：数字（如：5px）、百分比（如：15%）
margin	简写属性。在一个声明中设置所有外边距属性
margin-bottom	设置元素的下外边距。取值包括：数字（如：5px）、百分比（如：15%）
margin-left	设置元素的左外边距。取值包括：数字（如：5px）、百分比（如：15%）
margin-right	设置元素的右外边距。取值包括：数字（如：5px）、百分比（如：15%）
margin-top	设置元素的上外边距。取值包括：数字（如：5px）、百分比（如：15%）

　　下面通过一个实例来熟悉一下关于边距属性的使用。

　　2-16.html

```
<html>
<head>
<title>边距属性</title>
<style type="text/css">
h1.one {
  padding-top:10px;
  padding-right:10px;
  padding-bottom:5px;
  padding-left:20%;
  }
h1{
  background:red;
  }

</style>
</head>
<body>
 <h1 class="one">按照上右下左的顺序设置内边距</h1>
 <h1>按照上右下左的顺序设置内边距</h1>
```

```
</body>
</html>
```

上述代码中 h1 标签出现了两次，第一次出现的标签进行内边距设计，第二次出现的标签保持原始状态，便于对比，效果如图 2-5 所示。

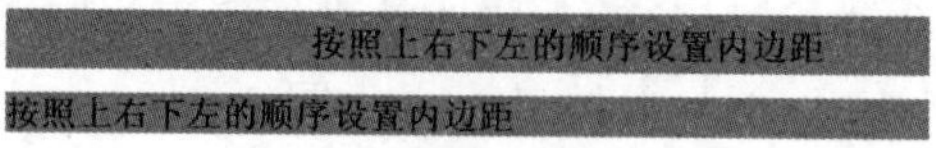

按照上右下左的顺序设置内边距

按照上右下左的顺序设置内边距

图 2-5　CSS 边距属性

2.2.6　CSS 边框属性

CSS 边框属性主要针对表格或者需要明确划分区域等情况下，主要包括是否显示边框、边框样式、宽度以及颜色等，具体见表 2-6。

表 2-6　CSS 边框属性

属　　性	描　　述
border	简写属性，将边框所有属性设置在一个声明中
border-style	设置元素边框样式
border-width	设置元素边框宽度
border-color	设置元素边框颜色

下面通过一个实例来熟悉一下关于边框属性的使用。

2-17.html

```
<html>
<head>
<style type="text/css">
p {
  border-style:solid;
  border-width:10px;
  border-color:blue;
}
</style>
</head>
<body>
  <p>为本段话加实线边框，宽度为 10 像素，蓝色。</p>
</body>
</html>
```

上述代码为 p 标签添加实线边框，宽度为 10 像素，蓝色，效果如图 2-6 所示。

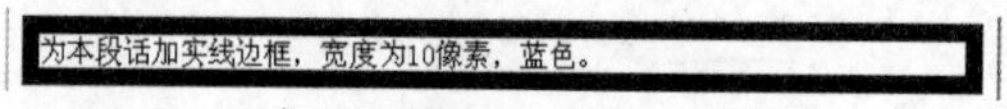

为本段话加实线边框，宽度为10像素，蓝色。

图 2-6　CSS 边框属性

2.2.7　CSS 定位

CSS 的定位功能非常强大，它允许开发人员按照自己的意图将特定标签放置到页面中任意指定位置。CSS 针对页面内容的定位提供了一系列属性，利用这些属性，可以灵活实现各种布局。具体见表 2-7。

表 2-7　CSS定位

属　　性	描　　述
position	设置元素位置。取值包括：static、relative、absolute、fixed
top	定位元素上外边距边界的偏移
right	定位元素右外边距边界的偏移
bottom	定位元素下外边距边界的偏移
left	定位元素左外边距边界的偏移
overflow	设置当元素的内容溢出其区域时发生的事情

CSS 定位在使用过程中，根据不同标签间的定位关系又可划分为绝对定位和相对定位等，下面先用一个实例熟悉一下相对定位。

2-18.html

```
<html>
<head>
<title>相对定位</title>
<style type="text/css">
h2.left{
position:relative;
left:-20px;
}
</style>
</head>
<body>
<h2>这是位于正常位置的标题</h2>
<h2 class="left">这个标题相对于其正常位置向左移动</h2>
<p>相对定位会按照元素自身的原始位置对该元素进行移动。</p>
</body>
</html>
```

相对定位指的是标签将自己原始位置看作原点进行各个方向的移动，上述代码第一次出现的 h2 显示的位置为正常效果，第二次出现的 h2 根据自身原始位置做了相对定位，即在自己原始位置的基础上向左（负数）移动 20 像素。效果如图 2-7 所示。

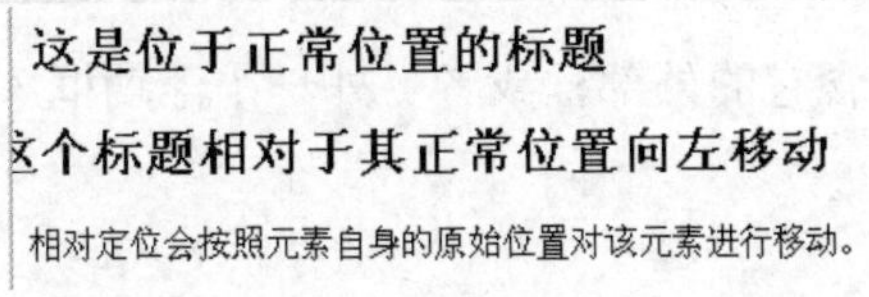

这是位于正常位置的标题

这个标题相对于其正常位置向左移动

相对定位会按照元素自身的原始位置对该元素进行移动。

图 2-7　相对定位

下面再来认识一下 CSS 绝对定位。

2-19.html

```
<html>
<head>
<title>绝对定位</title>
<style type="text/css">
```

```
h2{
position:absolute;
left:100px;
top:150px;
}
</style>
</head>
<body>
<h2>这是带有绝对定位的标题。绝对定位的元素位置相对于最近的已定位祖先元素，如果没有，那
么它的位置相对于最初的包含块。</h2>
</body>
</html>
```

绝对定位的原点不再是自身，而是看相隔最近的一个已经定位的元素。上述代码中只有一个标签进行了定位，因此它是根据包含自己的标签（即 body）所在的位置来定位，效果如图 2-8 所示。

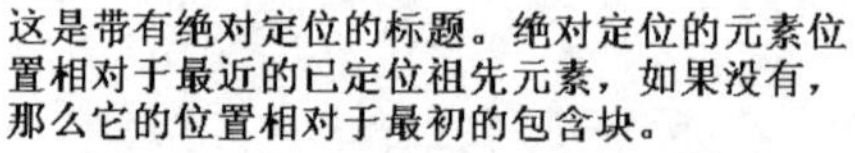

这是带有绝对定位的标题。绝对定位的元素位
置相对于最近的已定位祖先元素，如果没有，
那么它的位置相对于最初的包含块。

图 2-8   绝对定位

2.2.8   CSS 浮动

网页中各项内容显示的位置可以通过三种方式来实现，第一种就是上面讲过的定位，也是最精确的一种；第二种则是普通流，即元素的位置由元素在 XHTML 中的位置决定；第三种就是浮动，CSS 浮动框就不再属于普通流范围，因此更加灵活。具体见表 2-8。

表 2-8   CSS浮动

属　　性	描　　述
clear	清除浮动。取值包括：left、right、both
cursor	设置指针类型
display	设置是否及如何显示元素。取值包括：inline、block
float	设置元素浮动。取值包括：left、right

CSS 浮动框只有碰到包含它的外部框或者另外一个浮动框才会停止，下面通过一个小实例来认识一下浮动。

2-20.html

```
<html>
<head>
<style type="text/css">
div.left{
width:300px;
height:50px;
float:left;
border:1px;
background:red
```

```
}
div.right{
width:300px;
height:50px;
border:1px;
background:green
}
div.bottom{
width:600px;
height:50px;
border:1px;
clear:both;
background:yellow
}
</style>
</head>
<body>
<div class="left"></div>
<div class="right"></div>
<div class="bottom"></div>
</body>
</html>
```

以上代码进行了三个 div 块与 CSS 结合后的布局，"left" div 为红色，"right" div 为绿色。如果红色 div 不浮动，则绿色 div 应该在红色方块的下方。红色 div 实现 left 浮动后，绿色 div 与红色出现重叠现象。如图 2-9。

图 2-9　浮动

思考：如果绿色 div 设置 right 浮动，那黄色 div 不进行 clear（清除浮动）会出现什么情况？

2.3　CSS 应用举例

CSS 具有强大的表现控制能力，特别是在与 div 结合后实现布局方面。学习 CSS 基本语法后，下面通过一个简单的例子来熟悉如何使用 CSS 进行页面布局。

1. 案例要求

（1）使用 div 标签进行整体页面结构布局。

（2）将页面分为 7 个区域，如图 2-10 所示。

区域 1：Logo	
区域 2：banner	
区域 3：nav	
区域 4：content	区域 5：hot
	区域 6：intro
区域 7：footer	

图 2-10　布局效果图

2．案例说明

本次案例主要是通过一个常见页面布局来练习 CSS 的基本技巧。页面中红色区域为网页 logo 部分，可以插入 Flash 文件；蓝色部分为自由区域，也可插入宣传图片；黄色部分为导航栏，显示页面中的"首页"、"教程"、"实验"等自定义导航信息；紫色部分占据页面的较大篇幅，可以显示一些较为重要的信息；右侧绿色、黑色和粉色区域可安排一些友情链接、用户登录等，也可插入表格后继续实现更多信息链接；最后的黄色是底边，显示版权信息等。布局结构给定后，内容可根据用户自行定义，以上仅供参考。

3．案例分析

本次案例主要使用 div 标签结合 CSS 来实现，步骤如下。

第一步：HTML 文档实现 7 个 div 的声明，引入外部 CSS 文件声明，详见 index.html。
index.html

```
<!DOCTYPE html PUBLIC "-//W3C//DTD XHTML 1.0 Transitional//EN"

"http://www.w3.org/TR/xhtml1/DTD/xhtml1-transitional.dtd">
<html xmlns="http://www.w3.org/1999/xhtml">
<head>
<meta http-equiv="Content-Type" content="text/html; charset=gb2312" />
<title>CSS 应用实例</title>
<link rel="stylesheet" type="text/css" href="basic.css" />
</head>
<body>
<div id="logo">此部分放置 flash</div>
<div id="banner">此部分放置宣传图</div>
<div id="nav">此部分放置页面导航信息</div>
<div id="hot">
<h1>热点新闻</h1>
</div>
<div id="content">此处放置主要内容</div>
<div id="intro"></div>
<div id="footer">此位置显示版权信息</div>
</body>
</html>
```

第二步：在 HTML 文档同级目录下实现外部 CSS 文件，声明每个 div 的大小、颜色、边距以及浮动，详见 basic.css。

basic.css

```
* {
    margin:0;
    padding:0;
}
body {
    width:760px;
    margin:0 auto;
    font-size:12px;
}
ul {
    list-style-type:none;
}
#logo {
    width:760px;
    height:190px;
    background-color:red;
}
#banner {
    width:760px;
    height:40px;
    margin-bottom:10px;
    background-color:blue;
}
#nav {
    width:760px;
    height:60px;
    margin-bottom:10px;
    background:yellow;
}
#hot {
    width:250px;
    height:226px;
    background:black;
    float:right;
    margin-bottom:10px;

}
#hot  h1 {
    width:250px;
    height:32px;
    line-height:32px;
    font-size:12px;
    color:#fff;
    text-align:center;
    background:green;
    }
#intro {
    width:250px;
    height:100px;
    float:right;
    margin-bottom:10px;
    background:pink;
}
#content {
    width:500px;
    height:336px;
```

```
        margin-bottom:10px;
        background:purple;
        float:left;
}
#footer {
        clear:both;
        width:760px;
        height:120px;
        background:rgb(255,255,0);
}
```

本次案例中难点：紫色区域 div 在 xhtml 文档中先声明，设计 CSS 效果为左浮动；最后 footer 部分要清除浮动，否则会出现覆盖效果。运行 index.html 文档后效果如图 2-11 所示。

图 2-11　页面效果图

习题

一、选择题

1. 如果要在不同的网页中应用相同的样式表定义，应该（　　　）。

  A．直接在 HTML 的元素中定义样式表

  B．在 HTML 的\<head\>标记中定义样式表

  C．通过一个外部样式表文件定义样式表

  D．以上都可以

2．下列（　　）表示 p 元素中的字体是粗体。

  A．p{text-size:bold}

  B．p{font-weight:bold}

  C．\<p style="text-size:bold"\>

  D．\<p style="font-size:bold"\>

3．下列（　　）表示 a 元素中的内容没有下划线。

  A．a{text-decoration:nounderline}

  B．a{underline:none}

  C．a{text-decoration:none}

  D．a{decoration:nounderline}

4．下列（　　）表示上边框线宽 10px，下边框线宽 5px，左边框线宽 20px，右边框线宽 1px。

  A．border-width:10px 1px 5px 20px

  B．border-width:10px 5px 20px 1px

  C．border-width:5px 20px 10px 1px

  D．border-width:10px 20px 5px 1px

5．下列（　　）表示左边距。

  A．margin-left

  B．margin

  C．indent

  D．text-indent

6．下列哪个 CSS 属性能够设置文本加粗？（　　）

  A．font-weight:bold B．style:bold C．font:b   D．font=

7．下列哪个 CSS 属性能够设置盒模型的内填充为 10px、20px、30px、40px（顺时针方向）？（　　）

  A．padding:10px 20px 30px 40px B．padding:10px 1px

  C．padding:5px 20px 10px   D．padding:10px

8．如何能够定义列表的项目符号为实心矩形？（　　）

  A. list-type: square   B. type: 2

  C. type: square   D. list-style-type: square

9．在 CSS 语言中下列哪些选项是背景图像的属性？（　　）

  A．背景重复   B．背景附件 C．纵向排列   D．背景位置

10．CSS 中的选择器包括（　　）。

  A．超文本标记选择器B．类选择器 C．标签选择器   D．ID 选择器

11．CSS 文本属性中，文本对齐属性的取值有（　　）。

    A．auto   B．justify   C．center   D．right   E．left

12．边框的样式可以包含的值包括（   ）。

    A．粗细   B．颜色   C．样式   D．长短

二、案例分析题

1．解释以下 CSS 样式的含义。

```
div{
    border:12px  #fff  solid;
    font:12px ;
    width:500px;
    height:750px;
    }
td,th{
    padding:5px;
    border:2px;
    border-bottom-color: #fff;
    }
div.myDiv{
    padding:1px 2px 1px 2px;
    }
h2#myTitle{
    background:url(images/top.jpg)  100% 50% no-repeat;
    margin:0;
    }
#header,#footer{
    margin:0 auto;
    width:85%;
    }
#content{
    position:absolute;
    top:10px;
    left:20px;
    width: 300px;
    }
```

2．写出下列要求的 CSS 样式表。

（1）设置整个页面背景图像为 top.JPG，要求图像垂直重复。

（2）设置按钮的样式：按钮背景图像为 top.JPG；字体颜色为#FFFF；字体大小 4px；字体粗细 bold；按钮的边界、边框和填充均为 0px。

（3）设置 td 标签样式：设置字体颜色为红色；内容与边框之间的距离为 5px。

第 3 章　JavaScript 基础知识

JavaScript 是目前互联网最流行的脚本语言，于 1995 年由 Netscape 公司的 Brendan Eich 首次设计实现而成。JS 脚本运行在客户端，是一种解释型脚本语言，其功能主要是用来向 XHTML 页面添加交互行为，比如：验证表单中用户名与口令是否正确？检查邮箱地址是否符合标准，实现出生年月日之间的三级联动、检查浏览器类型等，使网页效果更加完美。本章将从以上几个方面来认识 JavaScript 基本语法。

本章知识点：
- JavaScript 语法
- 熟悉 JavaScript 应用

3.1　JavaScript 语法

JavaScript 是一种广泛用于客户端的脚本语言，通过浏览器中的 JavaScript 引擎来解释，目前的统一标准是 ECMAScript。XHTML 实现了网页内容的安排；CSS 与 XHTML 相结合解决了网页整体布局、各部分内容的美化；而 JavaScript 嵌入 XHTML 则增加了静态页面中的动态效果，三者紧密结合使得网页更加生动，因此学习网页设计是离不开 JavaScript 基础语法的。

学习 JavaScript 需要从以下三部分内容着手。

（1）ECMAScript，描述该语言的语法和基本对象。

（2）文档对象模型（Document Object Model，DOM），描述处理网页内容的方法和接口。

（3）浏览器对象模型（Browser Object Model，BOM），描述与浏览器进行交互的方法和接口。

接下来针对以上三部分分别进行详细说明。

3.1.1　ECMAScript

JavaScript 同其他编程语言一样，有它自身的一套语法规则，用来详细说明如何使用该语言进行程序的编写。不同的语言规则稍有不同，要想熟练运用 JavaScript，还需要深入学习 JavaScript 程序设计知识。MAScript 就是指 JavaScript 基本语法部分。

1. 引入JavaScript

JavaScript 与 CSS 在嵌入 XHTML 时稍有不同，引入 CSS 时除内联方式外，外部样式表和内部样式表都只能在<head>标签内部出现，而 JavaScript 可以嵌入到 XHTML 文档的任意标签位置。只需将 JavaScript 代码使用<script>...</script>声明即可。

1）引入外部文件（推荐）

引入外部文件方式有点儿类似 CSS 外部样式表方式，这种方法首先将 JavaScript 代码集中到一个独立的 js 文件中，然后通过 XHTML 文档使用<script>标签声明引入外部 js 文件来实现 JS 动态效果。此方法与引入 CSS 不同之处在于出现位置可以不固定，可以在<body>内部任意位置，也可以在<head>内部，甚至可以写到 XHTML 整个文档之前，但框架（<frameset>）页面例外。

语法格式如下。

```
<html>
    <head>
        <title>引入外部 js 文件</title>
        <script  src="myScript.js"></script>
    </head>
    <body>
    </body>
</html>
```

将 JavaScript 代码段事先写入指定文件 myScript.js 中，需要使用该文件时只需在 XHTML 文档中引入即可，位置任意。

2）使用内部 js 代码

将 JavaScript 代码集中直接写入到 XHTML 文档内部，位置任意。

语法如下。

```
<html>
    <head>
        <title>引入内部 js 代码</title>
    <script>
    <!--
        (JavaScript 代码段)
    //-->
    </script>
    <body>
    </body>
</html>
```

说明：其中 "<!--" 与 "-->" 是 XHTML 中的注释，主要是针对不能识别 JavaScript 代码的浏览器准备的。当浏览器无法解释 JavaScript 代码时，注释符号会将 JavaScript 代码当作注释信息，而不会原原本本显示到客户端的屏幕上，一般也可忽略。

3）写入浏览器地址栏用于调试

JavaScript 代码不仅可以出现在 XHTML 文档中，也可以直接输入到浏览器地址栏里，常用来进行临时调试程序。

语法如下。

```
JavaScript:<JavaScript 语句>
```

例如，打开任意浏览器，找到地址栏位置，输入 JavaScript 调试代码如下。

```
JavaScript:alert("ok");
```

2. 标识符

标识符指的是 JavaScript 中定义的各种符号，例如变量名、函数名等。JavaScript 中标识符的命名规则与其他语言的规则相同，可以包括大小写字母、数字、下划线和美元符号（$），数字不能作为开头。不能与保留字冲突，且严格区分大小写。

这里重点介绍变量，变量就是用于存储用途的各种类型的数据。

语法如下。

```
var  变量名 [= 变量值];
```

下面通过一个小实例来认识一下 JavaScript 如何使用变量。

3-1.html

```
<html>
 <head>
    <title>变量练习</title>
<script>
//声明变量但不赋值
var  price;
price=30.1;
//声明变量同时赋值
var  name = "zhangsan";
var  age = 20;
var  x=1,y=8;
</script>
</head>
<body>
</body>
</html>
```

3. 数据类型

JavaScritp 脚本语言同其他语言一样，有它自身的基本数据类型，包括：Boolean、Undefined、Number、String、Null、数组和对象。但 JavaScript 也有其特殊的地方，即 JavaScript 的数据类型是动态数据类型，变量的数据类型可根据上下文而变化。

下面通过一个小实例来认识一下 JavaScript 的数据类型。

3-2.html

```
<html>
 <head>
    <title>数据类型练习</title>
<script>

/*
Boolean、Undefined、Number、String、Null、数组和对象。
*/
//只声明但不赋值时变量为未定义类型
//没有生命的变量也是未定义
var  name;                                    //undefined
//数值类型，最基本的数据类型，主要用于完成数学运算
var  age=18;                                  //number
```

```
//布尔类型，只有两个取值：true 和 false，用于表示状态
var  bool = true;                                    //Boolean
//字符串类型用来表示文本的数据类型
var  myName="zhangsan";                              //string
//数组类型
var cars=new Array("Audi","BMW","Volvo");            //数组
cars = null;                                         //清空对象
//null 表示"无值"
//对象
var o = new Object();                                //对象
</script>
</head>
<body>
</body>
</html>
```

4. 运算符

JavaScript 中的运算符与其他语言比较没有任何区别。运算符是一系列用来完成操作的符号，数据通过运算符的连接可以组成各种表达式。根据运算类别，JavaScript 中的运算符主要包括算术运算符、逻辑运算符、字符串运算符以及条件运算符等，具体见表 3-1。

表 3-1　运算符

	[a]	数组的下标
	a=b	把 b 的值赋给 a
	-a	返回 a 的相反数
算术运算符	a*b	返回 a 与 b 的乘积
	a/b	返回整除的商
	a%b	返回 a 除以 b 的余数
	a+b	返回 a 加 b 的值（如果 a 或者 b 为字符串，则表示连接）
	a-b	返回 a 减 b 的值
逻辑运算符	a<b a<=b a>=b a>b a==b a!=b	当符合条件时返回 true 值，否则返回 false 值
	a&&b	当 a 和 b 同时为 true 时返回 true，否则返回 false
	a‖b	当 a 和 b 任意一个为 true 时返回 true； 当两者同时为 false 时返回 false
条件运算符	c?a:b	当条件 c 为 true 时返回 a 值，否则返回 b 值
赋值运算符	a+=b a-=b a*=b a/=b a%=b	a 与 b 相加/减/乘/除/求余，所得结果赋给 a

5. 注释

注释是不被执行的代码，注释的出现主要是为了提高代码的可读性。JavaScript 中的注释包括两种：单行注释；多行注释。

下面通过实例来了解一下 JavaScript 中的注释。

3-3.html

```html
<html>
 <head>
    <title>注释练习</title>
<script>

//表示单行注释，只为程序员提供信息，不会被执行到
/*
表示多行注释。
要养成写注释的好习惯，当其他人阅读或者自己调试过程中能够节省大量宝贵时间。
*/
</script>
</head>
<body>
</body>
</html>
```

6. 语句结束符

JavaScript 脚本中一行可以写一条语句，也可以写多条语句，每条可执行语句都必须使用";"作为结束标志，如果没有语句只出现单独的";"叫作空语句。

语法如下。

```
;
```

或者

```
<语句>;
```

7. 流程控制语句

流程控制语句用来控制程序执行的流程，实现程序的各种结构方式。任何开发语言中最重要的语句莫过于流程控制语句了，没有它们编程人员就无法实现正常的数据判断。JavaScript 中包括以下几种。

1）简单语句

简单语句是指程序自始至终都按照语句在文档中出现的先后顺序执行，也叫顺序结构。下面通过一个实例了解一下简单语句。

3-4.html

```html
<html>
 <head>
    <title>简单语句</title>
<script>
var  n=0;
```

```
n=n+1;
alert(n);
</script>
</head>
<body>
</body>
</html>
```

2）条件语句 if

程序编写过程中，有时需要根据不同情况选择执行不同代码，此时可以使用条件语句来完成。JavaScript 中条件语句包括以下两种。

（1）if 语句——根据指定条件是否为 true，选择相应执行代码；

（2）switch 语句——根据条件取值选择多个代码块之一来执行。

本节重点介绍 if 语句。

语法：

```
if (<条件 1>){
    <语句块 1>
}
[else {
    <语句块 2>
}]
```

该语句中带有"[]"的内容是可选部分，表示当条件 1 成立则执行语句块 1 中的代码，否则执行语句块 2 中的代码。其中语句块如果为一条语句，可省略"{}"；多条语句组合而成时，可添加"{}"以增强程序的可读性。

下面通过一个小实例来认识一下 if 语句。

3-5.html

```
<html>
 <head>
    <title>if 语句练习</title>
<script>
//if 简单语句
if(true) alert("ok");                    //输出"ok"
//if…else 语句
if(false){
alert("语句块 1")
}
else{
alert("语句块 2");
}                                        //输出"语句块 2"
//嵌套后形成的 if…else if…else 语句
var a=1;
var b=2;
if (a == 1)
    alert("a=1");
else if (b == 1)
    alert(a+b);
else
    alert(a-b);
//输出：a=1
```

```
//if 语句支持各种嵌套使用
if (a == 1){
    if (b == 1)
        alert(a+b);
}else
    alert(a-b);
//输出：空，因为 b==1 不成立，所以不执行任何语句
</script>
</head>
<body>
</body>
</html>
```

if 语句满足邻近匹配原则，即 else 语句总是和最近的 if 语句相匹配。

3）循环语句

循环语句即周而复始地执行同一段代码。这种结构非常重要，也是计算机最善于执行的一种操作。使用循环语句可以帮助开发人员节省大量的时间。

JavaScript 支持不同类型的循环：

（1）for——循环代码块循环一定的次数。

（2）for/in——循环遍历对象的属性。

（3）while——当指定的条件为 true 时循环指定的代码块。

（4）do/while——同样当指定的条件为 true 时循环指定的代码块。

下面通过一个实例来认识一下循环语句。

3-6.html

```
<html>
 <head>
    <title>循环语句练习</title>
<script>

// 第一种 for 循环
/* 语法：
for (语句 1; 语句 2; 语句 3)
  {
     被执行的代码块
  }
  其中：
  语句 1        <变量>=<初始值>，在循环（代码块）开始前执行，为可选语句；
  语句 2        定义运行循环（代码块）的条件，为可选语句；
  语句 3        <变量累加方法>，在循环（代码块）已被执行之后执行，为可选语句；
*/
for (var i=0; i<5; i++)
  {
     alert(i);
  }
//输出：01234
/*
 第二种 while 循环
 while (<循环条件>) <语句>；
*/
var i=0;
```

```
while (i<5)
  {
  alert(i);
  i++;
}
//输出: 01234
/*
第三种 do…while 循环
  do{<语句>} while（条件）;
  do…while 循环是 while 循环的变体, 它与 while 循环最大的区别在于, 无论条件是否成立,
语句都会被执行至少一次。
*/
var  a=0;
do
  {
  alert(a);
  a++;
  }
while (a<5);
//输出: 01234
</script>
</head>
<body>
</body>
</html>
```

4）跳转语句 break 和 continue

跳转语句指的是程序执行循环语句时根据条件终止循环的一种语句。JavaScript 跳转语句包括以下两条语句。

（1）Break 语句——作用是终止后面循环语句的执行并立即跳出当前层循环。

（2）Continue 语句——作用是中止本次循环，立刻执行下一次循环。

下面通过一个小实例来认识一下跳转语句的作用。

3-7.html

```
<html>
 <head>
    <title>break 和 continue 练习</title>
<script>
for (i = 1; i < 5; i++) {
if (i == 3) continue;
alert(i);
}
//输出: 124
//尝试运行相同代码段, 将 continue 替换成 break 后, 则输出结果变为: 12
</script>
</head>
<body>
</body>
</html>
```

说明：本段代码中使用 for 循环语句，当 i 取值为 3 时则不再执行本次循环的 alert 语句，而跳转到下一次循环，所以 i=3 不显示。如果将 continue 替换为 break，因为本次循环

为单层循环，则后续所有的循环都终止。当循环进行嵌套时 break 只退出当前层循环，但外层循环不受影响。

8. 对象

JavaScript 将 XHTML 文档中的标签、浏览器的各个属性以及 JavaScript 语法中的各种标识符等所有能涉及的内容都划分成大大小小的对象，所有的编程都是以对象为出发点，基于对象。例如，对象可以是一个变量、一段文字、一幅图片、一个表单（Form）以及屏幕的分辨率等。每个对象有它自己的属性、方法和事件。下面选取几个常用对象进行简单介绍，详细信息可查询在线手册 w3school。

对象操作基本语法：

```
<对象名>.<属性或方法名>
```

1）Number 对象

JavaScript 本身有数字类型，内置 number 对象就是针对原始数值的包装对象。创建 Number 对象的语法如下。

```
var n1 = new Number(value);
```

Number 对象的常用属性如表 3-2 所示。

表 3-2　Number对象属性

属　　性	描　　述
MAX_VALUE	可表示的最大的数
MIN_VALUE	可表示的最小的数
NaN	非数字值

下面通过具体实例来熟悉一下 Number 对象的属性。

3-8.html

```
<html>
 <head>
   <title>Number 对象练习</title>
<script>
//JavaScript 基本数据类型
var  n1 = 12;
alert(typeof n1);               //输出 number
//Number 对象
var  n2 = new  Number(3);
alert(typeof n2);               //输出 object
var s1 = n2.toString();
alert(typeof s1);               //输出 string
//Number 对象自身属性
alert (Number.MAX_VALUE);
alert (Number.MIN_VALUE );
</script>
</head>
<body>
```

```
</body>
</html>
```

2）Array 对象

Array 作为 JavaScript 内置对象，有着非常强大的功能。Array 对象存储量巨大，因此数组可以随意扩容；还可以实现存储类型相同或不同的数据。其创建语法如下。

```
new Array();
new Array(size);
new Array(element0, element1, …, elementn);
```

Array 对象常用属性及方法见表 3-3。

表 3-3　Array 对象属性及方法

属　　性	描　　述
length	设置或返回数组中元素的数目
方　　法	描　　述
concat()	连接两个或更多的数组，并返回结果
join()	把数组的所有元素放入一个字符串。元素通过指定的分隔符进行分隔
pop()	删除并返回数组的最后一个元素
push()	向数组的末尾添加一个或更多元素，并返回新的长度
shift()	删除并返回数组的第一个元素
sort()	对数组的元素进行排序
splice()	删除元素，并向数组添加新元素

下面通过一个应用实例来熟悉一下 Array 对象的使用。

3-9.html

```
<html>
 <head>
    <title>Array 对象练习</title>
<script>
//Array 数组对象
var arr1 = new  Array();              //创建一个空数组
arr1[1]= "zhangsan";                  //使用下标方式指定元素
arr1[2]=18;
var arr2 = new  Array(3);             //创建一个 3 个元素的数组
var arr3 = new  Array(1,2,3,4,5,6,7); //创建数组同时指定元素
alert(arr3.length);                   //输出：7
arr2 = arr1.concat(arr3);             //连接两个数组形成新的数组
alert(arr2.length);                   //输出：10
//隐式声明
var arr4 = [5,4,3,2,1];
//新元素添加到数组结尾，并返回数组新长度
alert(arr4.push(6));
//输出结果：6
//添加新元素到开头
alert(arr4.unshift(6));
//输出结果：7
//移除最后一个元素
var n1 = arr4.pop();
alert(n1);
```

```
//输出结果：6
//删除并返回数组的第一个元素
var n2 = arr4.shift();
alert(n2);
//输出结果：6
//数组元素排序
alert(arr4.sort());
//输出结果：1,2,3,4,5
//数组合并
var arr5 = arr4.concat(arr3);
</script>
</head>
<body>
</body>
</html>
```

3）Boolean 对象

Boolean 对象用于将非逻辑值转换为逻辑值，仅包含两个取值，即"true"和"false"。在 JavaScript 中，0、-0、null、""、false、undefined 或 NaN，其逻辑值都为 false，其他情况逻辑值为 true。该对象的创建语法如下。

```
var bool = new Boolean(value);
```

下面通过一个应用实例来了解一下布尔对象。

3-10.html

```
<html>
 <head>
    <title>Boolean 对象练习</title>
<script>
//Boolean 布尔对象，该对象表示两个值："true"或"false"
var b1 = new Boolean(1);
alert(b1);
var b2=new Boolean(0)
var b3=new Boolean(1)
var b4=new Boolean("")
var b5=new Boolean(null)
var b6=new Boolean(NaN)
var b7=new Boolean("false")
document.write("0 的逻辑值是 "+ b2 +"<br />")
//输出结果：0 的逻辑值是 false
document.write("1 的逻辑值是 "+ b3 +"<br />")
//输出结果：1 的逻辑值是 true
document.write("空字符串的逻辑值是 "+ b4 + "<br />")
//输出结果：空字符串的逻辑值是 false
document.write("null 的逻辑值是 "+ b5+ "<br />")
//输出结果： null 的逻辑值是 false
document.write("NaN 的逻辑值是 "+ b6 +"<br />")
//输出结果：NaN 的逻辑值是 false
document.write("字符串 'false'的逻辑值是 "+ b7 +"<br />")
//输出结果：字符串 'false'的逻辑值是 true
</script>
</head>
<body>
```

```
</body>
</html>
```

4）Date 对象

Date 对象是 JavaScript 提供的针对日期和时间的操作接口，主要用来处理页面中的时间和日期内容，其创建语法如下。

```
var d = new Date();
```

该对象常见方法见表 3-4。

表 3-4　Date 对象方法

方　　法	描　　述
Date()	返回当日的日期和时间
getDate()	从 Date 对象返回一个月中的某一天（1～31）
getDay()	从 Date 对象返回一周中的某一天（0～6）
getMonth()	从 Date 对象返回月份（0～11）
getFullYear()	从 Date 对象以 4 位数字返回年份
getHours()	返回 Date 对象的小时（0～23）
getMinutes()	返回 Date 对象的分钟（0～59）
getSeconds()	返回 Date 对象的秒数（0～59）
setDate()	设置 Date 对象中月的某一天（1～31）
setMonth()	设置 Date 对象中月份（0～11）
setFullYear()	设置 Date 对象中的年份（4 位数字）
setHours()	设置 Date 对象中的小时（0～23）
setMinutes()	设置 Date 对象中的分钟（0～59）
setSeconds()	设置 Date 对象中的秒钟（0～59）

下面通过一个应用实例来具体认识一下该对象。

3-11.html

```
<html>
 <head>
    <title>Date 对象练习</title>
<script>
//Date 日期对象，主要用于处理日期和时间
//创建日期对象
var  myDate = new Date();
//返回当前周几
alert(myDate.getDay());
//返回当前月份
alert(myDate.getMonth()+1);
//返回 4 位形式当前年份
alert(myDate.getFullYear());
//自定义新的时间
myDate.setDate(2);
myDate.setMonth(3);
//显示自定义后的新时间
alert(myDate);
</script>
</head>
<body>
```

```
</body>
</html>
```

5）String 对象

String 对象主要用来生成字符串的包装对象实例，允许操作和格式化文本字符串以及确定和定位字符串中的子字符串。来自客户端网页中的各种信息都是以字符串形式进行收集的，所以在 JavaScript 中处理字符串非常关键。该对象的创建语法如下。

```
var  s1 = new  String(value);
```

String 对象常见属性及方法如表 3-5 所示。

表 3-5　String对象属性及方法

属　　　性	描　　　述
length	字符串的长度
方　　　法	描　　　述
charAt(number)	返回在指定位置的字符
indexOf(str)	检索字符串
match(str)	找到一个或多个正则表达式的匹配
replace(str)	替换与正则表达式匹配的子串
search(str)	检索与正则表达式相匹配的值
sub()	把字符串显示为下标
substr(n,m)	从起始索引号 n 提取字符串中指定数目 m 的字符
substring(n,m)	提取字符串中两个指定的索引号之间的字符

下面通过一个应用实例来具体认识一下字符串对象。

3-12.html

```
<html>
 <head>
    <title>String 对象练习</title>
<script>
//String 字符串对象，主要用来处理文本
var  s1 = new String("hello world");
//输出该字符串的长度
alert(s1.length);
var  s2 = s1.indexOf("e");
//输出字母 e 在字符串中的索引号
alert(s2);
//将字符串转换成大写后显示
alert(s1.toUpperCase());
var  s3 = s1.substr(2,5);
//从索引号 2 开始提取，提取 5 个字母
alert(s3);
var  s4 = s1.substring(2,5);
//提取索引号 2 到 5 之间的字母
alert(s4);
</script>
</head>
<body>
</body>
</html>
```

6）Math 对象

Math 对象提供了基本数学函数和常数，用于执行各种数学运算任务。该对象与其他几个对象有所不同，Math 对象并不是对象的类，无须创建实例对象，直接将 Math 作为对象就可以调用所有属性和方法。其常用对象方法如表 3-6 所示。

表 3-6　Math对象方法

方　　法	描　　述
abs(x)	返回数的绝对值
ceil(x)	对数进行上舍入
floor(x)	对数进行下舍入
max(x,y)	返回 x 和 y 中的最大值
min(x,y)	返回 x 和 y 中的最小值
pow(x,y)	返回 x 的 y 次幂
random()	返回 0～1 之间的随机数

下面通过一个应用实例来熟悉一下 Math 对象。

3-13.html

```
<html>
 <head>
    <title>Math 对象练习</title>
<script>
/*
Math 数学对象，用于执行数学运算
Math 对象并不是对象的类，因此没有构造函数 Math()，无须创建，直接通过把 Math 作为对象
使用就可以调用其所有属性和方法。
*/
//求绝对值
var x = Math.abs(-3);
alert(x);
//求两个数中的最大数
var  a = Math.max(3,5);
alert(a);
//进行下舍入
var  b = Math.floor(3.6);
alert(b);
</script>
</head>
<body>
</body>
</html>
```

7）RegExp 对象

该对象为正则表达式对象，主要进行各种精确条件的匹配，应用简单，但功能非常强大。例如，当检索某个文本时，可以使用一种模式来描述要检索的内容。其中，模式可以是一个单独的字符，或者也可以包含更多的符号。正则表达式还可用于解析、格式检查、替换等。使用时允许规定字符串中的检索位置，以及要检索的字符类型等。

创建该对象的语法如下。

（1）直接量语法：/pattern/attributes

（2）创建 RegExp 对象的语法：new RegExp(pattern, attributes);

常见属性及方法如表 3-7 所示。

表 3-7　RegExp对象属性及方法

属　　性	描　　述
global	RegExp 对象是否具有全局标志 g
ignoreCase	RegExp 对象是否具有忽略大小写标志 i
方　　法	描　　述
exec	检索字符串中指定的值。返回找到的值，并确定其位置
test	检索字符串中指定的值。返回 true 或 false

下面通过应用实例来熟悉一下正则表达式的使用。

3-14.html

```
<html>
 <head>
   <title>RegExp 对象练习</title>
<script>
/*
RegExp 正则表达式对象，它是对字符串执行模式匹配的强大工具，有两种语法形式。
（1）直接量语法：
/pattern/attributes
（2）创建 RegExp 对象的语法：
new RegExp(pattern, attributes);
*/
var patt1=/e/;
if(patt1.test("The best things in life are free"))
alert("ok");
else
alert("no");
var patt2=new RegExp("root");
if(patt2.test("The best things in life are free"))
alert("ok");
else
alert("no");
</script>
</head>
<body>
</body>
</html>
```

9. 函数

函数就是一批重复执行的代码块。当进行一项比较复杂的程序设计时，为了保证程序的清晰、易读、易维护等，通常会将多次重复调用的代码块作为一个独立的任务单元来对待，封装成一个函数。JavaScript 中的函数可以避免在页面载入时被执行到，它只能被事件激活或者声明调用函数。在 JavaScript 中提供了大量内置函数，同时也支持用户自定义函数。简单列举几个常用全局函数如表 3-8 所示。

表 3-8 常用全局函数

函　　数	描　　述
eval()	将括号内的字符串当作表达式来执行
isNaN()	如果括号内的值是 "Not a Number" 则返回 true，否则返回 false
parseInt()	将括号内的内容转换成整数
parseFloat()	将括号内的内容转换成浮点数
toString()	将括号内的内容转换成字符串
escape()	将括号内的内容进行编码
unescape()	是 escape() 的反过程

下面通过应用实例来体验一下函数的使用。

3-15.html

```
<html>
 <head>
    <title>函数练习</title>
<script>
/*
（1）内置函数：即全局对象的方法，全局对象在使用过程中被忽略。
（2）自定义函数：
function  函数名([参数]) {
函数体
[return[ <值>];]
}
*/
//内置函数
if(isNaN("ZHANGSAN")) alert("非数字");
var n1 = 12;
alert(typeof n1);
var n2 = "a12";
alert(typeof n2);
var n3 = "12";
alert(typeof n3);
alert(typeof  parseInt("a12"));
alert(typeof  parseInt("12"));
//自定义函数的使用
function  isEmail(str){
if(/abc@163.com/.test(str))
return true;
else
alert("no");
}
</script>
</head>
<body>
<input type=text onblur=isEmail(this.value)>
</body>
</html>
```

3.1.2　文档对象模型

HTML DOM 定义了所有 HTML 元素对象和属性，以及访问它们的方法。HTML DOM 就是：

（1）HTML 的标准对象模型；

（2）HTML 的标准编程接口；

（3）W3C 标准。

HTML 文档中的所有内容都是节点：

（1）整个文档是一个文档节点；

（2）每个 HTML 元素是元素节点；

（3）HTML 元素内的文本是文本节点；

（4）每个 HTML 属性是属性节点；

（5）注释是注释节点。

通过 HTML DOM 每个节点都可以被获取、修改、添加或删除。常见的 DOM 对象包括：Document、Body、Button、Form、Frame、Frameset、Image、<Input> Button、<Input> Checkbox、<Input> File、<Input> Password、<Input> Radio、<Input> Reset、<Input> Submit、<Input> Text、Link、Meta、Object、Option、Select、Style、Table、Textarea 等。常见 DOM 方法如表 3-9 所示。

表 3-9　DOM常用方法

方　　　法	描　　　述
getElementById("ID_name")	返回带有指定 ID_name 的元素节点
getElementsByTagName("x")	返回带有指定标签名称的所有元素节点
appendChild()	把新的子节点添加到指定节点
removeChild()	删除子节点
replaceChild()	替换子节点
insertBefore()	在指定的子节点前面插入新的子节点
createAttribute()	创建属性节点
createElement()	创建元素节点
createTextNode()	创建文本节点
getAttribute()	获取节点属性
setAttribute()	设置节点属性

下面简单介绍几个常用对象模型的使用方法。

1．Document 文档对象

每个载入浏览器的 HTML 文档都是一个 Document 对象，通过 Document 对象可以访问到 HTML 页面中的所有元素。

下面演示具体实例。

3-16.html

```
<html>
```

```
<head>
  <title>document 对象练习</title>
</head>
<body>
<p id="para">通过文档对象可以使用多种方法获取文档中任何元素。但要注意文档的加载顺序，
所以本次的 js 代码放到了最后。</p>
<h1 id="text"></h1>
<script>
document.write("hello Document");
//第一种通过标签名获取，返回为数组
var p1 = document.getElementsByTagName("p");
alert(p1);
//输出节点列表提示
//第二种通过 id 名获取，返回为节点对象
var p2 = document.getElementById("para");
alert(p2);
//输出段落节点对象提示
//创建节点对象
var  text = document.createTextNode("一级标题");
document.getElementById ("text") .appendChild(text);
//输出"一级标题"
</script>
</body>
</html>
```

2．Form对象

Form 对象就是 HTML 文档中的表单对象，文档中每出现一次<form>就创建一个 Form
对象。Form 对象的常用方法属性见表 3-10。

表 3-10　Form　对象集合

集　　合	描　　述
elements[]	包含表单中所有元素的数组
属　　性	描　　述
action	设置或返回表单的 action 属性
id	设置或返回表单的 id
length	返回表单中的元素数目
method	设置或返回将数据发送到服务器的 HTTP 方法
name	设置或返回表单的名称
方　　法	描　　述
reset()	把表单的所有输入元素重置为它们的默认值
submit()	提交表单

下面演示具体应用实例。

3-17.html

```
<html>
 <head>
   <title>form 对象练习</title>
</head>
<body>
<form id="myForm">
```

```
用户名： <input type="text" id="username">
口  令： <input type="password" id="pass">
</form>
<script>
var myForm = document.getElementById("myForm");
for (var i=0;i<myForm.length;i++)
  {
  document.write(myForm.elements[i].type);
  }
alert(myForm.id);
</script>
</body>
</html>
```

3.1.3　浏览器对象模型

与 HTML DOM 对应，BOM 定义了浏览器中各部分对象的属性及其常用方法。BOM 中常见对象主要包括：Window、Navigator、Screen、History、Location。其中，Window 对象代表一个打开的浏览器窗口或一个框架，是全局对象，无须特别声明，直接使用。下面分别简单介绍 BOM 中的对象。

1. Navigator对象

Navigator 对象是 Window 对象的一部分，完整写法为 window.navigator，简写为 navigator。该对象主要包括浏览器的相关信息，常用属性如表 3-11 所示。

表 3-11　Navigator对象

属　　性	描　　述
appCodeName	返回浏览器的代码名
appMinorVersion	返回浏览器的次级版本
appName	返回浏览器的名称
appVersion	返回浏览器的平台和版本信息
browserLanguage	返回当前浏览器的语言
cookieEnabled	返回指明浏览器中是否启用 cookie 的布尔值
cpuClass	返回浏览器系统的 CPU 等级
platform	返回运行浏览器的操作系统平台

下面演示具体应用实例。

3-18.html

```
<html>
 <head>
   <title>Navigator 对象练习</title>
<script>
document.write(navigator.appCodeName);
document.write("<br/>");
  document.write(navigator. appMinorVersion);
document.write("<br/>");
  document.write(navigator. appName);
document.write("<br/>");
```

```
    document.write(navigator. appVersion);
document.write("<br/>");
    document.write(navigator. browserLanguage);
</script>
</head>
<body>
</body>
</html>
```

2．Screen对象

Screen 对象是 Window 对象的一部分，完整写法为 window.screen，简化后为 screen。该对象主要包括客户端浏览器屏幕的相关信息，用来实现优化输出，常用属性如表 3-12 所示。

表 3-12　Screen 对象属性

属　　性	描　　述
availHeight	返回显示屏幕的高度（除 Windows 任务栏之外）
availWidth	返回显示屏幕的宽度（除 Windows 任务栏之外）
height	返回显示器屏幕的高度
width	返回显示器屏幕的宽度

下面演示具体应用实例。

3-19.html

```
<html>
 <head>
    <title>Screen 对象练习</title>
<script>
document.write(screen.availHeight);
document.write("<br/>");
document.write(screen.availWidth);
document.write("<br/>");
document.write(screen.height);
document.write("<br/>");
document.write(screen.width);
</script>
</head>
<body>
</body>
</html>
```

3．Location对象

Location 对象是 Window 对象的一部分，完整写法为 window.location，简化后写为 location。该对象用于获得当前页面的地址（URL）相关信息。常见属性及方法见表 3-13。

表 3-13　location对象属性及方法

属　　性	描　　述
host	设置或返回主机名和当前 URL 的端口号
hostname	设置或返回当前 URL 的主机名
href	设置或返回完整的 URL

续表

属　　性	描　　述
pathname	设置或返回当前 URL 的路径部分
port	设置或返回当前 URL 的端口号
protocol	设置或返回当前 URL 的协议
search	设置或返回从问号（？）开始的 URL（查询部分）
方　　法	描　　述
assign()	加载新的文档
reload()	重新加载当前文档
replace()	用新的文档替换当前文档

下面演示具体应用实例。

3-20.html

```html
<html>
 <head>
    <title>location 对象练习</title>
<script>
document.write(location.host);
document.write("<br/>");
  document.write(location.hostname);
document.write("<br/>");
  document.write(location.pathname);
document.write("<br/>");
  document.write(location.port);
document.write("<br/>");
  document.write(location.protocol);

</script>
</head>
<body>
</body>
</html>
```

3.2　JavaScript 与 jQuery

　　jQuery 是一个兼容多种浏览器的 JavaScript 库，其核心理念是 write less,do more（用最少的代码实现更丰富的效果）。jQuery 的语法设计可以使开发者在实现相同动态效果时比应用 JavaScript 更加便捷，例如操作文档对象、选择 DOM 元素、制作动画效果、事件处理、使用 Ajax 以及其他功能方面，代码更简洁、易读。除此以外，jQuery 还提供了 API 让开发者自由编写插件。其模块化的使用方式使开发者可以很轻松就能开发出功能强大的静态或动态网页。jQuery 的优点如下。

　　（1）兼容多款浏览器；

　　（2）以 CSS 选择器为基础查找 DOM 对象；

　　（3）允许自定义插件；

　　（4）在线学习文档齐全。

下面简单介绍一下 jQuery 的使用步骤，希望对想入门的读者有所帮助。

1. 下载jQuery库

jQuery 库在 jQuery 官网（http://jquery.com/）中单击 Download jQuery，可以下载到不同使用版本。

（1）Production version：用于实际的网站中，已压缩。

（2）Development version：用于测试和开发，未压缩。

2. 引入jQuery库

在 XHTML 文档中使用 jQuery 库来实现动态效果时，只需将 JQuery 库当作外部 js 文件引入 XHTML 文档。

例如：

```
<html>
<head>
<title>如何引入 jQuery 库</title>
<script src="存放 jquery 库的目录名称/jquery.js"></script>
</head>
<body>
</body>
</html>
```

3. jQuery基础语法

jQuery 是针对 HTML 元素编写的，因此可以对 HTML 元素执行各种操作，见表 3-14 所示。

基础语法：

```
$(selector).action()
```

其中：

（1）美元符号（$）定义 jQuery 对象；

（2）选择器（selector）获取 HTML 元素；

（3）jQuery 的 action()执行对元素的操作。

表 3-14　jQuery基本选择器

语　　法	描　　述
$(this)	当前 HTML 元素
$("p")	所有 <p> 元素
$(".intro")	所有 class="intro" 的元素
$("#intro")	id="intro" 的元素
$("ul li:first")	每个 <ul> 的第一个 <li> 元素
$("[href]")	选取所有带有 href 属性的元素
$("[href='#']")	选取所有带有 href 值等于 "#" 的元素
$("[href!='#']")	选取所有带有 href 值不等于 "#" 的元素
$("[href$='.jpg']")	选取所有 href 值以 ".jpg" 结尾的元素
$("p").css("background-color","red");	CSS 选择器

下面演示具体应用实例。

3-21.html

```html
<html>
<head>
<title>比较 jQuery 与 JavaScript</title>
<script src="jquery.js"></script>
</head>
<body>
<p>体验使用 jQuery 获取元素节点与 JavaScript 有什么不同，主要看简化方面。</p>
<h2 class="intro">看 class 属性如何使用 jQuery</h2>
<h1 id="intro">看 id 属性如何使用 jQuery</h2>
<script>
//JavaScript 方式
//获取 p 元素节点,返回节点列表
document.getElementsByTagName("p");
//获取 id=intro 元素节点，返回该节点对象
document.getElementById("intro");
//jQuery 方式
//获取 p 节点元素的文本节点
$("p").innerHTML;
//获取 class=intro 元素节点的文本节点
$(".intro").innerHTML;
//获取 id=intro 元素节点的文本节点
$("#intro").innerHTML;
</script>
</body>
</html>
```

3.3　JavaScript 应用举例

在熟悉了 JavaScript 基本语法之后，本节使用 JavaScript 来实现一个小案例。JavaScript 是在原有的 HTML 基础上增加一些交互行为，使页面更加生动，但起不到真正的安全作用，如果需要解决页面安全方面的问题，还需要继续学习后续章节 PHP 的运用。

1. 案例要求

（1）声明完整的 HTML DTD，体验 DTD 的作用。

（2）实现 HTML 基本文档结构。

（3）网页声明字符编码方式。

（4）注意文档保存编码方式。

（5）实现简单的 form 表单。

（6）针对表单进行正确性验证。

① 姓名不能超过 30 个字符；

② 电话号码必须是数字；

③ 电子邮箱必须符合基本格式要求。

简单表单效果如图 3-1 所示：

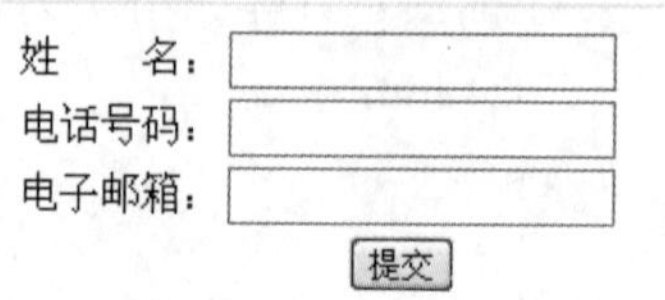

2．案例分析

（1）XHTML 中的 DTD 规定了网页中的语法，包括严格类型、过渡类型和针对框架集类型三种，本次案例考虑到使用 HTML 的特性以及浏览器的兼容性问题，因此选择过渡类型。

图 3-1　简单表单效果

```
<!DOCTYPE html
PUBLIC "-//W3C//DTD XHTML 1.0 Transitional//EN"
"http://www.w3.org/TR/xhtml1/DTD/xhtml1-transitional.dtd">
```

（2）XHTML 基本文档结构包括 DTD、HEAD、BODY 三部分。

（3）本案例为防止页面出现乱码，在<head>标记中的<meta>里声明编码方式为 utf-8。

（4）文档存储时选择 utf-8。

（5）Form 表单需要出现两个文本框，一个密码框，一个"提交"按钮。

（6）表单要求：

① 客户输入姓名时只允许为字符，且长度不能超过 30 个，使用正则表达式；

② 电话号码为数字，使用正则表达式；

③ 邮箱需要以一定格式显示，使用正则表达式。

3．案例实现

代码如下。

3-22.html

```
<!DOCTYPE html
PUBLIC "-//W3C//DTD XHTML 1.0 Transitional//EN"
"http://www.w3.org/TR/xhtml1/DTD/xhtml1-transitional.dtd">
<html>
<head>
<meta http-equiv="Content-Type" content="text/html; charset=utf-8" />
<title>使用 JavaScript 验证表单的正确性 </title>
<script type="text/JavaScript">
function test(){
//判断姓名长度不能超过 30 个字符
if(document.myForm.username.value.length>30){
alert("不能超过 30 个字符! ");
document.myForm.username.focus();
return  false;
}
//判断电话号码是否只包含数字
if((/^[0-9]+$/).test(document.myForm.phone.value)){
alert("ok");}else{
return  false;}
//判断邮箱格式是否正确
if ((/^\w+\@[A-Za-z0-9]+\.[A-Za-z0-9]+$/).search(document.myForm.email.
value) != -1)
alert("ok");
else
return false;
```

```
}
}
</Script>
</head>
<body>
<form name="myForm" onsubmit="return test();">
姓    名: <input type="text" name="username"><br/>
电话号码: <input type="text" name="phone"><br/>
电子邮箱: <input type="text" name="email"><br/>
            &nb
sp;   <input type="submit">
</form>
</body>
</html>
```

习题

一、选择题

1. 开发客户端页面动画效果的语言是（　　　）。

　A．CSS　　　　　　　B．JavaScript　　　　　C．XHTML　　　　D．HTML

2. 节点（元素，标签）属于 JavaScript 中的哪个组成部分（　　　）。

　A．ECMAScript　　B．DOM　　　　　　C．BOM　　　　　D．JScript

3. 载入外部 js 文件描述正确的有（　　　）。

　A．不可以载入本站以外的*.js 文件

　B．载入文件方式的好处是可以独立管理一份代码

　C．在 HTML 中，通过<script>标签的 href 属性载入外部*.js 文件

　D．在 HTML 中，通过<script>标签的 src 属性载入外部*.js 文件

4. 在页面里加载当前路径中的 jQuery.js 写法正确的是（　　　）。

　A．<script type="text/JavaScript" src="jQuery.js"></script>

　B．<script src="jQuery.js"></script>

　C．<link　href="jQuery.js" />

　D．<script src="jQuery.js">

5. 以下 JavaScript 变量命名格式正确的是（　　　）。

　A．1234　　　　　B．-1234　　　　　C．*1234　　　　D．A_12

6. 以".js"为文件扩展名的文件是（　　　）。

　A．HTML 文件　　B．Java 文件　　　　C．CSS 文件　　D．JavaScript 文件

二、上机操作

1. 使用 JavaScript 数组实现一段文字循环播放。

2. 使用 JavaScript 实现简单滑动导航栏效果。

3. 编写代码实现以下效果：

```
*
***
*****
*******
*********
***********
*************
```

第 4 章　Web 开发环境部署

学习 Web 开发，必须首先搭建开发环境。PHP 语言开发环境配置得当才能使程序完美运行。那么，如何正确部署 PHP 开发环境呢？本章将分别讲述在 Windows 和 Linux 系统下开发环境的搭建。

本章知识点：

- Windows 下 PHP 运行环境搭建
- Linux 下 PHP 运行环境搭建

4.1　Windows 下 PHP 运行环境搭建

PHP 集成开发环境有很多，如 XAMPP、AppServ 等，但是这种安装方式下各个软件的自由组合不够方便，因此建议读者手工独立安装。

PHP 站点通常被部署到 Linux 服务器上会具有更高的效率。但由于使用习惯、界面友好性以及操作便捷等多方面的原因，人们大部分时间会在 Windows 环境下完成 PHP 站点的开发。

4.1.1　独立安装

首先下载所需软件：

（1）Apache：httpd-2.2.22-win32-x86-openssl-0.9.8t.msi。

（2）PHP：php-5.3.10-Win32-VC9-x86.zip。

（3）MySQL：mysql-5.5.20-win32.msi。

1. 安装Apache

Apache 是世界排名第一的 Web 服务器软件，它可以运行在几乎所有广泛使用的计算机平台上，超过 50%的网站都使用 Apache 服务器，它以高效、稳定、安全、免费而成为最受欢迎的服务器软件。

> **注意：** 如果系统中安装了 IIS、Resin，它们的默认端口号是 80，在安装或启动 Apache 之前应先将 IIS、Resin 服务关闭或修改端口号，否则 Apache 将无法正常启动。

安装 Apache 的步骤如下。

第一步：下载 Apache 安装包，双击运行打开安装向导，进入欢迎界面，如图 4-1 所示。

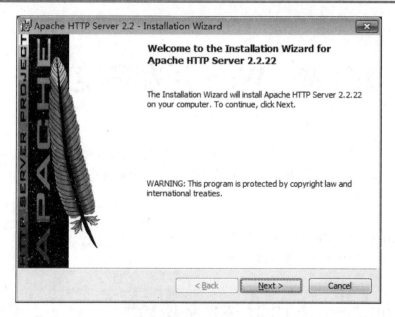

图 4-1　Apache 安装向导

第二步：单击 Next 按钮，进入 Apache 许可协议窗口，选中 I accept the terms in the license agreement 复选框接受协议，如图 4-2 所示。

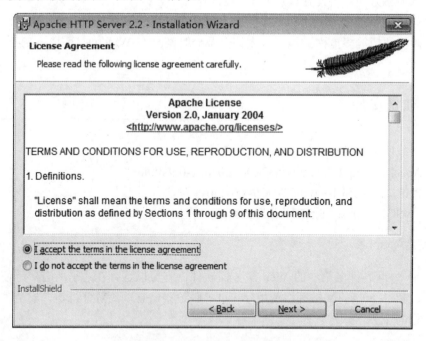

图 4-2　Apache 安装授权协议

第三步：单击 Next 按钮，进入 Apache HTTP 服务器介绍窗口。主要介绍 Apache 是什么、版本信息以及配置文件等；继续单击 Next 按钮，进入服务器信息设置页，如图 4-3 所示。

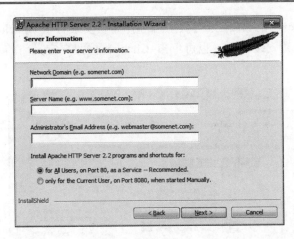

图 4-3　配置基本信息

输入相关服务器信息如下。

第一项：添加域名，不确定时可任意填写，安装完成后再到 Apache 主配置文件中修改。

第二项：添加服务器名称，同第一项要求。

第三项：添加管理员 Email，当系统发生故障时会向该邮箱发送相关信息邮件。

安装 Apache 后：

for All Users,on Port 80,as a Service – Recommended 为推荐选项，把 Apache 作为一个任何人都可以访问、监听端口号为 80 的系统服务。

only for the Current User,on Port 8080,when started Manually 把 Apache 作为一个仅为当前用户使用，并且监听端口号为 8080，需手动启动的服务。

第四步：单击 Next 按钮，选择安装类型。

（1）Typical（典型安装），安装除开发模块需要的源码和库以外的所有内容，推荐新手使用。

（2）Custom（自定义安装），可以自己选择要安装的内容，推荐熟练应用者使用。界面如图 4-4 所示。

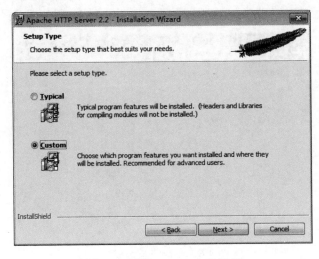

图 4-4　选择 Apache 安装类型

第五步：单击 Next 按钮，上方提供了可选择需要安装各项 Apache 功能的列表，最下方显示 Apache 的默认安装目录，也可单击 Change..按钮自定义新的安装目录，如图 4-5 所示。

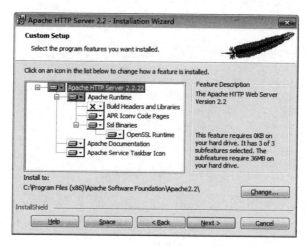

图 4-5　选择 Apache 安装目录

指定安装目录后，单击 Next 按钮，进入安装确认页面。如果需要修改之前的信息，单击 Back 按钮返回上一界面进行修改。

第六步：参数设置完成后的一个安装过程，所有步骤全部单击 Next 按钮，直至最后一个对话框单击 Finish 按钮完成安装。

第七步：安装完成后，Apache 服务器根据安装过程中第三步的选择进行启动。

启动后，桌面右下角任务栏中会出现一个图标：

（1）Apache 服务器正常启动，图标样式为 ；

（2）Apache 服务器未启动，图标样式为 。

单击图标 ，显示服务器的开启与关闭等相关功能。

第八步：Apache 测试。任意打开一款浏览器，在窗口地址栏里输入"http://localhost/"或"http://127.0.0.1"，显示如图 4-6 所示页面，说明 Apache 服务器已经安装成功了。

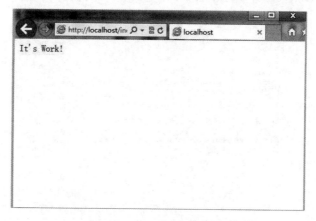

图 4-6　Apache 安装成功

提示：如果修改 Apache 的端口号为 8080，则在地址栏中输入"http://localhost:8080/"进行测试。

2. 安装PHP

PHP（Hypertext Preprocessor，超文本预处理语言）是一种在服务器端执行的嵌入 HTML 文档的脚本语言。PHP 在数据库方面也提供了非常丰富的支持，它还支持相当多的通信协议，另外它的开源、跨平台等特点使其迅速走红。

在 Windows 系统中安装 PHP 非常简单方便，主要涉及以下几个步骤。

第一步：下载 PHP 包，解压到一个选定的目标位置，如"C:\php\"，即完成了安装。进入到 PHP 目录后，能够看到解压后的各个相关文件夹，如图 4-7 所示。

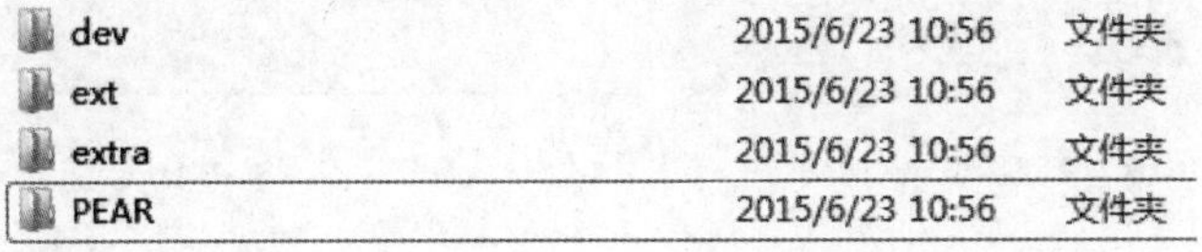

dev	2015/6/23 10:56	文件夹
ext	2015/6/23 10:56	文件夹
extra	2015/6/23 10:56	文件夹
PEAR	2015/6/23 10:56	文件夹

图 4-7　PHP 安装包目录结构（部分）

第二步：生成 PHP 主配置文件 php.ini。

解压后的目录中除去上面看到的文件夹之外，还有一系列的单独文件，其中有两个写好的 ini 文件供大家使用，如图 4-8 所示。

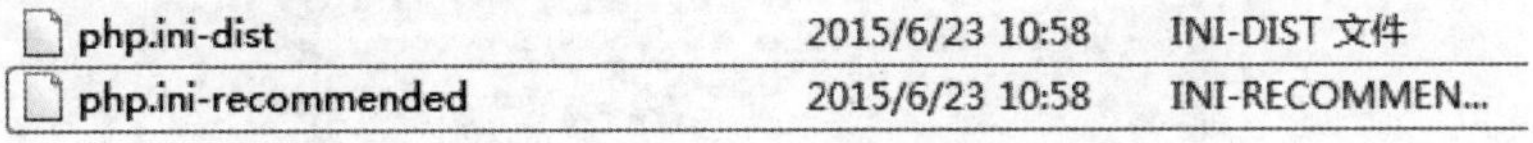

php.ini-dist	2015/6/23 10:58	INI-DIST 文件
php.ini-recommended	2015/6/23 10:58	INI-RECOMMEN...

图 4-8　PHP 安装包配置文件

其中，php.ini-recommended 文件针对 PHP 进行了性能的优化以及安全方面的设置，因此复制该文件到 PHP 安装目录下并改名为 php.ini，如"C:\php\php.ini"，作为 PHP 主配置文件备用。

第三步：编辑 php.ini 主配置文件。

使用"记事本"程序打开 php.ini 文件并编辑以下内容。

找到"extension_dir="./""，将值修改为 PHP 目录下"ext"文件夹的路径。如："extension_dir="C:/php/ext""，使其支持各种扩展功能。

找到";extension=php_mysql.dll"，将前面的分号";"去掉，分号表示注释。如："extension=php_mysql.dll"，使其支持数据库的访问。

第四步：系统环境配置。

在桌面上右击"我的电脑"，选择"属性"命令，弹出"系统属性"对话框，选择"高级"选项卡，如图 4-9 所示。

然后单击"环境变量"按钮，出现如图 4-10 所示对话框。

在该对话框中选中"系统变量"中的 Path，然后单击"编辑"按钮，出现如图 4-11 所示对话框。

图 4-9　准备设置环境变量　　　　　　　　　　　　图 4-10　设置环境变量

图 4-11　设置环境变量

　　在"变量值"输入框的末尾添加 PHP 的安装目录，如";C:\php"，然后单击"确定"按钮，环境变量配置结束。

　　第五步：与 Apache 协同工作。

　　PHP 是以 module 方式与 Apache 相结合的，因此再次使用"记事本"程序打开 Apache 安装目录下的主配置文件 httpd.conf，如"C:\Apache2.2\conf\httpd.conf"，配置要加载的 PHP 模块以及支持的文件类型。

　　首先，搜索"LoadModule"关键字，在一系列"LoadModule"声明行最后添加空行输入如图 4-12 所示内容：

```
119 #LoadModule ssl_module modules/mod_ssl.so
120 #LoadModule status_module modules/mod_status.so
121 #LoadModule substitute_module modules/mod_substitute.so
122 #LoadModule unique_id_module modules/mod_unique_id.so
123 #LoadModule userdir_module modules/mod_userdir.so
124 #LoadModule usertrack_module modules/mod_usertrack.so
125 #LoadModule version_module modules/mod_version.so
126 #LoadModule vhost_alias_module modules/mod_vhost_alias.so
127
128 LoadModule php5_module D:/php/php5apache2_2.dll
129 PHPIniDir "D:/php"
130
131 <IfModule !mpm_netware_module>
132 <IfModule !mpm_winnt_module>
133 #
```

图 4-12　Apache 主配置加载 PHP 模块代码

接下来，添加 Apache 支持的文件类型，搜索"AddType　application"关键字，定义能够执行 PHP 的文件类型，添加如图 4-13 所示内容。

```
378     #AddEncoding x-gzip .gz .tgz
379     #
380     # If the AddEncoding directives above are commented-out, then you
381     # probably should define those extensions to indicate media types:
382     #
383     AddType application/x-compress .Z
384     AddType application/x-gzip .gz .tgz
385
386     AddType application/x-httpd-php .php
387     AddType application/x-httpd-php.html
388
389     #
390     # AddHandler allows you to map certain file extensions to "handler
391     # actions unrelated to filetype. These can be either built into the
```

图 4-13　Apache 主配置加载 PHP 模块代码

编辑完成后注意保存 httpd.conf 文件。

第六步：测试 Web 环境。

在 Web 根文档目录中（Apache 默认为安装目录下的 htdocs，用户也可以根据自己的实际情况进行重新定位，如"C:\Apache2.2\www\htdocs\"）编辑测试文件 index.php，内容如下。

```
<?php
phpinfo();
 ?>
```

保存文件后，打开任意一款浏览器，在地址栏里输入"http://localhost/index.php"，即可看到测试输出结果。至此，PHP 的安装与部署基本完成。

3. 安装MySQL

MySQL 是一个开源的、关系型数据库管理系统，一般中小型网站的开发都选择 MySQL 作为网站数据库，是目前世界上最流行的数据库语言。一直被认为是 PHP 的最佳搭档。

第一步：双击运行 MySQL 安装文件，进入欢迎界面，单击 Next 按钮，进入 Setup Type 界面。

第二步：Setup Type 界面中允许选择最适合自己的安装方式，共提供三个单选按钮，其中 Typical 典型安装和 Complete 完全安装两种安装方式下其安装路径是不能改变的，

Custom 自定义安装方式可以让用户选择安装组件和安装路径，在此单击 Custom 按钮。单击 Next 按钮，如图 4-14 所示。

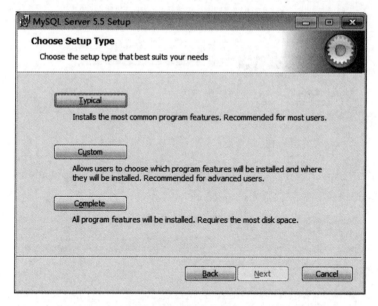

图 4-14　选择 MySQL 安装类型

第三步：进入 Custom Setup 界面，选择要安装的组件；界面最下方给出默认安装路径，也可以通过单击 Browse...按钮，在弹出的对话框中重新选择要安装的目标位置，选择后单击 Next 按钮，如图 4-15 所示。

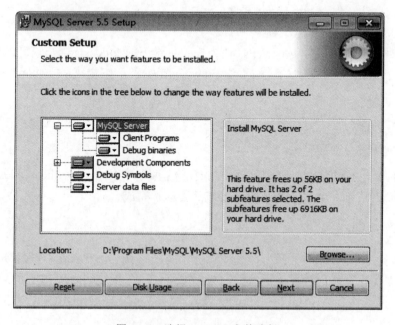

图 4-15　选择 MySQL 安装路径

第四步：进入 MySQL 的准备安装界面，界面中显示了用户在以上安装步骤中所选择的信息。信息确认无误后，单击 Install 按钮进行安装，如图 4-16 所示。

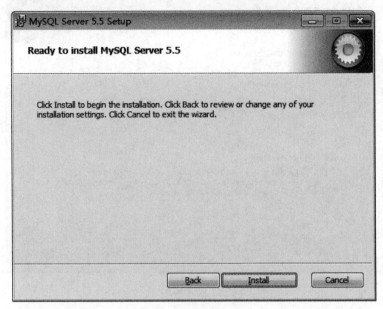

图 4-16　开始安装

第五步：安装完成后，会出现一些关于 MySQL 功能和版本的介绍。连续单击 Next 按钮，直至出现如图 4-17 所示界面。

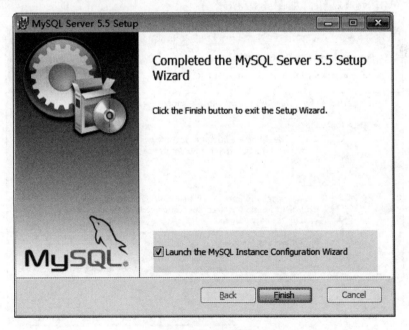

图 4-17　安装完成

第六步：单击 Finish 按钮，进入 MySQL 服务器配置，出现如图 4-18 所示界面。界面中包括：详细配置和标准配置。选择默认项 Detailed Configuration，单击 Next 按钮。

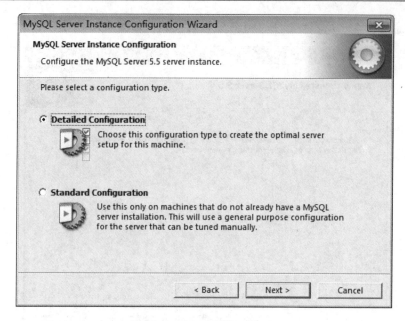

图 4-18　选择详细/标准配置

第七步：进入服务器类型选择界面，MySQL 提供了三种类型：开发模式、服务模式以及单一数据模式。不同模式将会影响内存、磁盘和 CPU 的使用率。在这里选择第一个默认项 Developer Machine（该模式 MySQL 服务器占用最小的内存空间，在本地进行测试足够使用）。单击 Next 按钮，如图 4-19 所示。

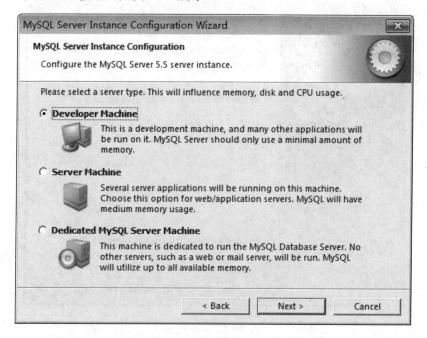

图 4-19　选择服务器使用类型

第八步：选择数据库的类型，包括：多功能模式、过渡模式以及单一模式，即支持

MyISAM、InnoDB 等多种存储引擎的数据系统、只支持其中一种类型的系统。默认选择 Multifunctional Database，即支持多种类型库，单击 Next 按钮，如图 4-20 所示。

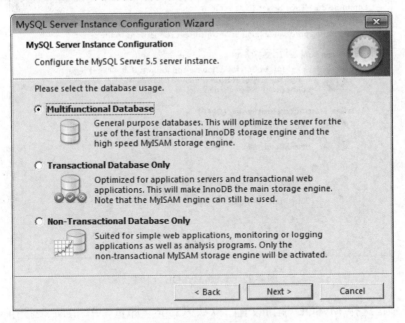

图 4-20　选择数据库类型

第九步：选择 InnoDB 数据文件放置路径，选择路径后注意下方所选分区剩余空间，单击 Next 按钮，如图 4-21 所示。

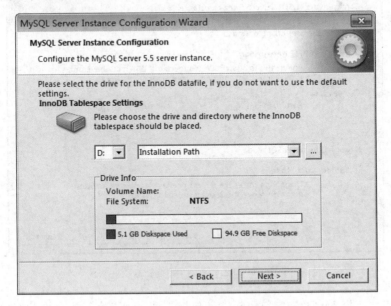

图 4-21　选择 InnoDB 数据文件存放路径

第十步：选择 MySQL 服务器的最大并发连接数量，包括三种：默认连接数、最大连接数和自定义连接数。可选择第一个默认项，单击 Next 按钮，如图 4-22 所示。

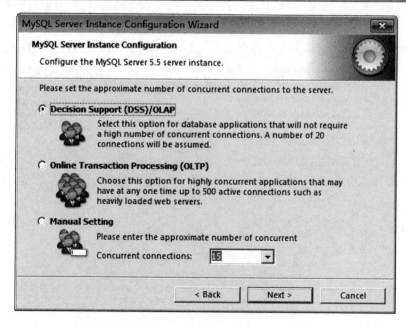

图 4-22　选择 MySQL 连接数

第十一步：选择 MySQL 端口设置，默认"3306"即可，单击 Next 按钮，如图 4-23
所示。

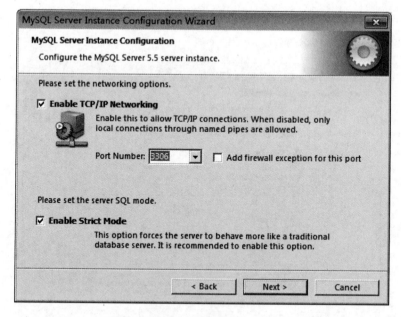

图 4-23　选择端口

第十二步：选择 MySQL 字符集设置，包括三种：标准字符集、推荐字符集和自定义
字符集。可以选中第一项 Standard Character Set，完成安装后，在 MySQL 命令行方式下根
据自己实际使用情况再做更改。也可选中第三项 Manual Selected Default Character
Set/Collation 手动设置字符集，在下方下拉菜单中选择 utf8，单击 Next 按钮，如图 4-24 所示。

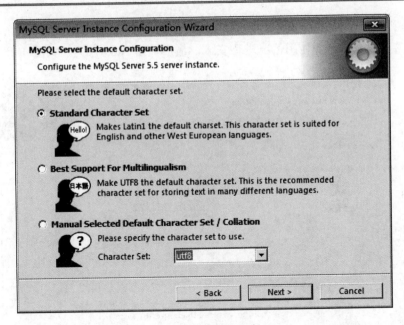

图 4-24　设置字符集

第十三步：设置 MySQL 是否为 Windows 系统服务，并选择服务名，设置是否自动启动 MySQL，配置 bin 目录的 path 路径。根据实际情况勾选相应复选框，单击 Next 按钮，如图 4-25 所示。

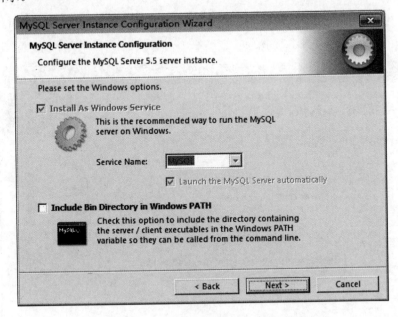

图 4-25　是否加入系统服务与系统路径

第十四步：选中 Modify Security Settings 复选框编辑安全设置，指定 root 账号密码（root 账号为 MySQL 默认的管理员账号）并再次确认密码。Enable root access from remote machines 复选框建议选中，否则当远程访问该数据库服务器时会提示有问题，当然也可以安装后根据提示进行命令行方式调整。是否需要创建一个匿名用户（Create An Anonymous Account）需要根据自己的使用情况进行安排，最后单击 Next 按钮，如图 4-26 所示。

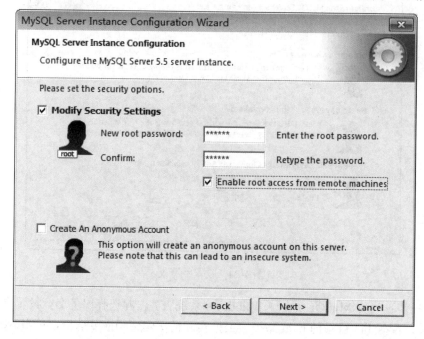

图 4-26　设置密码

第十五步：查看前面所选择的各项配置是否合理，可返回重新修改，也可单击 Execute 按钮完成真正的安装，如图 4-27 所示。

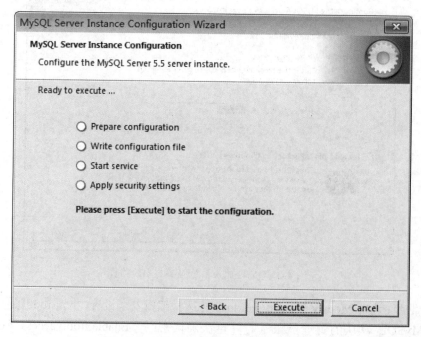

图 4-27　开始安装

4.1.2　一键安装包

以上提供的安装方式属于独立安装方式，作为发布 Web 项目的服务器环境最安全，也最灵活，但是针对 PHP 新手，即使按照以上步骤一步一步进行到最后也难免会出现各种不成功的现象。其实对于 PHP 学习过程中的使用环境来说，还有其他简单方法完全可以满足练习要求，接下来推荐一款 Windows 平台下易于安装的 PHP 集成开发环境 WAMP。

WAMP 是基于 Windows 平台下包括 Apache、MySQL 和 PHP 的集成安装环境，其安装和使用都非常简单。下面简单介绍一下。

第一步：下载安装文件。

下载 WampServer 并保存到 Windows 平台指定目录下。

第二步：安装 WampServer。

双击安装文件并运行，一路单击 Next 按钮选择默认配置，最后单击 install 按钮执行安装即可。软件安装成功并启动后自动显示在桌面任务栏右下角。

（1）右键单击 WAMP 任务栏图标，选择 Language 可以更改界面显示语言。

（2）左键单击 WAMP 任务栏图标后，弹出操作菜单，界面内容如图 4-28 所示。

其中：

（1）Localhost：单击后打开浏览器窗口，并显示 Web 根文档目录下默认网页文件内容。

（2）phpMyAdmin：利用 PHP 语言开发的数据库管理图形化界面。

（3）www directory：WAMP 提供的默认 Web 根文档目录，单击后进入该目录。

（4）Apache：Apache 服务器相关配置资料，比如开启/关闭服务、主配置文件、日志文件等。

（5）PHP：PHP 开发相关配置资料，比如扩展模块、主配置文件、日志文件等。

（6）MySQL：MySQL 服务器相关配置资料，比如开启/关闭服务、主配置文件、日志文件等。

图 4-28　WAMP 界面

（7）Start All Services：开启所有服务（Apache 与 MySQL）。

（8）Stop All Services：关闭所有服务（Apache 与 MySQL）。

（9）Restart All Services：重启所有服务（Apache 与 MySQL）。

集成环境到此基本安装结束，读者可以使用前面的测试文件 index.html 进行检验，步骤非常简单。

第一步：单击任务栏 WAMP 图标打开 WAMP 界面，单击 www directory 进入 Web 根文档目录，将 index.html 文档复制过来。

第二步：打开 WAMP 界面，单击 localhost 开启浏览器环境，完善地址栏信息为 http://localhost/index.html 进行测试。

提示：如果任务栏图标显示异常，一般原因主要包括：

（1）Apache 服务是否开启？端口是否冲突？

（2）MySQL 服务是否开启？端口是否冲突？

4.2 Linux 下 PHP 运行环境搭建

Linux 作为开源的代表，其作为服务器在安全、稳定等方面要比 Windows 更胜一筹，另外，用户可以自行优化 Linux 系统内核来达到对 PHP 程序更好的支持，让 PHP 程序达到极致。因此，Linux 服务器下 PHP 的环境部署也是非常重要的。

4.2.1 独立安装

下载所需软件：

（1）Apache：httpd-2.2.27.tar.gz。

（2）PHP：php-5.6.2.tar.gz。

（3）MySQL：mysql-5.6.20-linux-glibc2.5-i686.tar.gz。

因为 Linux 下软件之间存在依赖关系，因此必须注意安装的先后顺序。

1. Apache的安装

到 http://www.apache.org/dist/httpd/下载 Apache 源码包并保存到/home/apache2（提前创建）目录下。

使用命令：

```
# cd  /home/
```

解压缩源码包：

```
# tar  -zxvf  httpd-2.2.27.tar.gz
```

重命名解压后自动生成的目录名：

```
# mv  httpd-2.2.27  apache2
# cd  apache2
```

配置安装环境：

```
# ./configure  --prefix = /usr/local/apache2 \
 --enable-so \
 --enable-module=all
```

编译：

```
# make
```

执行安装：

```
# make install
```

开启 Apache 服务：

```
# cd /usr/local/apache2
# ./bin/apachectl start
```

2．MySQL的安装

到 http://mirrors.sohu.com/mysql/下载 MySQL 安装包并保存到/home/mysql 目录（提前创建）下。

使用命令：

为运行 MySQL 添加用户和组：

```
# groupadd mysql
# useradd -g mysql mysql
```

创建工作目录：

```
# mkdir -p /usr/local/mysql
# cd /usr/local/mysql
# cp /home/mysql/mysql-5.6.20-linux-glibc2.5-i686.tar.gz \ /usr/local/
mysql/mysql-5.6.20-linux-glibc2.5-i686.tar.gz
```

解压缩：

```
# tar -zxvf mysql-5.6.20-linux-glibc2.5-i686.tar.gz
# cd mysql-5.6.20
# ./configure --prefix=/usr/local/mysql \
--enable-thread-safe-client \
--enable-assembler \
--with-big-tables \
--with-client-ldflags=-all-static \
--with-mysqld-ldflags=-all-static  \
--with-charset=utf8 \
--with-collation=utf8_general_ci \
--with-extra-charsets=complex
# make
# make install
```

3．PHP的安装

到 http://php.net/downloads.php 下载 PHP 源码包并保存到/home/php5 目录（提前创建）下。

使用命令：

```
# cd /home
# mkdir php5
# tar -zxvf php-5.6.2.tar.gz
# cd php5
# ./configure --prefix=/usr/local/php5 \
--with-apxs2=/usr/local/apache2/bin/apxs \
--with-config-file-path=/usr/local/lib \
--enable-track-vars \
```

```
--with-xml \
--with-mysql
# make
# make install
# cp php.ini-dist /usr/local/lib/php.ini
```

4. 主配置文件

第一步：编辑主配置文件。

Apache 的配置：

```
#vi /usr/local/apache/conf/httpd.conf
#Web 根文档目录声明
DocumentRoot  "/httpd/html/" 此处为 HTML 文件主目录
#加载 PHP 模块
LoadModule php5_module  /usrl/local/php5/php5apache2_2.dll
#默认首页声明
#DirectoryIndex  index.PHP  index.html  index.htm
#设置 Apache 支持的文件类型
AddType application/x-httpd-PHP  .php  .html
```

存盘退出。

PHP 的配置：

```
# vi /usr/local/lib/php.ini
extension_dir="/usr/local/php5/ext"
extension=php_mysql.dll
register-golbals = On
```

存盘退出。

第二步：环境测试。

编写 PHP 测试页 index.PHP，内容如下。

```
〈?php
phpinfo();
?>
```

打开浏览器，在地址栏里输入 "http://localhost"，查看 PHP 信息。

4.2.2   一键安装包

下面推荐一款 Linux 平台下的 PHP 集成开发环境。

LAMPP（Apache+MySQL+PHP+PERL）是另外一款功能强大的建站集成软件包。这个软件包原来的名字是 LAMPP，但是为了避免误解，最新的几个版本就改名为 XAMPP 了。它可以在 Windows、Linux、Solaris、Mac OS X 等多种操作系统下安装使用，支持多语言。

该软件环境目录功能如下。

（1）xampp\htdocs\：Web 程序（PHP 文件、HTML 文件等）。

（2）xampp\cgi-bin\：Perl 文件目录。

（3）xampp\apache\conf\httpd.conf：Apache 主配置文件。

（4）xampp\apache\bin\php.ini：PHP 配置文件。

习题

1．在 Windows 系统下选择一种集成开发环境进行安装，显示 HelloWorld 页面内容。

2．在 Linux 系统下选择一种集成开发环境进行安装，显示 HelloWorld 页面内容。

3．在 Windows 系统下尝试独立安装 PHP 开发环境并部署。

4．在 Linux 系统下尝试独立安装 PHP 开发环境并部署。

第 5 章　精品课网站制作

静态页面设计是实践性很强的一个过程，在熟悉了 XHTML、CSS、JavaScript 的基本语法之后，本章运用前面所学知识，按照网站制作流程，完成一个比较具体、综合的网站案例。本章案例主要介绍 XHTML+CSS+JavaScript 的基本开发方法，以及使用 table 进行页面整体布局的关键技术。

在整个静态页面的开发过程中，页面整体布局实现得好坏直接关系到网站效果能否正常表现，本例通过河北软件职业技术学院 HTML+CSS+JavaScript 精品课程网站静态页面的开发介绍 XHTML 的使用、CSS 修饰技巧以及 JavaScript 提供交互动态功能的综合开发过程。

本章知识点：
- XHTML 在静态页面开发中的使用
- CSS 在页面修饰过程中的使用
- JavaScript 在实现简单动态交互功能时的用法
- table 嵌套解决页面整体与局部布局的技巧

5.1　系统概述

本例开发的静态页面比较简单，通过这样一个简单的例子，希望读者掌握 XHTML+CSS+JavaScript 相结合的开发过程，为后续 PHP 的学习打下坚实的基础。

1．需求分析

作为介绍网页设计的精品课程网站，主要实现该课程全部教学资源共享的目的，因此定位为宣传类网站。

（1）面向人群：同类院校教师、学生等。

（2）网站目标：希望通过该网站展示学院的教学水平、文化和师资力量，传达出学校的育人理念。

（3）网站风格：颜色明快、简洁大方、内容丰富。

2．功能需求

（1）logo：明确显示学院育人理念；显示出精品课程的名称。

（2）导航栏包括首页、课程设置、教学内容、教学团队、资源中心、学生作品、教学效果、教学方法；页面主体展示学生作品、介绍该网站。

（3）实现一个二级页面，“课程设置”中的“内容组织与安排”。

3．网页总体设计

本例的主要目的是让读者掌握使用 XHTML+CSS+JavaScript 相结合进行静态页面开发的全过程，熟悉简单静态页面的开发方法与步骤，熟练掌握 table 标签在页面准确布局中的技巧。

整个设计过程中使用到的技术包括：

（1）XHTML 文档的 DTD 声明。

（2）xmlns 的声明。

（3）table 标签布局。

（4）XHTML 常用标签的使用。

（5）CSS 外部文件与内部文件修饰方法。

（6）js 脚本的设计。

① 变量的声明；

② 自定义函数的使用；

③ 流程控制语句的使用；

④ 数组对象的使用；

⑤ DOM 的运用；

⑥ BOM 的检测。

4．开发环境

本案例实现过程简单，采用如下环境开发：

（1）操作系统：Windows 7。

（2）开发工具：记事本。

（3）浏览器：IE 8.0。

5．文件夹的组织结构

静态网页的目录比较少，结构非常简单，主要有首页文件 index.html，CSS 样式文件夹、图片文件夹等，JS 脚本直接嵌入到 XHTML 文档内部，没有单独设置文件夹。本次案例组织结构如下。

```
hbsiWeb------------项目名称
    index.html------------网站首页
    css-------------------样式表文件夹
        css.css----------样式表文件
    Images----------------图片文件夹
    lingyu----------------二级页面文件夹
        zhuanli.html----二级页面
```

5.2　项目实现步骤

该项目涉及页面内容较多，但基本风格统一，因此本章主要介绍项目中比较典型的两个页面的实现过程。首先，首页对于网站至关重要，决定用户对网站的第一印象。本案例首页页面内容设计如下。

（1）主题 logo：整个精品课网站统一风格 logo 设计。

（2）导航栏：各二级页面链接。

（3）主显示区：网站内容介绍。

其次，二级页面内容主要如下。

（1）主题 logo：整个精品课网站统一风格 logo 设计。

（2）导航栏：左侧主导航设计与右上角简易导航设计。

（3）主显示区：网站内容介绍。

5.2.1　首页技术分析

要想让网页中的各个元素完全按照自己的想法规规矩矩地出现在它该出现的位置，不是件容易的事情。比如，段落文字的间距、图片的位置、字号的大小等问题数不胜数，因此在实现页面内容之前首先要进行的是布局：整体布局与局部布局。首页主要涉及页面布局技术，案例采用<table>标签实现，该标签在进行页面布局时其优势体现在布局精准方面，但嵌套较为复杂。其实现方法如下。

（1）首先编辑静态网页必须声明的 DTD 文档规范。

```
<!DOCTYPE html PUBLIC "-//W3C//DTD XHTML 1.0 Transitional//EN"
"http://www.w3.org/TR/xhtml1/DTD/xhtml1-transitional.dtd">
```

（2）实现文档基本结构。

```
<html xmlns="http://www.w3.org/1999/xhtml">
<head>
<title>河北软件职业技术学院 HTML 精品课程网站</title>
</head>
<body>
</body>
</html>
```

（3）使用<table>标签完成页面整体布局设计。

table 标签：实现网页表格功能，实现页面布局功能。为了能够清楚看到布局效果，特意修改代码中的 border="1"。table 标签的嵌套标签及属性见表 5-1。

表 5-1　table标签

嵌套标签及属性	描　　述
tr	表格中的行
td	表格中的列
border	表格边框
width	表格宽度
height	表格高度
align	表格对齐方式
cellpadding	单元格与内容之间空白
cellspacing	单元格之间空白

具体代码实现如下。

```
...
<body>
<!—页面主 logo 位置-->
<table    width="1002"    border="1"    align="center"    cellpadding="0"
cellspacing="0">
  <tr>
    <td  width="1002" height="243"></td>            定义一行一列表格，显示 logo
  </tr>
</table>
<table width="1002" height="54" border="1" align="center" cellpadding="0"
cellspacing="0">
  <tr>                                              定义一行两列表格，显示页面导航
    <td width="84"></td>
    <td width="918" valign="bottom" ></td>
  </tr>
</table>
<table width="1002" border="1" align="center" cellpadding="0" cellspacing=
"0">
  <tr>
    <td></td>                                        定义一行一列表格，调整预留
  </tr>
</table>
<table width="1002" height="195" border="1" align="center" cellpadding="0"
cellspacing="0">
  <tr>
    <td width="20" align="left" valign="top"></td>
    <td width="293" valign="top"></td>
    <td width="38" valign="top"></td>              定义一行四列表格，显示主页内容
    <td width="652" align="left" valign=
    "top"></td>
  </tr>
</table>
<table width="1002" height="3" border="1" align="center" cellpadding="0"
cellspacing="0" >
  <tr>                                              定义一行一列表格，调整预留
    <td></td>
  </tr>
</table>
<table width="1002" height="50" border="1" align="center" cellpadding="0"
cellspacing="0" >
  <tr>                                              定义一行两列表格，显示页面版权
    <td align="center"></td>
  </tr>
</table>
</body>
...
```

布局效果如图 5-1 所示。

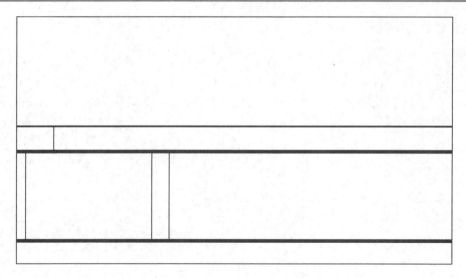

图 5-1　页面整体布局效果图

（4）使用<object><embed><param>标记尝试插入外部文件实现页面主题。

object 标记：<object> 标签用于包含对象，比如图像、音频、视频、Java Applets、ActiveX、PDF 以及 Flash。其重要属性见表 5-2。

表 5-2　object重要属性

属　　性	描　　述
classid	classid 属性用于指定浏览器中包含的对象的位置，它的值是对象的绝对或相对的 URL
codebase	可选，该属性的值是一个 URL，指向的目录包含 classid 属性所引用的对象
width	设置对象宽度（像素）
height	设置对象高度（像素）
border	设置对象边框

embed 标记：定义嵌入的内容，例如插件。其重要属性见表 5-3。

表 5-3　embed重要属性

属　　性	描　　述
src	设置嵌入内容的 URL
type	设置嵌入内容的类型
width	设置对象宽度（像素）
height	设置对象高度（像素）

param 标记：该元素允许为插入 XHTML 文档的对象规定 run-time 设置，即此标签可为包含它的<object>等提供参数。其重要属性见表 5-4。

表 5-4　param重要属性

属　　性	描　　述
name	定义参数名称
type	定义参数 MIME 类型
value	定义参数的值

代码实现如下。

```
...
<td align="center">
<object classid="clsid:D27CDB6E-AE6D-11cf-96B8-444553540000" codebase=
"swflash.cab#version=6,0,0,0" tppabs="http://download.macromedia.com/
pub/shockwave/cabs/flash/swflash.cab#version=6,0,0,0" width="268" height=
"205">
        <param name="movie" value="flashalter.swf" />
        <param name="quality" value="high" />
        <param name="bgcolor" value="#C7BB85" />          插入 Flash 类型 logo
        <param name="scale" value="noscale" />
        <param name="salign" value="LT" />
        <param name="menu" value="false" />
        <param name="flashvars" value="
Author=Aslan&HomePage=http://www.aslan.cn/&PicWidth=268&PicHeight=180&Movie
Height=205&TextHeight=25&TextBgColor=FFFFFF&PicUrls=images/xszp/8-3-1.jpg|i
mages/xszp/8-2-2.jpg|images/xszp/8-1-1.jpg|images/xszp/11-1.jpg|images/xszp
/12-1.jpg|images/xszp/8-2-1.jpg&UrlValue=http://www.baidu.com|http://www.ba
idu.com|http://www.baidu.com|http://www.baidu.com|http://www.baidu.com|http
://www.baidu.com&TextValue=优秀学生作品展示|优秀学生作品展示|优秀学生作品展示|优秀学
生作品展示|优秀学生作品展示|优秀学生作品展示
&Target=_blank&BordersWidth=1&RoundCorner=0&BordersColor=0066ff&BordersAlph
a=100&TextFont=Arial&TextSize=12&TextBold=1&TextColor=CC1515&TextHoverColor
=000000&TextLeftMargin=10&TextAlign=center&NumBgColor=CC1515&NumColor=FFF57
F&NumActiveColor=990000&NumBorderColor=FFFFFF&Effects=0|1|2|3|4|5|6|7|8|9|1
0|11" />
        <embed src="flashalter.swf" quality="high" flashvars="Author=
Aslan&HomePage=http://www.aslan.cn/&PicWidth=268&PicHeight=180&MovieHeight=
205&TextHeight=25&TextBgColor=FFFFFF&PicUrls=images/xszp/8-3-1.jpg|images/x
szp/8-2-2.jpg|images/xszp/8-1-1.jpg|images/11-1.jpg|images/12-1.jpg|images/
xszp/8-2-1.jpg&UrlValue=http://www.baidu.com|http://www.baidu.com|http://ww
w.baidu.com|http://www.baidu.com|http://www.baidu.com|http://www.baidu.com&
TextValue=优秀学生作品展示|优秀学生作品展示|优秀学生作品展示|优秀学生作品展示|优秀学生作
品展示|优秀学生作品展示
&Target=_blank&BordersWidth=1&RoundCorner=0&BordersColor=0066ff&BordersAlpha=1
00&TextFont=Arial&TextSize=12&TextBold=1&TextColor=CC1515&TextHoverColor=00
0000&TextLeftMargin=10&TextAlign=center&NumBgColor=CC1515&NumColor=FFF57F&N
umActiveColor=990000&NumBorderColor=FFFFFF&Effects=0|1|2|3|4|5|6|7|8|9|10|1
1" bgcolor="#C7BB85" width="268" height="205" scale="noscale" salign="LT"
menu="false" type="application/x-shockwave-flash" pluginspage="http://www.
macromedia.com/go/getflashplayer" />
    </object>
    </td>
        </tr>
      </table>
    </td>
...
```

效果如图 5-2 所示。

图 5-2　页面主题效果图

（5）尝试插入主页显示文字内容。

```
...
    <td align="left"><span class="STYLE1">河北软件职业技术学院 HTML 与 CSS 精品课程
网站</span></td>
        </tr>
    </table>
        <table width="90%" border="0" cellspacing="0" cellpadding="0">
        <tr>
            <td class="huizi-12">     《Html 与 CSS》课程是软件技术专业的一门核心技能
课程。通过本课程的学习，要求学生会进行网站开发需求分析、能使用网站的规划与设计原则和方法，
进行相关素材的搜集和处理、页面布局和设计的技巧，能够完成页面制作和美化，并通过链接完成整个
网站的组建。在对网站进行检查和调试后，能实现域名空间的申请和网站的方步，并能为后期对网站的
管理和维护提供技术支持。
        通过本课程的学习，学生可以在网络公司、软件公司、广告公司、企事业单位的制作部、技术部、
信息部、网络中心等部门，担任网页设计师、网站编辑、B/S 模式软件界面设计师、网站维护员等职务，
完成静态网站制作、网站内容制作与维护、动态网站界面设计与制作、B/S 模式软件界面设计与制作项
目工作。
    </td>
...
```
插入主页显示文字内容

效果如图 5-3 所示。

河北软件职业技术学院HTML与CSS精品课程网站

　　《Html与CSS》课程是软件技术专业的一门核心技能课程。通过本课程的学习，要求学生会进行网站开发需
求分析、能使用网站的规划与设计原则和方法，进行相关素材的搜集和处理、页面布局和设计的技巧，能够完
成页面制作和美化，并通过链接完成整个网站的组建。在对网站进行检查和调试后，能实现域名空间的申请和
网站的方步，并能为后期对网站的管理和维护提供技术支持。　通过本课程的学习，学生可以在网络公司、软件
公司、广告公司、企事业单位的制作部、技术部、信息部、网络中心等部门，担任网页设计师、网站编辑、B/S
模式软件界面设计师、网站维护员等职务，完成静态网站制作、网站内容制作与维护、动态网站界面设计与制
作、B/S模式软件界面设计与制作项目工作。

图 5-3　首页文字显示效果图

（6）插入 JS 脚本实现动态效果。

具体代码如下。

```
...
<script type="text/JavaScript">
<!--
function MM_preloadImages() { //v3.0
  var d=document; if(d.images){ if(!d.MM_p) d.MM_p=new Array();
    var i,j=d.MM_p.length,a=MM_preloadImages.arguments; for(i=0; i<a.
    length; i++)
    if (a[i].indexOf("#")!=0){ d.MM_p[j]=new Image; d.MM_p[j++].src=
    a[i];}}
}
function MM_swapImgRestore() { //v3.0
  var i,x,a=document.MM_sr; for(i=0;a&&i<a.length&&(x=a[i])&&x.oSrc;i++)
  x.src=x.oSrc;
}

function MM_findObj(n, d) { //v4.01
  var p,i,x;  if(!d) d=document; if((p=n.indexOf("?"))>0&&parent.frames.
  length) {
    d=parent.frames[n.substring(p+1)].document; n=n.substring(0,p);}
  if(!(x=d[n])&&d.all) x=d.all[n]; for (i=0;!x&&i<d.forms.length;i++)
  x=d.forms[i][n];
  for(i=0;!x&&d.layers&&i<d.layers.length;i++) x=MM_findObj(n,d.
  layers[i].document);
  if(!x && d.getElementById) x=d.getElementById(n); return x;
}

function MM_swapImage() { //v3.0
  var i,j=0,x,a=MM_swapImage.arguments; document.MM_sr=new Array;
  for(i=0;i<(a.length-2);i+=3)
  if ((x=MM_findObj(a[i]))!=null){document.MM_sr[j++]=x; if(!x.oSrc) x.
  oSrc=x.src; x.src=a[i+2];}
}
//-->
</script>
...
```

自定义函数实现动态效果

5.2.2　首页 CSS 效果分析

首页布局及内容设计完成后，整个页面效果还需做进一步调整。HTML 重点在处理页面内容部分，接下来针对该页面进行 CSS 效果修饰，使得该网站在整体色彩、链接效果、字体设计、段落、动态效果等方面更加吸引访问客户。

具体代码如下。

css.css 文件：

```
.huik-3px {
    border: 3px solid #EBEAEA;
}
.huik-5px {
    border: 5px solid #B2B1AE;
}
.red {
    font-size: 12px;
    color: #FF0000;
}
```

```
.link-red:link {text-decoration: none;color: #FF0000;}
.link-red:visited {text-decoration: none;color: #FF0000;}
.link-red:hover {text-decoration: underline;color: #FA7E00;}
.link-red:active {text-decoration: underline;color: #FF0000;}
.link-hui:link {text-decoration: none;color: #666666;line-height: 24px;}
.link-hui:visited {text-decoration: none;color: #666666;line-height:
24px;}
.link-hui:hover {text-decoration: none;color: #FA7E00;line-height: 24px;}
.link-hui:active {text-decoration: underline;color: #666666;}
.xx {
    border-bottom-width: 1px;
    border-bottom-style: dashed;
    border-bottom-color: #CCCCCC;
}
.huizi-12 {
    font-size: 12px;
    line-height: 24px;
    color: #666666;
}
.xh {
    border-bottom-width: 1px;
    border-bottom-style: solid;
    border-bottom-color: #BEBEBE;
}
.anniu {
    color: #333333;
    border: 1px solid #999999;
    height: 18px;
    background-color: #FFFFFF;
    font-size: 12px;
    line-height: 18px;
    font-weight: normal;
    text-decoration: none;
    margin: 0px;
    padding: 0px;
    left: 0px;
    top: 0px;
    right: 0px;
    bottom: 0px;
    clip: rect(0px,0px,0px,0px);
}
.zi-hui {
    color: #666666;
    line-height: 24px;
}
```

运行后主页整体效果如图 5-4 所示。

5.2.3　二级页面技术分析

一个首页根据其内容的多少可以拥有多个二级页面。二级页面又叫次级页面，其功能主要是实现首页中部分链接功能。二级页面与首页同属于一个站点，因此在颜色、字体等页面风格上基本没有太大变化，本节主要介绍二级页面的布局。

（1）首先编辑静态网页必须声明 DTD，文档规范。

图 5-4　课程网站首页整体效果图

```
<!DOCTYPE    html    PUBLIC    "-//W3C//DTD    XHTML    1.0    Transitional//EN"
"http://www.w3.org/TR/xhtml1/DTD/xhtml1-transitional.dtd">
```

（2）实现文档基本结构。

```
<html xmlns="http://www.w3.org/1999/xhtml">
<head>
<title>河北软件职业技术学院 HTML 精品课程网站</title>
</head>
<body>
</body>
</html>
```

（3）分析页面结构，使用<table>标签实现整体页面布局。

table 标签：实现网页表格功能，实现页面布局功能。详见表 5-1。

```
...
<table width="1002" border="1" align="center" cellpadding="0" cellspacing=
"0">
  <tr>
    <td  width="1002" height="150"></td>
  </tr>
</table>

<table width="1002" height="54" border="1" align="center" cellpadding="0"
cellspacing="0">
  <tr>
    <td width="84"></td>
    <td width="918" valign="bottom" ></td>
```

```
  </tr>
</table>

<table width="1002" border="1" align="center" cellpadding="0" cellspacing=
"0">
  <tr>
    <td></td>
  </tr>
</table>

<table width="1002" height="242" border="1" align="center" cellpadding="0"
cellspacing="0">
  <tr>
    <td width="247" align="center" valign="top">
    </td>
    <td width="10" valign="top"></td>
    <td width="749" align="center" valign="top"></td>
  </tr>
</table>

<table width="1002" height="3" border="1" align="center" cellpadding="0"
cellspacing="0">
  <tr>
    <td></td>
  </tr>
</table>

<table width="1002" height="50" border="1" align="center" cellpadding="0"
cellspacing="0">
  <tr>
    <td align="center"></td>
  </tr>
</table>
...
```

布局效果如图 5-5 所示。

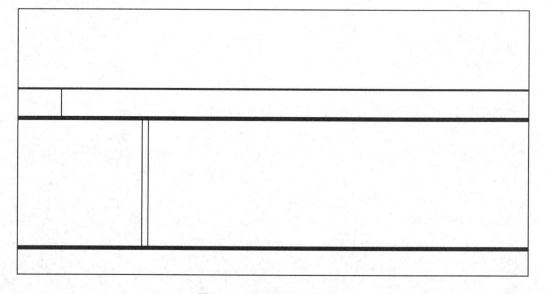

图 5-5   二级页面布局效果图

（4）使用<object><embed><param>标记尝试插入外部文件实现页面主题。标签详见表5-2～表5-4。

```
…
    <td background="../images/top-1.jpg"  width="1002" height="150"><object
classid="clsid:D27CDB6E-AE6D-11cf-96B8-444553540000"
codebase="swflash.cab#version=7,0,19,0"
tppabs="http://download.macromedia.com/pub/shockwave/cabs/flash/swflash.cab
#version=7,0,19,0" width="1002" height="150" title="河软精品课程网站">
        <param name="movie" value="../flash/15.swf">
        <param name="quality" value="high">
         <param name="wmode" value="transparent">
        <embed src="../flash/15.swf" quality="high" pluginspage="http://www.
macromedia.com/go/getflashplayer" type="application/x-shockwave-flash" width=
"1002" height="150"></embed>
    </object></td>
…
```

（5）插入页面导航内容。

```
…
    <td    width="698"   height="31"   align="right"   valign="bottom"><span
class="huizi-12"> 您 现 在 的 位 置 是 : </span><a  href="../index.html"
class="link-red"> 首页 </a> <span  class="red">&gt;</span> <span
class="huizi-12"><a href="zhuanli.html"  class="link-red">课程设置</a> &gt; 内
容组织与安排</span></td>
…
```

效果如图 5-6 所示。

您现在的位置是: 首页 ＞ 课程设置 ＞ 内容组织与安排

图 5-6　二级页面简单导航栏效果图

（6）插入页面主要显示内容。

```
…
<td height="50" align="left"><span class="zi-hui">
        <strong> 1、知识要求</strong> <br>
        （1）了解 Internet 的发展；<br>
 （2）掌握 WWW、HTTP、HTML、CSS 的定义，概念和作用；<br>
 （3）了解图像的几种格式：GIF、JPEG、PNG 和矢量图格式各自的特点和差别；<br>
 （4）理解服务器、客户端、浏览器的概念和作用；<br>
 （5）深入理解网页创意原理和规划布局的方法；<br>
 （6）理解 HTML 语言中的各种文本格式、字符格式、段落设置、列表、标记的作用；<br>
 （7）理解对象的定义及含义；<br>
 （8）理解 CSS 样式表中属性单位的作用和意义；<br>
 （9）理解客户端脚本程序的工作方式；<br>
 （10）深入理解 HTML 语言和 JavaScript 脚本的语法和应用；<br>
 （11）会用 DreamWeaver 网页制作工具的使用；<br>
 <strong>2、技能要求</strong><br>
 （1)能根据网页创意原理和规划布局的方法针对具体的主题进行网页创意设计和进行合理的页面布
局；<br>
    （2）会用 HTML 语言中的标记设置颜色、文本格式和列表；<br>
```

（3）会用颜色值的配置和背景图案的设置方法、字符、链接颜色的设置方法、网页设计中字符格式的设置方法、逻辑字符样式和物理字符样式的设置、段落分段与换行的方法；

（4）会使用 HTML 语法，熟练掌握 HTML 语言中标记的使用方法；

（5）掌握在网页中添加 CSS 的方法。掌握三种添加样式信息的方法，会使用 CSS 设置网页格式和列表的格式；

（6）掌握在网页中嵌入图像的方法，掌握与嵌入图像相关标记的用法；

（7）掌握图像布局以及与位置相关的标记的概念和用法；

（8）掌握 GIF 动画的制作方法。

（9）熟练掌握使用绝对和相对 URL，创建超链接，图像链接，图像映射的建立方法；

（10）熟练掌握表格的使用方法，会用表格设计网页；

（11）掌握框架制作网页的方法，会使用框架设计网页；

（12）掌握制作表单的方法，会利用表单建立交互式页面；

（13）熟练掌握多媒体对象连接的两种方式；

（14）会使用 Dreamweaver 网页制作工具制作网页；

<strong>3、教学内容的具体组织形式</strong>

教学内容的组织与安排要遵循学生职业能力培养的基本规律，以真实工作任务为依据整合、序化教学内容，科学设计学习性工作任务，"教、学、做"相结合，理论与实践一体化，合理地设计实训、实习等教学环节，根据课程内容的重构。《Html 与 CSS》这门课程分为 8 个教学模块、19 个教学单元。

</span>　　</td>

…

效果如图 5-7 所示。

课程设置

内容组织与安排

1、知识要求

（1）了解 Internet 的发展；

（2）掌握 WWW、HTTP、HTML、CSS 的定义，概念和作用；

（3）了解图像的几种格式：GIF、JPEG、PNG 和矢量图格式各自的特点和差别；

（4）理解服务器、客户端、浏览器的概念和作用；

（5）深入理解网页创意原理和规划布局的方法；

（6）理解 HTML 语言中的各种文本格式、字符格式、段落设置、列表、标记的作用；

（7）理解对象的定义及含义；

（8）理解 CSS 样式表中属性单位的作用和意义；

（9）理解客户端脚本程序的工作方式；

（10）深入理解 HTML 语言和 JavaScript 脚本的语法和应用；

（11）会用 DreamWeaver 网页制作工具的使用；

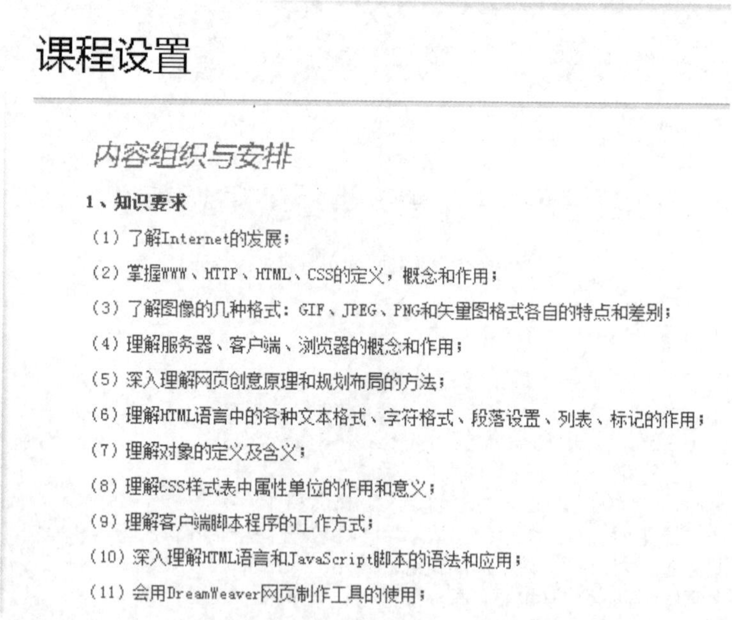

图 5-7　页面主要显示内容（部分）

（7）编辑 JS 脚本实现动态效果。

```
…
<script type="text/JavaScript">
<!--
function MM_preloadImages() { //v3.0
  var d=document; if(d.images){ if(!d.MM_p) d.MM_p=new Array();
    var i,j=d.MM_p.length,a=MM_preloadImages.arguments; for(i=0; i<a.
```

```
    length; i++)
    if (a[i].indexOf("#")!=0){ d.MM_p[j]=new Image; d.MM_p[j++].src=a
    [i];}}
}

function MM_swapImgRestore() { //v3.0
  var i,x,a=document.MM_sr; for(i=0;a&&i<a.length&&(x=a[i])&&x.oSrc;i++)
  x.src=x.oSrc;
}

function MM_findObj(n, d) { //v4.01
  var p,i,x;  if(!d) d=document; if((p=n.indexOf("?"))>0&&parent.frames.
  length) {
    d=parent.frames[n.substring(p+1)].document; n=n.substring(0,p);}
  if(!(x=d[n]&&d.all) x=d.all[n]; for (i=0;!x&&i<d.forms.length;i++) x=d.
  forms[i][n];
  for(i=0;!x&&d.layers&&i<d.layers.length;i++) x=MM_findObj(n,d.layers
  [i].document);
  if(!x && d.getElementById) x=d.getElementById(n); return x;
}

function MM_swapImage() { //v3.0
  var i,j=0,x,a=MM_swapImage.arguments; document.MM_sr=new Array; for(i=0;
  i<(a.length-2);i+=3)
  if ((x=MM_findObj(a[i]))!=null){document.MM_sr[j++]=x; if(!x.oSrc)
  x.oSrc=x.src; x.src=a[i+2];}
}
//-->
</script>
...
```

5.2.4　二级页面 CSS 效果分析

二级页面布局及内容设计完成后，整个页面效果还需做进一步调整。接下来针对二级页面进行 CSS 效果修饰，使得该页在整体色彩、链接效果、字体设计、段落、动态效果等方面更加完善。

除了本页自身特殊 CSS 样式外，二级页面的修饰同主页保持一致，即引用主页面的 css.css 文件。本页主要技术要点如下。

（1）引入外部 css 文件。

```
<link href="../css/css.css"  rel="stylesheet" type="text/css" />
```

（2）内部嵌入 css 修饰。

```
<style type="text/css">
...
</style>
```

具体代码实现如下。

```
...
<style type="text/css">
<!--
body {
    margin-left: 0px;
```

```
    margin-top: 0px;
    margin-right: 0px;
    margin-bottom: 0px;
    background-color: #FFF9C5;
}
-->
</style>
<link href="../css/css.css"  rel="stylesheet" type="text/css" />
<style type="text/css">
<!--
body,td,th {
    font-size: 12px;
}
-->
</style>
...
```

二级页面整体效果如图 5-8 所示。

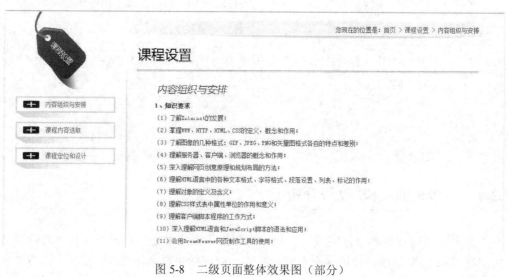

图 5-8　二级页面整体效果图（部分）

习题

1．综合运用 XHTML+CSS+JS 模仿本案例实现班级主页。

要求：

（1）建立班级主页展现本班风采（学习上、活动上等）；

（2）为本班发布班级各项新闻通知（评优、劳动等）；

（3）实现毕业后的联系等。

（4）主题突出、简单明确，要有自己班级特色。

2．综合运用 XHTML+CSS+JS 实现工作招聘页面，主要体会 form 表单的运用。

要求：

（1）个人招聘信息要完整。比如：姓名、年龄、出生年月、电话、身份证、邮箱、工作经历等。

（2）使用 JS 做基本安全验证。

比如：

① 姓名：包含字符或字母，不能超过 30 位。

② 年龄：只允许输入数字，且不能超过三位。

③ 出生年月：实现三级联动。

④ 电话：只能包含数字和"-"，且不能超过 12 位。

⑤ 邮箱：要验证邮箱名称是否符合要求，为防止安全问题，请设计邮箱激活登录功能。

3．模仿本章案例，实现精品课程中其他二级页面，如教学团队、资源中心等。

4．综合运用所学内容，实现 discuz 首页效果，熟练掌握 table 与 div 相结合进行布局的技巧，效果如图 5-9 所示。

图 5-9　discuz 首页效果

第6章　PHP 基础

PHP 最初是英文 Personal Home Page 的缩写，现已更名为英文 Hypertext Preprocessor。PHP 语法混合了 C、Java、Perl 以及自创的语法。因此它比 CGI 或者 Perl 拥有更高的动态网页执行效率。本章就先来了解 PHP 的一些基础知识。

本章知识点：

- PHP 基本语法
- 字符串
- 数组
- 函数

6.1　PHP 概述

PHP 是一种通用开源脚本语言，它是将程序嵌入到 HTML 文档中去执行，拥有更高的执行效率。PHP 的主要目的是让 Web 开发人员快速开发动态网页，当然，PHP 的功能并不局限于此。

PHP 是由 Rasmus Lerdorf 于 1994 年创建的，是 Rasmus Lerdorf 为了维护个人网页而制作的用 Perl 语言编写的简单程序。最初 Rasmus Lerdorf 只是使用 PHP 去显示个人信息，以及统计网站流量，后来通过使用 C 语言重新编写，增加了访问数据库等功能，最终 Rasmus Lerdorf 将程序和表单直译器整合起来，称为 PHP/Fl。PHP/Fl 可以和数据库连接，生成简单的动态网页程序。1995 年，PHP 推出了第一个版本，经过多次改进 2008 年 PHP 5 成为唯一的开发版本。2013 年 6 月 20 日，PHP 开发团队宣布推出 PHP 5.5.0，此版本包含大量新功能和 bug 修复，但此版本不再支持 Windows XP 与 Windows 2003 系统。PHP 具有跨平台、效率高、可扩展等优势。

网络上存在大量的 PHP 资源，其中最权威的就是 W3C 组织提供的 PHP 参考手册，其网址为 http://www.w3school.com.cn/php/php_ref.asp。其提供了 PHP 的完整参考手册。

6.2　嵌入 PHP

在 HTML 中嵌入 PHP 脚本的方法有以下 4 种。

1. XML风格

```
<?php …?>
```

PHP 推荐使用的标记风格，服务器管理员不能禁用这种风格，如果需要将 PHP 嵌入到 XML 或 XHTML 中，则需要使用 <?php　　?> 以符合语法要求。

2．简短风格

```
<?…?>
```

该风格遵循 SGML（Standard Generalized Markup Language，标准通用标记语言）的语法要求，但是服务器管理员可以禁用它，因为它会影响 XML 文档的 XML 声明。

注意：只有在 php.ini 配置文件中将选项 short_open_tag 赋值为 on 方可使用简短风格。

3．SCRIPT风格。

```
<script language="php">…</script>
```

这种标记是最长的，读者如果使用过 JavaScript 或 VBScript，就会熟悉这种风格。当使用的 HTML 编辑器无法支持其他的标记风格时，可以使用它。

4．ASP风格

```
<%  …%>
```

ASP 风格是为习惯 ASP 或 ASP.NET 编程风格的使用者而设计的。在默认情况下该标记是被禁用的。

注意：使用 ASP 风格，需在 php.ini 配置文件设定中将 asp_tags 选项赋值为 on。

小实例演练：嵌入 PHP。

6-1.php

```
<html>
<head>
<meta http-equiv="Content-Type" content="text/html; charset=utf-8">
<title>无标题文档</title>
</head>
<body>
    <? echo "嵌入 PHP";?>
    <?PHP echo "嵌入 PHP";?>
    <script language="php">
        echo "嵌入 PHP";
    </script>
    <% echo "嵌入 PHP"; %>
</body>
</html>
```

实例关键点解析：

以上代码需将 php.ini 配置文件中选项 short_open_tag 赋值为 on，sp_tags 选项赋值为 on。

运行结果如图 6-1 所示。

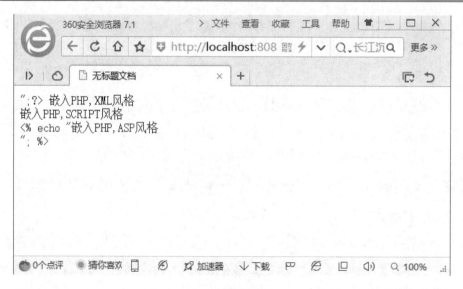

图 6-1　运行效果

注意：XML 风格与 SCRIPT 风格总是可用的。而简短风格和 ASP 风格，可以在 php.ini 配置文件中打开或关闭。虽然有人觉得简短风格与 ASP 风格使用方便，但其移植性较差，通常不推荐使用。

6.3　PHP 基本语法

作为一种编程语言，PHP 大量借用了 C、C++、和 Perl 语言的语法，同时加入了一些其他语法特征，使之编写 Web 程序更快、更有效。本节将介绍 PHP 的基本语法。

6.3.1　数据类型

PHP 与多种程序语言一样，把数据分成多种类型，数据的类型决定了数据所占用的内存空间，所能表示的数值范围及程序对其处理的方式。PHP 与 C#、Java 等"强类型"语言不同，是一种弱类型语言。所谓弱类型程序语言就是数据在使用之前无须声明类型，并在运行期间可根据实际情况动态转换类型。举例来说，PHP 会将带引号的"2+23"视为字符串；而把 2+"23"看作整数 25，也就是先把字符串"23"转换成整数 23，再与 2 相加，最终得到 25。

PHP 拥有 8 种类型，其中 4 种标量类型：布尔类型（boolean）、整型（integer）、浮点型（float）、字符串（string）；两种复合类型：数组类型（array）、对象类型（object）；两种特殊类型：资源（resource）、NULL。本章将主要介绍除对象类型外的 7 种，对象类型将留到第 8 章进行介绍。

1．整型

整型是最简单的数据类型，PHP 所支持的整数取值范围与 C 语言的 long 类型相同，PHP 接受十进制、八进制、十六进制整数，为区分各种进制，八进制整数的前面加上 0 作为区分，十六制整数的前面加上 0x 作为区分。

6-2.php

```
<?php echo 5+5; ?><br/>          <!--十进制整数相加，输出十进制整数 10-->
<?php echo 010+05; ?><br/>       <!--八进制整数相加，输出十进制整数 13-->
<?php echo 0x5+0xB; ?><br/>      <!--十六制整数相加，输出十进制整数 16-->
```

注意：当使用超过整数范围的整数时，PHP 会自动将其类型转换成浮点数类型。

2．浮点型

浮点数指的是实数，可以通过小数点与科学计数法来表示浮点数。其中，科学计数法的科学符号 E 或 e 没有大小写之分。

6-3.php

```
<?php echo -456.789 ?> <br/><!-- 显示负数-456.789-->
    <?php echo +45.3 ?> <br/><!-- 显示正数 45.3 -->
    <?php echo 0.12345678912345678 ?> <br/> <!--显示 0.12345678912346 多出
    位数被四舍五入  -->
    <?php echo 4.5678e+2; ?> <br/><!--显示 456.78  -->
    <?php echo -4.5678e+3; ?><br/><!--显示-4567.8  -->
```

3．布尔型

布尔类型只能表示 true（真）或 false（假）两种值（true 和 false 没有大小写之分）。布尔类型通常用作表示表达式是否成立。当需将布尔数据转换成数值类型，true 转换成 1，false 转换成 0；当将布尔数据转换成字符串类型时，true 转换成字符串"1"，false 转换成字符串"0"；当将非布尔数据转换成布尔类型时，只有下列数据会转换成 false，其他数据均会转换成 true，包括所有负数及任何有效资源。

（1）整数 0；

（2）浮点数 0.0；

（3）空字符串""与字符串"0"；

（4）没有元素的数组；

（5）没有成员的对象；

（6）特殊类型 NULL（包括尚未设置的变量）。

4．字符串

任何由字母、数字、文字、符号组成的单字或词组、句子都叫作字符串。PHP 规定字符串前后必须加上引号（单引号或双引号）。注意：双引号与单引号一定要配对使用。另外，如果用单引号表示字符串时，字符串会单纯被视为纯文字。当字符串用双引号表示时，

PHP 会对字符串进行相应处理，比如进行变量解析或解译"转义字符"。

1）单引号字符串

单引号字符串有两个转义符：\\和\'，分别会被解析为\和'。

6-4.php

```
<html>
<head>
<meta http-equiv="Content-Type" content="text/html; charset=utf-8">
<title>无标题文档</title>
</head>

<body>
    <?php echo 'Hello! <br/>' ?>
    <?php echo'你好! <br/>' ?>
    <?php echo 'Today is fine.\n <br/>'?>-\n 会直接显示，并不会被解译成换行字符
    <?php echo 'Today is fine .\\n<br/>'?>-----\\n 会显示为\n ,\\会被解译成\
    <?php echo 'This book is \'php\' <br/>'?>--------------\'会被解译成'
    <?php echo 'This book is "php" <br/>'?>
    <?php
        $str='php';
        echo 'This  is a $str book<br/>'
    ?>------------------------$str 会直接显示
    <?php//echo 'This book is 'php' <br/>'?>-------包含非法字符串'，因为'
为该字符串的定界符。须标识成注释，否则该语句是错误的
</body>
</html>
```

程序运行结果如图 6-2 所示。

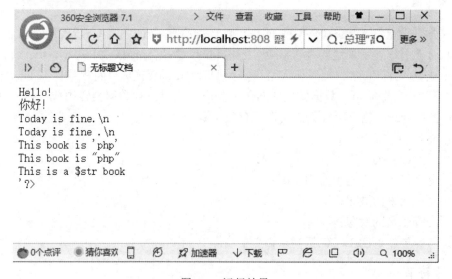

图 6-2　运行效果

2）双引号字符串

双引号字符串比单引号字符串支持更多转义符，并且会进行变量解析。

表 6-1　转义字符及其说明

转 义 字 符	说　　　明
\n	换行
\r	回车
\t	制表符
\$	美元符号
\\	反斜杠字符
\"	双引号

6-5.php

```
<html>
<head>
<meta http-equiv="Content-Type" content="text/html; charset=utf-8">
<title>无标题文档</title>
</head>

<body>
<?php echo "Hello! <br/>" ?>
    <?php echo"你好！ <br/>" ?>
    <?php echo "Today is fine.\n <br/>"?>----\n 不会直接显示，被解译成换行字符
    <?php echo "Today is fine .\\n<br/>"?>-----\\n 会显示为\n ,\\会被解译成\
    <?php echo "This book is \"php\" <br/>"?>-------------\"会被解译成"
    <?php echo "This book is 'php' <br/>"?>
    <?php
        $str="php";
        echo "This is a $str book <br/>"  ?>----------会显示$str 的值 php
    <?php//echo "This book is "php" <br/>"?>-------包含非法字符串",因为"为
该字符串的定界符。须标识成注释，否则该语句出错
</body>
</html>
```

运行结果如图 6-3 所示。

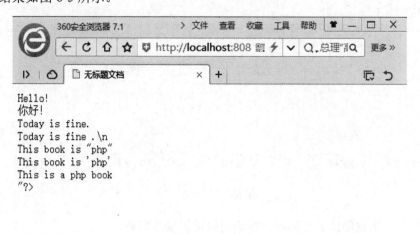

图 6-3　运行效果

注意：PHP 虽然提供了 "\n" 作为换行符，"\r" 作为回车符，"\t" 作为制表符，但是在网页上并不能实现其功能。如需换行还需使用 HTML 标记
、<p>。

3）变量解析

在双引号字符串中会进行变量解析，在 PHP 中解析程序一碰到$符号，就会取得$符号后不是英文字母、阿拉伯数字及下划线_的字符之间的字符串，将把它当成变量名称，如程序中没有这个变量，会自动忽略。

6-6.php

```html
<html>
<head>
<meta http-equiv="Content-Type" content="text/html; charset=utf-8">
<title>无标题文档</title>
</head>
<body>
    <?php
        $str="php";
        echo "this is a $str book<br/>";
        echo "this is a $strbook<br/>";------输出为 this is a 因为解析$后的变
        量名为 strbook，而程序中无该变量，会自动忽略
    ?>
</body>
</html>
```

运行结果如图 6-4 所示。

图 6-4　运行效果

如要顺利产生预期结果可加入{}标识明确标识变量名称。

6-7.php

```html
<html>
<head>
<meta http-equiv="Content-Type" content="text/html; charset=utf-8">
```

```
<title>无标题文档</title>
</head>
<body>
    <?php
    $str="php";
    echo "this is a $str book<br/>";
    echo "this is a {$str}book<br/>";//输出为 this is a phpbook ?>
</body>
</html>
```

运行结果如图 6-5 所示。

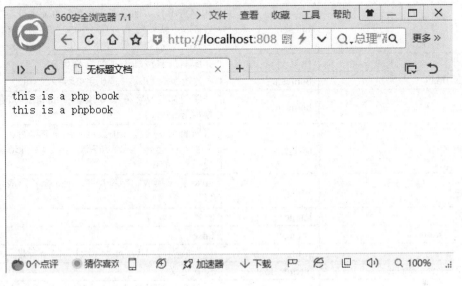

图 6-5　运行效果

5. NULL

凡类型为 NULL 的变量，就只有一种值——常量 NULL（无大小写之分），所表示的意义为没有值。例如：

```
$str=null;        //变量 str 设置为 null
```

6. 资源

"资源"类型所代表的是一种特殊类型，用来保存 PHP 外部资源的引用，例如数据库、文件、图形画布等。通常资源是通过专门的函数自动创建的，例如，函数 mysql_connect() 执行后创建一个连接 MySQL 数据库的连接，该连接就是一个资源，并把该外部资源的引用赋值给变量 v_resource。

```
$v_resource=mysql_connect();
```

资源并不需要手动释放，PHP Zend Engine 会自动管理所有资源，当其自动检测到一个资源不再被引用了，该资源会被垃圾回收系统释放。

注意：持久数据库连接比较特殊，它们不会被垃圾回收系统销毁。

7．类型转换

PHP 会视实际情况自动转换类型，其规则如表 6-2 所示。

表 6-2 类型转换

原 始 类 型	目 的 类 型	说　　明
float	Integer	取出整数部分，小数部分无条件舍去，例如：5.6 转换为 5
boolean	Integer float	false 转换成 0，true 转换成 1
string	Integer	从字符串开头部分取出整数，如果字符串中不包含整数，就被转换为 0。例如："5A"，"89.1bc"，"x78" 会被转换为 5，89，0
Integer	float	在整数后直接加上小数点及 0
Integer float	boolean	0 会转换成 false，非 0 会被转换成 true
string	boolean	空字符串""或字符串"0"会转换成 false，其他会转换成 true
Integer float	string	将所有数字（包含小数点）转换成字符串，例如整数 567 会转换成 "567"，小数 123.456 会转换成 "123.456"
boolean	string	false 会转换成空字符串""，true 会转换成字符串 "1"
NULL	integer float	0
NULL resource	boolean	false
resource	string	转换成类似 "Resource id #1" 的字符串
resource array object	integer float	没有定义
Array	Boolean	不包含数组成员的数组会转换成 false，否则会转换成 true
Array	String	字符串 "array"
Object	boolean	不包含成员的对象会转换成 false，否则会转换成 true
Object	String	字符串 "object"
Integer float Boolean String	Array	创建一个新数组，数组第一个成员就是该整数、浮点数、布尔或字符串

6.3.2 常量与变量

1．常量

"常量"是一个有意义的名称，但是在程序运行过程中其值不能被改变。可以使用以下函数创建常量。

```
define(name,value[,case_insensitive]);
```

（1）name：第一个参数为 string，代表常量的名称，常量的名称就是一个标识符，标识符需符合 PHP 的命名规范，要以字母或下划线开头，后面可以跟任何字母、数字或下划线。默认情况下，常量大小写敏感，但通常采用大写，但注意常量名前不要加"$"。

（2）value：第二个参数为标量类型，表示常量的值。

（3）case_insensitive：第三个参数为布尔类型，是可选项，通常被省略。该选项表示常量的名称是否有大小写之分，如需设置成无大小写之分，可以将该参数值设置为 true。

6-8.php

```
<?php
        define(P,3.14159);//定义常量 P，其值为 3.14159
        echo P;
?>
```

除了可以自定义常量外，PHP 还提供了系统预定义常量。常用系统预定义常量如表 6-3 所示。

表 6-3　系统预定义常量

常　量　名	功　　　　能
__FILE__	文件的完整路径和文件名
__LINE__	当前行号
__CLASS__	类的名称
__METHOD__	类的方法名
PHP_VERSION	PHP 版本
PHP_OS	运行 PHP 程序的操作系统
DIRECTORY_SEPARATOR	返回操作系统分隔符
true	逻辑真
false	逻辑假
NULL	一个 null 值
E_ERROR	最近的错误之处
E_WARNING	最近的警告之处
E_PARSE	解析语法有潜在的问题之处
E_NOTICE	发生不同寻常的提示之处，但不一定是错误处

注意：表中系统预定义常量"__FILE__"、"__LINE__"、"__CLASS__"、"__METHOD__"中的"__"是两个下划线。

6-9.php

```
<?php
    echo '本文件路径和文件名为'.__FILE__.'<br />';//显示本文件路径和文件名
    echo '当前行数为：'.__LINE__.'<br />';          //显示当前行在文件中的行数
    echo '当前的 PHP 版本为：'.PHP_VERSION.'<br />';  //显示当前 PHP 版本为：5.2.6
?>
```

2. 变量

变量就是在程序中所使用的一个名称，计算机会为这个名称预留内存空间，然后就可以通过它保存各种类型的数据，被保存的数据被称为变量的值。在程序运行过程中可修改变量的值。变量名前必须加上字符$,变量名的定义要遵循以下规则。

（1）变量名的第一个字符必须是字母或下划线"_"，其他字符可是英文字母、下划线或阿拉伯字母，注意英文字母有大小写之分。

（2）不能使用 PHP 的保留关键字、内置变量的名称、内部函数的名称、内部对象的名称作为变量名。

（3）变量名中不能包含空格。如果变量名由多个单词组成，应使用下划线进行分隔（比如 $my_string），或者以大写字母开头（比如 $myString）。

以下是变量定义的几个例子。

```
$php_var                    //合法变量名
$_var                       //合法变量名
$3var                       //非法变量名，不应以数字开头
$my$var                     //非法变量名，包含非法字符$
$my@var                     //非法变量名，包含非法字符@
$my var                     //非法变量名，包含空格
```

3．变量的访问方式

PHP 属于动态类型程序语言，所以变量在使用之前无须声明类型，并且可以在程序运行期间动态转换类型，变量的值以最近一次赋的值为准。变量赋值有两种方式：传值和引用。这两种赋值方式在对数据处理上存在很大差别。

（1）传值赋值。使用"="直接将赋值表达式的值赋给另一个变量。

（2）引用赋值。将赋值表达式内存空间的引用赋给另一个变量。需要在"="右边的变量前面加上一个"&"符号。在使用引用赋值的时候，两个变量将会指向内存中同一存储空间。因此任何一个变量的变化都会引起另外一个变量的变化。

6-10.php

```php
<?php
        $one="jaky";
        $two=&$one;
        echo '$one='.$one."<br>";
        echo '$two='.$two."<br>";
        $two="mary"; //$two 指向$one，当$two 赋值为"mary"，$one 的值也为"mary"
        echo '$one='.$one."<br>";
        echo '$two='.$two."<br>";
    ?>
```

运行结果如图 6-6 所示。

图 6-6　运行效果

4．变量的作用域

变量的"作用域"指的是在程序中哪些代码块能够访问该变量。在 PHP 脚本的任何位置都可以声明变量，但是，变量声明的位置会影响访问变量的范围，如果超出变量可访问范围，则变量就失去了意义。在 PHP 中，按照变量作用域不同将变量分为局部变量、全局变量。

1）局部变量

在函数内定义的变量，称为局部变量。局部变量的作用域范围为所在函数体。

6-11.php

```php
<?php
    function Test()
    {
        $a=2; //$a 为局部变量
        echo $a;
    }
    Test();
?>
```

运行结果如图 6-7 所示。

图 6-7　运行效果

2）全局变量

与局部变量相反，PHP 程序中的任何代码都可访问全局变量。被定义在所有函数以外的变量，其作用域是整个 PHP 文件；函数内部使用全局变量，在变量前面加上关键字 GLOBAL 声明。

6-12.php

```php
<?php
    $a=2; //$a 为全局变量

    function Test()
    {
        global $a;
        echo $a;
```

```
        }
        Test();
    ?>
```

运行结果如图 6-8 所示。

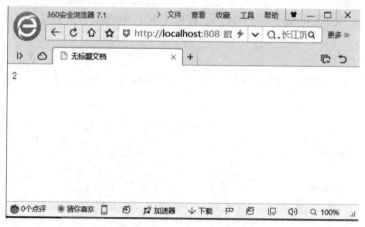

图 6-8　运行效果

注意：当全局变量与局部变量同名时，在局部变量作用域范围，局部变量有效。

6-13.php

```php
<?php
    $a=2;              //全局变量
    function Test()
    {
        $a=1;
        echo $a;      //输出局部变量$a 的值 1
    }
    Test();
?>
```

运行结果如图 6-9 所示。

图 6-9　运行效果

5．可变变量

可变变量是指可以动态设置变量名称，来看下面的例子。

6-14.php

```php
<?php
        $var="happy";            //声明变量 var
        $$var="birthday";        //声明一个以变量 var 值为变量名的变量，也就是声明了变
                                 量 happy
        echo $var."<br/>";       //输出变量 var 的值
        echo $$var."<br/>";      //输出以变量 var 值为变量名的变量的值，也就是输出变量
                                 happy 的值
        echo $happy;             //输出变量 happy 的值
?>
```

运行结果如图 6-10 所示。

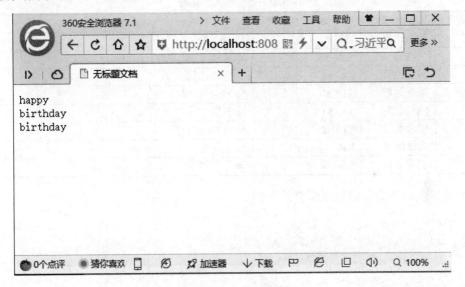

图 6-10　运行效果

6.3.3　运算符

运算符可以针对一或多个元素进行运算，PHP 按照所执行功能的不同可分为：赋值运算符、算术运算符、比较运算符、逻辑运算符、按位运算符、字符串运算符、数组运算符、类型运算符等。以下将对常用的运算符进行详细介绍。

1．赋值运算符

赋值运算符是二元运算符，所谓二元运算符就是运算符有两个操作数，PHP 中的赋值运算符如表 6-4 所示。

表6-4 赋值运算符

运算符	举 例	展 开 形 式	功 能
=	$a = 100	$a = 100	将右边的值赋值给左边
+=	$a += 100	$a = $a + 100	将左边的值加上右边的值赋值给左边
-=	$a -= 100	$a = $a - 100	将左边的值减去右边的值赋值给左边
*=	$a *= 100	$a = $a * 100	将左边的值乘以右边的值赋值给左边
/=	$a /= 100	$a = $a / 100	将左边的值除以右边的值赋值给左边
.=	$a .= 100	$a = $a . 100	将左边的字符串连接到右边赋值给左边
%=	$a %= 100	$a = $a % 100	将左边的值对右边的值取余赋值给左边

2. 算术运算符

算术运算符用来执行数学上的算术运算，包括加、减、乘、除等。PHP 中的算术运算符如表 6-5 所示。

表6-5 算术运算符

运算符	名 称	举 例	结 果
-	取负运算	-$a	$a 的负数
+	加法运算	$a + $b	$a 和$b 的和
-	减法运算	$a - $b	$a 和$b 的差
*	乘法运算	$a * $b	$a 和$b 的积
/	除法运算	$a / $b	$a 和$b 的商
%	取余数运算	$a % $b	$a 和$b 的余数
++	自增运算	$a++ , ++$a	$a 的值加 1
--	自减运算	$a-- , --$a	$a 的值减 1

下面来看一个简单的算术运算符示例。

6-15.php

```php
<?php
    $a = -100;
    $b = 50;
    $c = 30;
    echo '$a = '.$a.',';                          //$a = -100
    echo '$b = '.$b.',';                          //$b = 50
    echo '$c = '.$c.'<p/>';                       //$c = 30
    echo '$a + $b = '.($a + $b).'<br/>';          //计算变量$a 加$b 的值-50
    echo '$a - $b = '.($a - $b).'<br/>';          //计算变量$a 减$b 的值-150
    echo '$a * $b = '.($a * $b).'<br/>';          //计算变量$a 乘$b 的值-5000
    echo '$b / $a = '.($b / $a).'<br/>';          //计算变量$b 除以$a 的值-0.5
    echo '$a % $c = '.($a % $c).'<br/>';          //计算变量$a 除以$c 的余数值-10
    echo '$b % $a = '.($b % $a).'<br/>';          //计算变量$b 除以$a 的余数值50
    echo '$a++ = '.($a++).'  ';         //对变量$a 进行后置自增运算
    echo '运算后$a 的值为：'.$a.'<br/>';
    echo '$b-- = '.($b--).'  ';         //对变量$b 进行后置自减运算
    echo '运算后$b 的值为：'.$b.'<br/>';
```

```
        echo '++$c = '.(++$c).'  ';   //对变量$c进行前置自增运算
        echo '运算后$c的值为：'.$c.'<br/>';
        echo '--$c = '.(--$c).'  ';   //对变量$c进行前置自减运算
        echo '运算后$c的值为：'.$c.'<br/>';
    ?>
```

运行结果如图 6-11 所示。

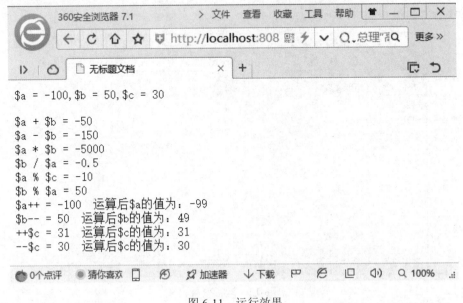

$a = -100, $b = 50, $c = 30

$a + $b = -50
$a - $b = -150
$a * $b = -5000
$b / $a = -0.5
$a % $c = -10
$b % $a = 50
$a++ = -100　运算后$a的值为：-99
$b-- = 50　运算后$b的值为：49
++$c = 31　运算后$c的值为：31
--$c = 30　运算后$c的值为：30

图 6-11　运行效果

注意：

（1）加号也可以用来表示正值，比如+5 可以表示为正整数 5，减号也可以用来表示负值，例如-5 表示负整数 5。

（2）假如运算符两边的任一操作数或两个操作数不为值类型（integer,float,double），那么 PHP 会根据表 6-2 数据类型转换原则，将操作数转换成值类型，再进行算术运算，例如 2+true 会得到 3，因为 true 会先转换成整数 1；2+false 得到 2，因为 false 会先转换成整数 0。

6-16.php

```php
<?php
        echo 2+ TRUE ;
        echo 2+ FALSE;
    ?>
```

3．字符串运算符

字符串运算符是英文句号.，其用途是连接字符串。若字符串运算符左右两边的任一操作数或两个操作数不为 string 类型，那么 PHP 会根据表 6-2 数据类型转换原则，将操作数转换成 string 类型，再进行运算。

6-17.php

```php
<?php
        echo "HTML"."5"."<br/>";
        echo "HTML". 5 ."<br/>";//首先将整型数值 5 转换成字符串"5"，再进行字符串
                                连接操作
    ?>
```

运行结果如图 6-12 所示。

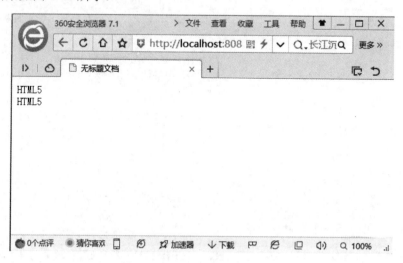

图 6-12　运行效果

4．比较运算符

比较运算符会比较左右两边的操作数，正确则返回 true，否则返回 false。PHP 中的比较运算符如表 6-6 所示。

表 6-6　比较运算符

运算符	名　称	举　例	功　能
==	等于	$a == $b	如果 $a 等于 $b，返回 true
===	全等于	$a === $b	如果 $a 等于 $b，并且它们的类型也相同，返回 true
!= ⟨⟩	不等	$a!= $b　$a ⟨⟩ $b	如果 $a 不等于 $b，返回 true
!==	不全等	$a !== $b	如果 $a 不等于 $b，或者它们的类型不同，返回 true
<	小于	$a < $b	如果 $a 小于 $b，返回 true
>	大于	$a > $b	如果 $a 大于 $b，返回 true
<=	小于或等于	$a <= $b	如果 $a 小于或者等于 $b，返回 true
>=	大于或等于	$b >= $a	如果 $a 大于或者等于 $b，返回 true

5．逻辑运算符

逻辑运算符用来操作布尔型数据，处理后的结果仍为布尔型数据。PHP 中的逻辑运算

符如表 6-7 所示。

表 6-7　逻辑运算符

运算符	名　　称	举　　例	功　　能
and、&&	逻辑与	$a && $b	如果$a 和$b 都为 true，返回 true
or、||	逻辑或	$a || $b	如果$a 和$b 其中一个为 true，返回 true
xor	逻辑异或	$a xor $b	如果$a 和$b 一真一假时，返回 true
not 或!	逻辑非	! $a	如果$a 不为 true，返回 true

6．位运算符

计算机中的各种信息都是以二进制的形式存储的，PHP 中的位运算符允许对整型数值进行二进制位从低位到高位对齐后进行运算。PHP 中的位运算符如表 6-8 所示。

表 6-8　位运算符

运算符	名　　称	举　　例	功　　能
&	按位与	$a & $b	如果$a 和$b 的相对应的位都为 1，则结果的该位为 1
|	按位或	$a | $b	如果$a 和$b 的相对应的位有一个为 1，则结果的该位为 1
^	按位异或	$a ^ $b	如果$a 和$b 的相对应的位不同，则结果的该位为 1
~	按位取反	~$a	将$a 中为 0 的位改为 1，为 1 的位改为 0
<<	左移	$a << $b	将$a 在内存中的二进制数据向左移动$b 个位数（每移动一位相当于乘以 2），右边移空部分补 0
>>	右移	$a >> $b	将$a 在内存中的二进制数据向右移动$b 个位数（每移动一位相当于除以 2），左边移空部分补 0

下面来看一个关于位运算符的示例。

6-18.php

```php
<?php
    echo "位运算符的例子！<br>";
    $a=5;          //用二进制表示 a=101;
    $b=2;          //用二进制表示 b=010;
    $c=$a&$b;      //与运算
    echo "a & b = ".$c."  (101 & 010)<br>";
    $c=$a|$b;      //或运算
    echo "a | b = ".$c."  (101 | 010)<br>";
    $c=~$a;        //取反运算，相当于改变这个数值的符号同时将其减 1

    echo "~a = ".$c."  (~101)<br>";
    $c=$a^$b;      //异或运算
    echo "a ^ b = ".$c."  (101 ^ 010)<br>";
    $c=$a<<$b;     //向左移位运算
    echo "a << b = ".$c."  (101 << 010)<br>";
    $c=$a>>$b;     //向右移位运算
    echo "a >> b = ".$c."  (101 >> 010)<br>";
    $c=true xor true;
    var_dump($c);
?>
```

运行效果如图 6-13 所示。

图 6-13　运行效果

7．条件运算符

条件运算符是三元运算符，其语法如下，如果条件表达式的结果为 true，就返回第一个表达式的值，否则返回第二个表达式的值。

条件表达式?表达式 1:表达式 2

6-19.php

```php
<?php
        echo 3>2 ? "yes" :"no";
?>
```

运行结果如图 6-14 所示。

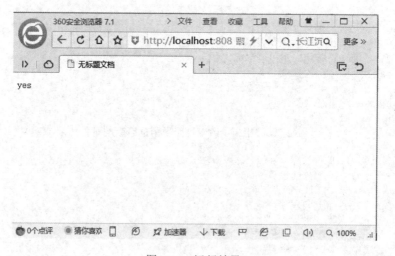

图 6-14　运行效果

8．错误控制运算符

PHP 支持一个错误控制运算符"@"，当将其放置在一个 PHP 表达式之前，该表达式可能产生的任何错误信息都被忽略掉。

6-20.php

```php
<?php
    $err = (10 / 0) ;          //如去掉字符"@"，会显示错误提示
?>
```

9. 运算符的优先级

当表达式中出现一种以上的运算符时，PHP 会依照如表 6-9 所示的优先级运行运算符，如需改变默认的优先级，可以加上小括号()，PHP 就会优先运行小括号内的表达式。

表 6-9　运算符的优先级

结 合 方 向	运 算 符	优 先 级
非结合	new	1
非结合	[]	2
非结合	++ , --	3
右	! , ~ , (float) , (int) , (string) , (object) , @	4
左	* , / , %	5
左	+ , - , .	6
左	<< , >>	7
非结合	< , <= , > , >=	8
非结合	== , != , <> , === , !==	9
左	&	10
左	∧	11
左			12
左	&&	13
左	||	14
左	?:	15
右	赋值运算符	16
左	and	17
左	xor	18
左	or	19
左	,	20

6.3.4　流程控制

前面所使用的示例都是简单的程序，所谓的"简单"，就是程序运行从上而下逐行执行，不能跳转。但实际上大部分程序不会这么简单，会根据实际情况而转弯或跳行，这样可以提高程序的处理能力，于是就需要"流程控制"来协助程序员控制程序的运行方向。

PHP 程序流程控制分为以下三种类型。

1. 判断结构

判断结构可以根据程序员提供的条件表达式的结果，而选择执行不同语句。PHP 支持

以下判断结构：

```
if (if…, if…else, if…elseif…)
```

1）单分支 if 语句
语法格式：

```
if(expr)                          //注意：此语句后不要加分号
    statements;                   //条件成立则执行的语句(块)
```

判定 expr 表达式返回的布尔值，如果为真，那么执行 statements 语句，如果为假，则跳过 statements 语句。要执行的 statement 语句为多条时，把语句放在"{}"中，"{}"称为语句块。

6-21.php

```php
<?php
    $score=80;
    if ($score>=60)
    {
        echo "<br>合格";
    }
?>
```

运行结果如图 6-15 所示。

图 6-15　运行效果

2）双分支 if…else 语句
语法格式：

```
if(expr) {
    statements1 ;
} else {
    statements2;
}
```

判定 expr 表达式返回的布尔值，如果为真，那么执行 statements1 语句，如果为假，则执行 statements2 语句。

6-22.php

```php
<?php
    $score=80;
    if ($score>=60)
    {

        echo "<br>合格";
    }
    else
    {
        echo "<br>不合格";
    }
?>
```

运行结果如图 6-16 所示。

图 6-16 运行效果

3）多分支 if…elseif…else 语句
语法格式：

```php
if(expr1) {
    statements1 ;
} elseif(expr2) {
    statements2;
}…
else {
    statementsn;
}
```

判定 expr1 表达式返回的布尔值，如果为真，那么执行 statements1 语句，如果为假，判断 expr2 表达式返回的布尔值，如果为真，执行 statements2 语句，如果为假，继续判断下面的表达式真假性，如果所有的表达式布尔值都为假，则执行 statements n 语句。

6-23.php

```php
<?php
        $score=30;
        if ($score>=80)
```

```
        {
            echo "<br>优秀";
        }
        else if ($score>=60)
            {
                echo "<br>合格";
            }
            else
            {
                echo "<br>不合格";
            }
    ?>
```

运行结果如图 6-17 所示。

图 6-17　运行效果

4）switch 语句

switch 语句也是一种多分支结构，虽然使用 elseif 语句可以进行多重判断，但是书写过于复杂。

switch 语句的语法格式：

```
switch(expr) {
    case value1 :
        statement1;
        break;
    case value2 :
        statement2;
        break;
    ...
    default :
        statementn;
}
```

首先计算 expr 表达式的值，然后依次用 expr 的值和 value 值进行比较，如果相等，就执行该 case 下的 statement 语句，直到 switch 语句结束或者遇到第一个 break 语句为止；如果不相等，继续查找下一个 case；一般 switch 语句都有一个默认 default，表示如果前面的

value 值都和 expr 值不匹配，则执行 statement n 语句。

注意：在 switch 语句中，不论 statement 是一条语句还是若干条语句构成的语句块，都不适用 "{}"。

6-24.php

```php
<?php
    $score=80;
    switch($score) {                    //计算$score 的值
        case $score >= 90 :             //开始判断，不满足继续向下判断
        echo "<br/>优秀";
        break;
    case $score >= 80 :                 //满足条件
        echo "<br/>良好";               //合格
        break;                          //碰到 break，结束 switch 语句
    case $score >= 60 :
        echo "<br/>合格";
        break;
    default:
        echo "<br/>不合格";
    }

?>
```

运行结果如图 6-18 所示。

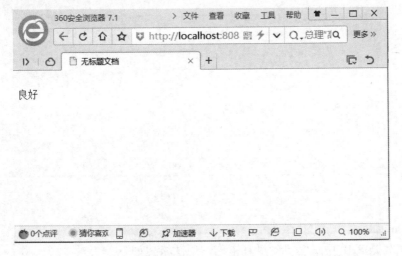

图 6-18　运行效果

2．循环结构

循环结构可以重复运行某些程序代码，PHP 支持如下循环结构。

1）for 循环

for 循环在明确知道循环次数的情况下使用。

语法格式：

```
for (expr1; expr2; expr3) {
  statements ;
}
```

其中，表达式 expr1 在循环开始前无条件计算一次，对循环控制变量赋初值；表达式 expr2 为判断条件，在每次循环开始前计算 expr2，如果值为真，则执行循环体，如果表达式值为假，则终止循环；expr3 在每次循环体执行之后被执行。每个表达式都可以为空。如果表达式 exp2 为空，则会无限循环下去，需要在循环体 statements 中使用 break 语句来结束循环。

6-25.php

```
<?php
        echo "10 以内的正整数有 ：<br/>";    //输出提示语句 "10 以内的正整数有"
        for($num = 0 ; $num <=10 ; $num++)
        { //初始化$num，判断，满足条件执行循环语句块
            echo $num."  "; //循环显示 0 1 2 3 4 5 6 7 8 9 10
        }
    ?>
```

运行效果如图 6-19 所示。

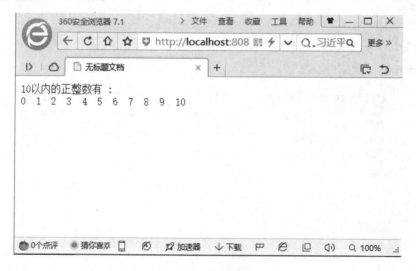

图 6-19　运行效果

2）while 循环

while 循环是 PHP 中最常见的循环语句，语法格式如下。

```
while(expr) {
    statements;
}
```

如果 expr 表达式的值为真，则执行 statements 语句，执行结束后，再次返回判断 expr 表达式的值是否为真，为真还要继续执行 statements 语句，直到 expr 表达式的值为假，才跳出循环，执行 while 循环后面的语句。

这里与 if 语句一样，如果 statements 语句有多条时，可以使用 "{}" 将多条语句组成语句块。

6-26.php

```php
<?php

            $num = 0;
            echo "10 以内的正整数有： <br/>";  //10 以内的正整数有：
            while($num <=10)                    //条件满足，开始循环
            {
                    echo $num . "  ";//循环显示 0 1 2 3 4 5
                                                   6 7 8 9 10

                    $num++;                        //改变循环条件，防止死循环
            }
?>
```

运行效果如图 6-20 所示。

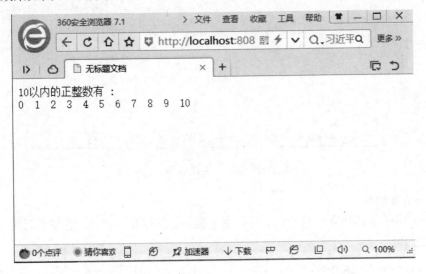

图 6-20　运行效果

3）do …while 循环

do…while 循环与 while 循环的差别在于：do…while 循环的循环体至少执行一次。语法格式：

```php
do{
    statements ;
} while(expr) ;
```

首先执行循环体 statements 语句，然后判断 expr 表达式的值，如果 expr 表达式的值为真，重复执行 statements 语句，如果为假，跳出循环，执行 do…while 循环后面的语句。

6-27.php

```php
<?php

            $num = 0;
            echo "10 以内的正整数有： <br/>"; //10 以内的正整数有：
                //条件满足，开始循环
            do
            {
```

```
                        echo $num . "  ";
                                              //循环显示 0 1 2 3 4 5 6 7 8 9 10
                    $num++;                   //改变循环条件，防止死循环
                }
                while($num <=10)
    ?>
```

运行结果如图 6-21 所示。

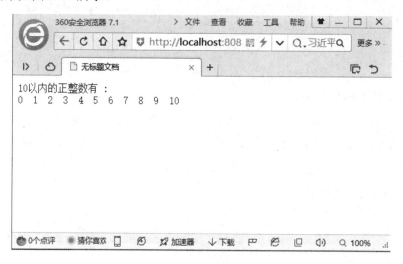

图 6-21　运行效果

4）foreach 循环

foreach 循环是 PHP 4 引进来的，只能用于数组。在 PHP 5 中，又增加了对对象的支持，语法格式如下。

```
foreach (array_expr as $value) {
  statement ;
}
```

或

```
foreach (array_expr as $key=>$value) {
  statement ;
}
```

foreach 语句将遍历数组 array_expr，每次循环时，将当前数组元素的值赋给$value，如果是第二种方式，将当前数组元素的键赋给$key，直到数组到达最后一个元素。当 foreach 循环结束后，数组指针将自动被重置。

6-28.php

```
<?php
        $arr = array('this' , 'is','an','example');//声明一个数组并初始化
        //使用第一种 foreach 循环形式输出数组所有元素的值
        foreach
        (
            $arr as $value){
            echo $value."  ";        //this is an  example
        }
```

```
        echo "<br/>";
        //使用第二种 foreach 循环形式输出数组所有的键值和元素值
        foreach($arr as $key=>$value)
        {
            echo $key . "=>" . $value."  "; //0=>this 1=>is 2=>an
            3=>example
        }
    ?>
```

运行结果如图 6-22 所示。

图 6-22　运行效果

3．跳转控制语句

PHP 提供了 break 语句及 continue 语句用于实现循环跳转，下面分别介绍一下各自的用法。

1）break 语句

break 语句用于中断循环的执行。对于没有设置循环条件的循环语句，可以在语句任意位置加入 break 语句来结束循环。在多层循环嵌套的时候，还可以通过在 break 后面加上一个整型数字"n"，终止当前循环体向外计算的"n"层循环。

6-29.php

```
<?php
        for ($a=1;$a<=10;$a++)
        {
            for ($b=1;$b<=10;$b++)
            {
                echo '$a:'.$a.'$b:' .$b."<br/>";
                break;   //只终止内层循环
            }
        }
        echo "------------------------------------------<br/>";
        for ($a=1;$a<=10;$a++)
        {
            for ($b=1;$b<-10;$b++)
```

```
        {
            echo '$a:'.$a.'$b:' .$b."<br/>";
            break 2;//终止内外两层循环
        }
    }
?>
```

运行效果如图 6-23 所示。

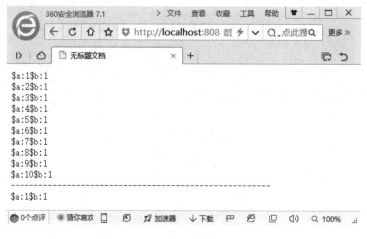

图 6-23　运行效果

2）continue 语句

continue 语句用于中断本次循环，进入下一次循环，在多重循环中也可以通过在 continue 后面加上一个整型数字 "n"，告诉程序跳过几层循环中 continue 后面的语句。

6-30.php

```
<?php
    for ($a=1;$a<=3;$a++)
    {
        for ($b=1;$b<=3;$b++)
        {
            echo '$a:'.$a.'$b:' .$b."<br/>";//只终止内层循环
            continue;    //终止所在循环的本次循环，进入下一次循环
        }
    }
    echo "-------------------------------------<br/>";
    for ($a=1;$a<=3;$a++)
    {
        for ($b=1;$b<=3;$b++)
        {
            echo '$a:'.$a.'$b:' .$b."<br/>";
            continue 2;//终止外层的本次循环，进入外循环的下一次循环
        }
    }
?>
```

运行效果如图 6-24 所示。

図 6-24　运行效果

6.4　数组

计算机可以执行重复工作，可以处理大量数据，但到现在也只能定义极少量的数据，如想定义成千上万个数据，是否需要写出成千上万的句子？此时，应该定义数组来定义大量的数据。数组和变量都是用来存放数据的，但数组虽然只有一个名称，却可以用来存放多个数据。数组所存放数据的每一个成员叫作元素，每个元素都有各自的值，也就是所保存的数据。数组有多个元素，区分数组每一个元素依靠索引，数据每个元素都有自身的索引。数组元素的索引从 0 开始，也就是数组第一个元素的索引为 0，第二个元素的索引为 1，以此类推。当数组的元素个数为 n 时，数组的长度就为 n。除了一维数组外，PHP 还允许使用多维数组。

6.4.1　数组的定义

数组本身也是变量，命名规则和写法同其他变量。组成数组的元素可以是 PHP 所支持的任何数据类型，如字符串、布尔值等。在 PHP 中声明数组的方式主要有以下两种。

1. 使用array()来声明数组

语法如下：

```
array( [key =>] value , [key =>] value , … );
```

其中：

（1）key 是数组元素的"键"或者"下标"，可以是 integer 或者 string。

（2）key 如果是浮点数将被取整为 integer。

（3）value 是数组元素的值，可以是任何值，当 value 为数组时则构成多维数组。

（4）可以忽略[key =>]部分，默认为索引数组，索引值从 0 开始。

6-31.php

```php
<?php
        $my_array=array('北京','纽约','东京');
        foreach($my_array as $key=>$value)
        {
            echo '$my_array['.$key.']'.'='.$value."<br/>";
        }
        $arr=array('China'=>'北京','USA'=>'纽约','Japan'=>'东京');
        echo "-----------------------------------------------<br/>";
        foreach($arr as $key=>$value)
        {
            echo '$arr['.$key.']'.'='.$value."<br/>";
        }
    ?>
```

运行结果如图 6-25 所示。

图 6-25　运行效果

2. 直接为数组元素赋值

语法如下。

$数组名[索引值] = 元素值;

其中：

（1）索引值可以是整数或字符串，若为数字，可以从任意数字开始。

（2）元素值可以为任何值，当元素值为数组时则构成多维数组。

6-32.php

```php
<?php
        $my_array["河北"]="石家庄";
        $my_array["山东"]="济南";
        foreach($my_array as $key=>$value)
```

```
    {
        echo '$my_array['.$key.']'.'='.$value."<br/>";
    }
    echo "------------------------------------------------------<br/>";
    for ($i=0;$i<10;$i++)
    {
        $arr[$i]=$i;
    }
    foreach($arr as $key=>$value)
    {
        echo '$arr['.$key.']'.'='.$value."<br/>";
    }
?>
```

运行效果如图 6-26 所示。

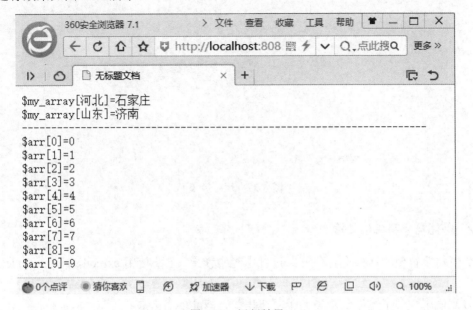

图 6-26 运行效果

6.4.2 数组的操作

数组由于其灵活性和方便性，在编程中被反复使用，PHP 中和数组相关的函数也有很多，下面介绍一些数组常用的操作函数。

1．统计数组元素个数

在 PHP 中，可以使用 count()函数对数组中的元素个数进行统计。语法形式如下：

```
int count ( mixed var [, int mode] )
```

其中，参数 var 为必要参数；如果可选的 mode 参数设为 COUNT_RECURSIVE（或 1），count() 将递归地对数组计数，这在计算多维数组的所有单元时有用，mode 的默认值是 0。

6-33.php

```php
<?php
        $arr=array(5,6,7,8,9,2,1);
        echo '$arr的长度: '.count($arr);
?>
```

运行效果如图 6-27 所示。

图 6-27　运行效果

2. 数组与字符串的转换

数组与字符串的转换在程序开发过程中经常使用，主要使用 explode() 和 implode() 函数来实现。

（1）使用一个字符串分割另一个字符串——explode() 函数。

语法形式如下。

```
array explode ( string separator, string string [, int limit] )
```

此函数返回由字符串组成的数组，字符串 string 被字符串 separator 作为边界分割出若干个子串，这些子串构成一个数组。如果设置了 limit 参数，则返回的数组包含最多 limit 个元素，而最后那个元素将包含 string 的剩余部分。

6-34.php

```php
<?php
        $str="河北,山东,河南,山西";
        $arr=explode(", ",$str);
        foreach($arr as $key=>$value)
        {
            echo '$arr['.$key.']'.'='.$value."<br/>";
        }
?>
```

运行效果如图 6-28 所示。

图 6-28　运行效果

（2）将数组元素连接为一个字符串——implode()函数。

语法形式如下。

```
string implode ( string glue, array pieces )
```

把 pieces 的数组元素使用 glue 指定的字符串作为间隔符连成一个字符串。

6-35.php

```php
<?php
        $my_array=array('北京','纽约','东京');
        $str=implode(".",$my_array);
        echo $str;
    ?>
```

运行效果如图 6-29 所示。

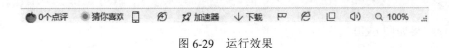

图 6-29　运行效果

3．数组的查找

在数组中查找某个索引值或者元素是否存在，可以遍历数组进行查找，也可以使用 PHP 提供的函数，查找起来更为方便。

（1）检查数组中是否存在某个值——in_array()函数。

语法形式如下。

```
bool in_array ( mixed needle, array haystack [, bool strict] )
```

在 haystack 中搜索 needle，如果找到则返回 true，否则返回 false。如果第三个参数 strict 的值为 true，则 in_array()函数还会检查 needle 的类型是否和 haystack 中的相同。

（2）在数组中搜索给定的值——array_search ()函数。

语法形式如下。

```
mixed array_search ( mixed needle, array haystack [, bool strict] )
```

在 haystack 中搜索 needle 参数并在找到的情况下返回索引值，否则返回 false。如果第三个参数 strict 的值为 true，则 array_search 函数还会检查 needle 的类型是否和 haystack 中的相同。

该函数和 in_array()的不同之处在于 needle 如果找到，返回值不同。

（3）检查给定的键名或索引是否存在于数组中——array_key_exists()函数。

语法形式如下。

```
bool array_key_exists ( mixed key, array search )
```

在 search 中搜索是否存在为 key 的键名或索引，如果找到则返回 true，否则返回 false。

6-36.php

```php
<?php
        $my_array=array('China'=>'北京','USA'=>'纽约','Japan'=>'东京');
        var_dump (in_array('北京',$my_array));
        echo "<br/>";
        var_dump (in_array('北',$my_array));
        echo "<br/>";
        var_dump (array_search('北京',$my_array));
        echo "<br/>";
        var_dump (array_search('北',$my_array));
        echo "<br/>";
        var_dump (array_key_exists('China',$my_array));
        echo "<br/>";
        var_dump (array_key_exists(4,$my_array));
        echo "<br/>";
    ?>
```

运行结果如图 6-30 所示。

bool(true)
bool(false)
string(5) "China"
bool(false)
bool(true)
bool(false)

图 6-30　运行效果

4．数组的排序

对于数组而言，常用的操作除了遍历和查找外，另一个比较重要的操作就是排序了。下面介绍三个比较重要且常用的对数组进行排序的函数。

（1）对数组进行升序排序——sort()函数。

语法形式如下。

```
bool sort ( array &array [, int sort_flags] )
```

可选第二个参数 sort_flags 可以用以下值改变排序的行为。

① SORT_REGULAR：正常比较元素（不改变类型）。

② SORT_NUMERIC：元素被作为数字来比较。

③ SORT_STRING：元素被作为字符串来比较。

④ SORT_LOCALE_STRING：根据当前的 locale 设置来把元素当作字符串比较。

6-37.php

```php
<?php
    $arr=array(2,3,7,1,8,9);
    foreach($arr as $key=>$value)
    {
        echo $key . "=>" . $value."  ";
    }
    echo "<br/>排序后---------------------------------------------<br/>";
    sort($arr);
    foreach($arr as $key=>$value)
    {
        echo $key . "=>" . $value."  ";
    }
?>
```

运行效果如图 6-31 所示。

图 6-31　运行效果

（2）对数组进行降序排序——rsort ()函数。

语法形式如下。

```
bool rsort ( array &array [, int sort_flags] )
```

6-38.php

```php
<?php
    $arr=array(2,3,7,1,8,9);
    foreach($arr as $key=>$value)
    {
        echo $key . "=>" . $value."  ";
    }
    echo "<br/>排序后----------------------------------------------<br/>";
    rsort($arr);
    foreach($arr as $key=>$value)
    {
        echo $key . "=>" . $value."  ";
    }
?>
```

运行效果如图 6-32 所示。

图 6-32　运行效果

（3）对关联数组排序——ksort()和 asort()函数。

关联数组的键名是字符串，也可以是数值和字符串混合的形式。在一个数组中只要有一个索引值不是数字，那么这个数组就称为关联数组。如果使用关联数组，在排序后还需要保持键和值的排序一致，这时就需要使用 ksort()和 asort()函数。语法形式如下。

```
bool asort ( array &array [, int sort_flags] )
```

对数组进行排序并保持索引关系。

```
bool ksort ( array &array [, int sort_flags] )
```

对数组按照索引值排序。

6-39.php

```php
<?php
    $arr=array('C'=>'China','U'=>'USA','J'=>'Japan');
    foreach($arr as $key=>$value)
    {
        echo $key . "=>" . $value."  "; //0=>this 1=>is 2=>an
        3=>example
    }
    echo "<br/>排序后-----------------------------------------<br/>";
    asort($arr);
    foreach($arr as $key=>$value)
    {
        echo $key . "=>" . $value."  "; //0=>this 1=>is 2=>an
        3=>example
    }
?>
```

运行效果如图 6-33 所示。

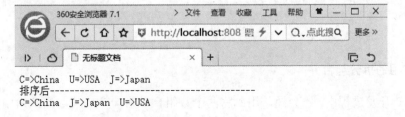

图 6-33　运行效果

6-40.php

```php
<?php
    $arr=array('China'=>'北京','USA'=>'纽约','Japan'=>'东京');
```

```
foreach($arr as $key=>$value)
{
    echo $key . "=>" . $value."  "; //0=>this 1=>is 2=>an
    3=>example
}
echo "<br/>排序后---------------------------------------<br/>";
ksort($arr);
foreach($arr as $key=>$value)
{
    echo $key . "=>" . $value."  "; //0=>this 1=>is 2=>an
    3=>example
}
?>
```

运行效果如图 6-34 所示。

图 6-34　运行效果

5. 数组的拆分与合并

在 PHP 开发过程中，还会经常用到将两个数组合并为一个或者取出数组中的某一部分构成一个新的数组，这时可以使用数组的拆分与合并函数。

（1）从数组中取出一段——array_slice()函数。

语法形式如下。

```
array array_slice ( array array, int offset [, int length [, bool
preserve_keys]] )
```

返回根据 offset 和 length 参数所指定的 array 数组中的一段序列。$offset 为获取数组子集开始的位置；如果为负，则将从数组$array 中距离末端这么远的地方开始。可选参数 length 为获取子元素的个数，如果 length 为负，则将终止在距离数组$array 末端这么远的地方。如果省略，则序列将从 offset 开始一直到 array 的末端。

array_slice() 默认将重置数组的键。自 PHP 5.0.2 起，可以通过将 preserve_keys 设为 true 来改变此行为。

6-41.php

```php
<?php
        $arr=array('China'=>'北京','USA'=>'纽约','Japan'=>'东京');
        $arr=array_slice($arr,1,1);
        foreach($arr as $key=>$value)
        {
            echo $key . "=>" . $value."  ";
        }
    ?>
```

运行效果如图 6-35 所示。

图 6-35　运行效果

（2）把数组中的一部分去掉并用其他值取代——array_splice()函数。

语法形式如下。

```
array array_splice ( array &input, int offset [, int length [, array
replacement]] )
```

array_splice()把 input 数组中由 offset 和 length 指定的单元去掉，如果提供了 replacement 参数，则用 replacement 数组中的单元取代。返回一个包含被移除单元的数组。其中，input 中的数字键名不被保留。

如果要使用 replacement 来替换从 offset 到数组末尾的所有元素时，可以用 count($input) 作为 length。

6-42.php

```php
<?php
        $arr=array('China'=>'北京','USA'=>'纽约','Japan'=>'东京');
        $s_arr=array_splice($arr,1,1);
        foreach($arr as $key=>$value)
        {
            echo $key . "=>" . $value."  ";
        }
        echo "<br/>--------------------<br/>";
        foreach($s_arr as $key=>$value)
```

```
        {
            echo $key . "=>" . $value."  ";
        }
    ?>
```

运行效果如图 6-36 所示。

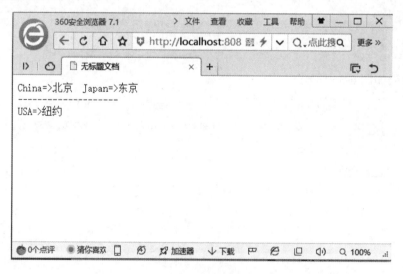

图 6-36   运行效果

6.5   函数

PHP 的真正力量来自它的函数：它拥有超过 1000 个内建的函数。除了内建的 PHP 函数，用户还可以创建自己的函数。本节将介绍函数的相关概念。

6.5.1   认识函数

函数是将一段具有某种功能的语句写成独立的程序单元，然后给予特定的名称，有些程序语言将函数称为方法、子程序或者过程。函数具有以下优点。

（1）函数具有可重用性，一个函数被写好后，可以在程序中不同地方调用这个函数，而不必重新编写。

（2）函数的使用使程序更精简，从而提高程序的可读性。

函数也具有缺点：函数的使用会使程序的运行速度减慢，因为多了一道调用函数的手续。

6.5.2   自定义函数

在程序设计中，可以将一段经常使用的代码封装起来，在需要使用时直接调用，这就是函数。PHP 中不仅提供了大量丰富的系统函数，还允许用户自定义函数。

1．函数定义

函数定义的语法如下。

```
function fun_name([$arg1 , $arg2 ,…, $argn]) {
    fun_body;                //函数体，实现具体功能的代码
    [return $value;]         //返回值
}
```

其中：

（1）function 是定义函数的关键字。

（2）fun_name 是自定义函数的名字，必须是以字母或下划线开头，后面可以跟字母、数字或下划线。函数名代表整个函数，具有唯一性，因为 PHP 不支持函数重载，所以函数名不能重复，并且 PHP 中函数名是不区分大小写的。

（3）$arg1 , … , $argn 是函数的参数，可以有一个或多个，也可以没有。其作用范围为函数体内局部变量。

（4）return $value 是函数的返回值语句，根据函数功能可以有返回值，也可以没有返回值，没有返回值称为过程。函数执行到该语句即结束，因此不要在其后写任何代码。

2．函数的调用

函数只有被调用后才真正开始执行函数体中的代码，执行完毕返回调用函数位置继续向下执行。

（1）通过函数名实现调用，可以在函数声明之前调用，也可以在声明之后调用。

（2）如果函数有参数列表，可以通过传递参数改变函数内部代码的执行行为。

（3）如果函数有返回值，当函数执行完毕后函数名可当作保存返回值的变量使用。

6-43.php

```
<?php
        function fun($a)
        {
            echo  $a*$a;
        }
        echo "5 的平方是:";
        fun(5);
    ?>
```

运行效果如图 6-37 所示。

3．函数返回值

只依靠函数来完成某些功能还不够，有时也需要使用函数执行后的结果。函数执行完毕后可返回一个值给它的调用者，这个值称为函数的返回值，通过 return 语句来实现。

return 语句可以将函数的值传递给函数的调用者，同时也终止了函数的执行。return 语句最多只能返回一个值，如果需要返回多个值，可以把要返回的值存入数组，返回一个数组；如果不需要返回任何值，而是结束函数的执行，可以只使用 return。

图 6-37　运行效果

6-44.php

```php
<?php
    function fun($a)
    {
        return $a*$a;
    }
    echo "5的平方是:".fun(5);
?>
```

运行效果如图 6-38 所示。

图 6-38　运行效果

4．函数的参数

函数在定义时如果带有参数，那么在函数调用时需要向函数传递数据。PHP 支持函数参数传递的方式有按值传递、按引用传递和默认参数三种。

1）按值传递方式

按值传递是函数默认的参数传递方式，将实参的值复制到对应的形参中。该方式的特点：在函数内部对形参的任何操作，对实参的值都不会产生影响。

6-45.php

```php
<?php
    $a=3;
    echo '函数调用前全局变量$a='.$a."<br/>";
    function fun($a)
    {
        $a=$a+10;
        echo '函数执行时局部变量$a='.$a."<br/>";
    }
    fun($a);
    echo '函数调用后全局变量$a='.$a;
?>
```

运行效果如图 6-39 所示。

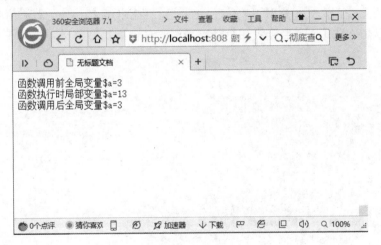

图 6-39　运行效果

2）按引用传递方式

按引用传递是将实参在内存中分配的地址传递给形参。该方式的特点：在函数内部的所有操作都会影响到实参的值。也就是说在函数内部修改了形参的值，函数调用结束后，实参的值也会发生改变。

引用传递方式需要函数定义时在形参前加上"&"号。

6-46.php

```php
<?php
    $a=3;
    echo '函数调用前全局变量$a='.$a."<br/>";
    function fun(&$a)
    {
        $a=$a+10;
        echo '函数执行时局部变量$a='.$a."<br/>";
```

```
    }
    fun($a);
    echo '函数调用后全局变量$a='.$a;
?>
```

运行效果如图 6-40 所示。

图 6-40　运行效果

3）默认参数

PHP 中还支持在定义函数时可以为一个或多个形参指定默认值。默认值必须是常量表达式，也可以是 NULL；并且当使用默认参数时，任何默认参数必须放在任何非默认参数的右侧。

6-47.php

```
<?php
    function fun($a,$b=50)
    {
        return $a+$b;

    }

    echo "fun(10)=".fun(10)."<br/>";
    echo "fun(10,20)=".fun(10,20)."<br/>";
?>
```

运行效果如图 6-41 所示。

图 6-41　运行效果

6.5.3　函数和变量作用域

PHP 中也有全局变量与局部变量的概念，并且具有相同的处理方法。PHP 认可两种类型的变量作用域——函数作用域和页面作用域。函数作用域指此变量用于单个函数，这是变量通常的默认作用域；页面作用域是指变量应该用于整个页面，使用它时，需要用到 global 这个关键字。

6-48.php

```php
<?php
    $a=1;
    $b=2;
    function sum()
    {
        global $a;
        $b=5;               //局部变量
        return $a+$b;       //是将全局变量$a 与局部变量$b 的值相加
    }
    echo "sum()执行结果: ".sum();
?>
```

运行效果如图 6-42 所示。

图 6-42　运行效果

> 注意：如果在函数中全局变量与局部变量同名，有效的是局部变量。

6-49.php

```php
<?php
    $a=1;
    $b=2;
    function sum()
    {
        global $a,$b;
        $b=5;               //局部变量
        return $a+$b;       //是将全局变量$a 与局部变量$b 的值相加
    }
    echo "sum()执行结果: ".sum();
```

```
        ?>
```

运行效果如图 6-43 所示。

图 6-43　运行效果

在全局范围内访问变量的第二个办法，是用特殊的 PHP 自定义$GLOBALS 数组。

6-50.php

```
<?php
        $a=1;
        $b=2;
        function sum()
        {

            $b=5;                               //局部变量
            return $GLOBALS['a']+$b;    //是将全局变量$a 与局部变量$b 的值相加
        }
        echo "sum()执行结果：".sum();
    ?>
```

运行效果如图 6-44 所示。

图 6-44　运行效果

变量范围的另一个重要特性是静态变量。静态变量仅在局部函数域中存在，但当程序执行离开此作用域时，其值并不丢失。

6-51.php

```php
<?php
    function Test()
    {
        static $a = 0;
        echo $a."<br>";
     $a++;
    }
    Test();
    Test();
?>
```

运行效果如图 6-45 所示。

图 6-45　运行效果

6.5.4　函数高级应用

介绍了函数的定义与使用后，本节将讲解函数的高级应用。

1．递归函数

递归函数即自调用函数，在函数体内直接或间接地自己调用自己。通常此类函数体中会包含条件判断，以分析是否需要执行递归调用；并指定特定条件以终止递归动作。

6-52.php

```php
<?php
    function jiecheng ($n)
    {

        if ($n-1>0)
        {
            return $n*jiecheng($n-1)    ;
        }
        else
        {
            return 1;
```

```
        }

    }
    $n=5;
    echo "$n!=".jiecheng($n);
?>
```

运行效果如图 6-46 所示。

图 6-46　运行效果

2. 变量函数

在 PHP 中支持变量函数，也就是可以声明一个变量，通过变量来访问函数。如果一个变量名后有圆括号，PHP 将寻找与变量的值同名的函数，并且将尝试执行它。

6-53.php

```
<?php
    function fun()
    {
        echo "函数 fun 被调用";
    }
    $f="fun";
    $f();
?>
```

运行效果如图 6-47 所示。

图 6-47　运行效果

3．函数的引用

函数参数的传递可以按照引用传递，这样可以修改实参的值。引用不仅可用于函数参数，也可以用于函数本身。对函数的引用，就是对函数返回值的引用。对函数的引用，是在函数名前加"&"符号来实现的。

6-54.php

```php
<?php
    function &fun()
    {
        static $b=0;
        echo '$b:'.$b."<br/>";
        return $b;
    }

    $f=&fun();          //$f 与函数返回值$b 对应同一个存储空间
    echo '$f:'.$f."<br/>";
    $f=5;
    fun();
?>
```

运行效果如图 6-48 所示。

图 6-48　运行效果

习题

1．写代码块：定义一个变量 name，赋值为"zhangsan"，并输出这个变量，要求颜色为蓝色。最后销毁这个变量。

2．使用 for 循环实现乘法口诀表。

3．某会议中心在举办为期两个月的拍卖会，安排如下。

星期一：油画专场

星期二：瓷器专场

星期三：书法专场

星期四：珠宝专场

星期五：服饰专场

星期六：饰品专场

星期日：家具专场

编写一个程序，求出今天是星期几，并输出今天是什么拍卖专场。

要求：使用 switch 结构实现。

4．某电器商城正举办上市一周年店庆活动，购买单个电器优惠信息如下。

（1）1999 元以下参加抽奖活动；

（2）满 1999 元送电饭煲一个；

（3）满 2999 元送电磁炉一个；

（4）满 3999 元送微型洗衣机一个。

编写一个程序，输入购买电器的价格，输出可以享受的优惠信息。

要求：使用 if…else 结构实现。

第7章 数据库基础

MySQL 是关系模型数据库管理系统，以稳定、可靠、快速、可信而成为世界上最受欢迎的数据库管理系统之一。无论是小型网站还是大型网站，都可以通过 MySQL 完成数据存储业务。本章将介绍 MySQL 的相关操作。

本章知识点：
- MySQL 基本操作
- 在 PHP 中操作数据库

7.1 MySQL 基本操作

MySQL 是一种数据库管理软件，操作该软件可以通过图形用户接口方式，也可使用命令行方式。本节将介绍 phpMyAdmin 的使用、MySQL 的安装及 MySQL 的基本命令。

7.1.1 phpMyAdmin 的使用

phpMyAdmin 是一个免费且受欢迎的 MySQL 数据库管理工具。phpMyAdmin 是图形交互客户机，用来简化 MySQL 服务器管理。本节将介绍如何使用 phpMyAdmin 管理 MySQL 数据库。

1. 设置数据库用户权限

第 1 步：安装好 WAMP 后，单击 WAMP 图标，弹出如图 7-1 所示菜单。选取菜单中的 phpMyAdmin 项，在浏览器中打开如图 7-2 所示页面。

图 7-1　WAMP 弹出菜单

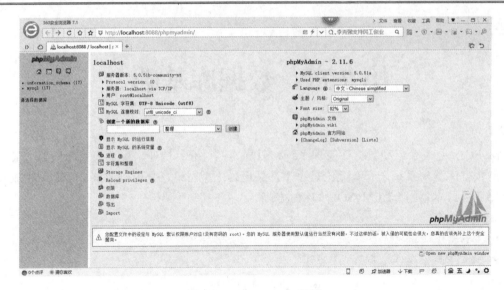

图 7-2　phpMyAdmin 首页

第 2 步：在页面中单击"权限"项，在浏览器中打开"权限"页面，如图 7-3 所示。

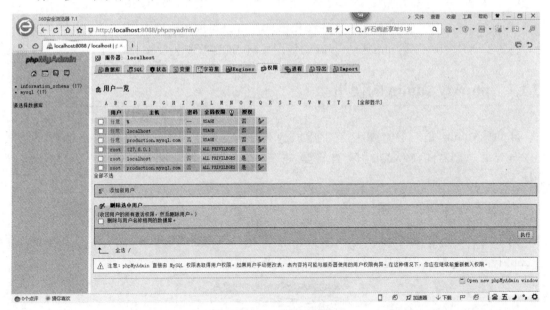

图 7-3　权限页面

第 3 步：在权限页面中，单击"添加新用户"项，在浏览器中打开添加新用户页面，如图 7-4 所示。

下面对这些权限进行详细的描述。

1）数据部分

（1）SELECT 选项：表示是否允许读取数据。

（2）INSERT 选项：表示是否允许插入和替换数据。

（3）UPDATE 选项：表示是否允许更改数据。

（4）DELETE 选项：表示是否允许删除数据。

（5）FILE 选项：表示是否允许从数据中导入数据，以及允许将数据导出至文件。

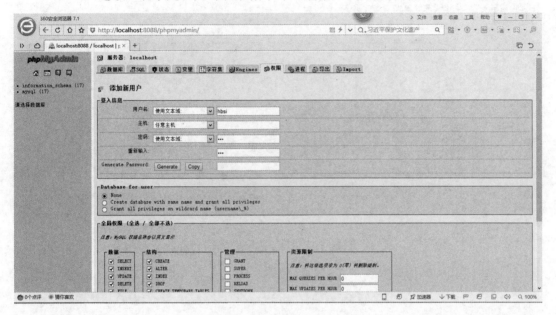

图 7-4　添加用户页面

2）结构部分

（1）CREATE 选项：表示是否允许创建新的数据库和表。

（2）ALTER 选项：表示是否允许修改现有表的结构。

（3）INDEX 选项：表示是否允许创建和删除索引。

（4）DROP 选项：表示是否允许删除数据库和表。

（5）CREATE TEMPORARY TABLES 选项：表示是否允许创建临时表。

（6）CREATE VIEW 选项：表示是否允许创建新的视图。

（7）SHOW VIEW 选项：表示是否允许查询视图。

（8）CREATE ROUTINE 选项：表示是否允许创建新的存储过程。

（9）ALTER ROUTINE 选项：表示是否允许修改存储过程。

（10）EXECUTE 选项：表示是否允许执行查询。

第 4 步：按照要求填写用户信息，勾选相应的权限，最后单击右下角的"执行"按钮，在浏览器中打开成功添加用户后的页面，如图 7-5 所示。

2．检查和修改数据库

需要检查和修改数据库时，打开 phpMyAdmin 的首页，左边的侧边栏里显示着服务器上的各个数据库，单击就可以进入，也可以单击"数据库"图标，如图 7-6 所示。

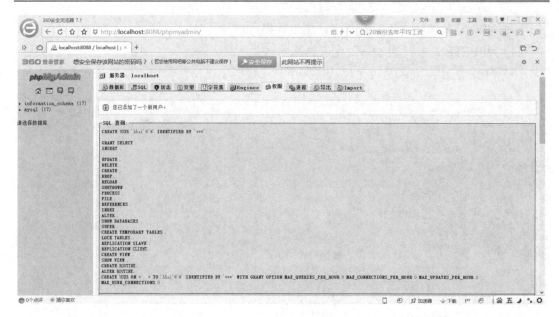

图 7-5　已成功添加用户页面

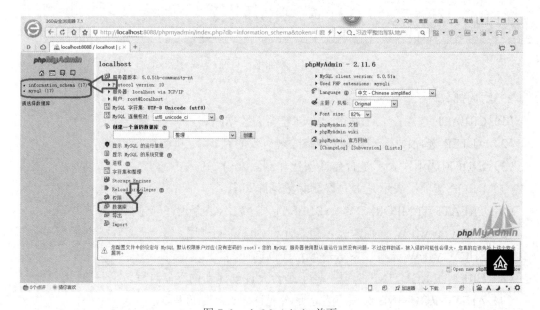

图 7-6　phpMyAdmin 首页

进入数据库以后，左边的侧边栏里显示着数据库的各个表，单击就可以进入，也可以单击右边的图标，如图 7-7 所示。

在此页面中，可通过图片中所标示的各按钮完成对数据库中各表的相关操作。

进入表以后，可以对表进行相关操作，如图 7-8 所示。

3. 修复数据库

数据表损坏时，可以通过 phpMyAdmin 进行修复，方法如下。

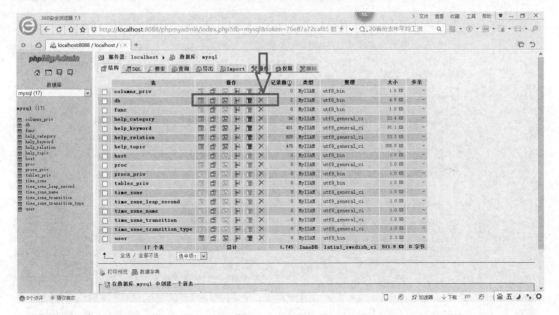

图 7-7　数据库操作页面

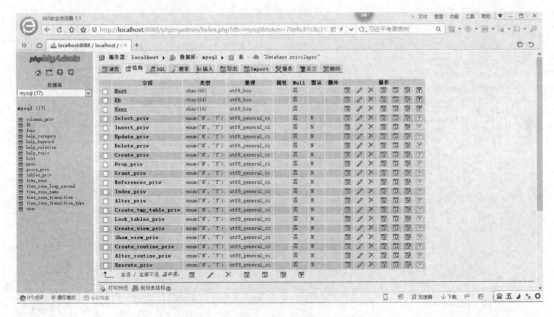

图 7-8　表操作页面

第 1 步：登录 phpMyAdmin，进入需要修复的数据库页面，勾选一个数据表，如图 7-9 所示。

第 2 步：在页面下方"选中项"下拉列表中选择"修复表"命令，如图 7-10 所示。

4．恢复和备份数据库

当需要备份数据库或将数据库移到其他计算机时，可以先导出数据库，然后再到目标计算机导入数据库。下面将介绍如何使用 phpMyAdmin 来备份与导出数据库。

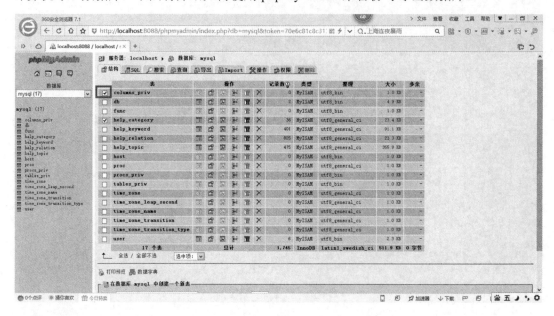

图 7-9　勾选数据表

图 7-10　选中修复表页面

1）备份数据库

第 1 步：打开 phpMyAdmin，单击页面中的"导出"命令，如图 7-11 所示，在浏览器中打开如图 7-12 所示页面。

第 2 步：选择需要导出备份的数据库（按住 Ctrl 键可选择多项），选择完毕后单击右下角的"执行"按钮，弹出对话框导出文件，如图 7-13 所示。

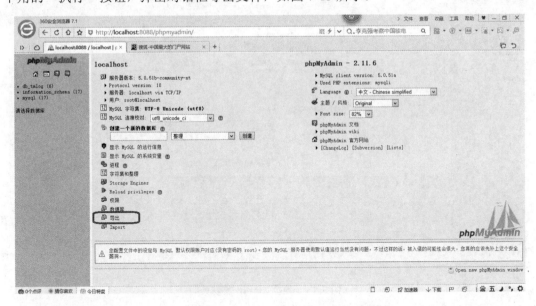

图 7-11　"导出"命令

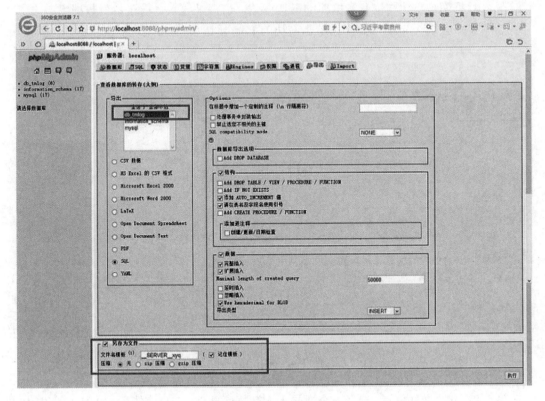

图 7-12　数据库导出页面

在对话框中选择保存路径并修改文件名后单击"下载"按钮即可。

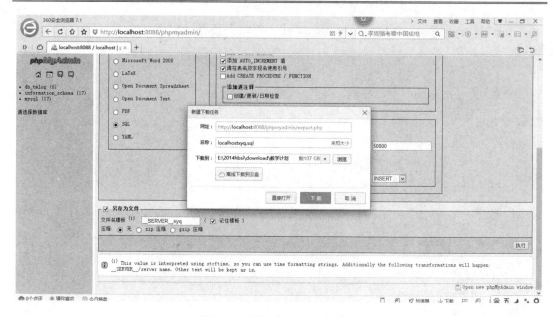

图 7-13　数据库导出下载页面

2）导入 SQL 文件

导入数据库是重建与恢复数据库的最佳方法，前提是导入之前已备份数据库。

第 1 步：登录 phpMyAdmin，单击右边的 Import 选项，如图 7-14 所示。

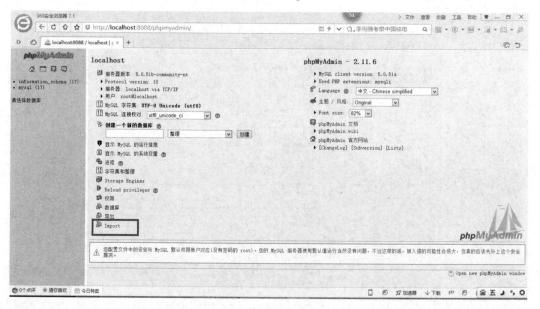

图 7-14　单击 Import

第 2 步　浏览文件位置，选择一个要导入的数据库文件，选择完毕后，单击右下角的"执行"按钮，如图 7-15 所示。

成功导入数据库后，浏览器中显示如图 7-16 所示页面。

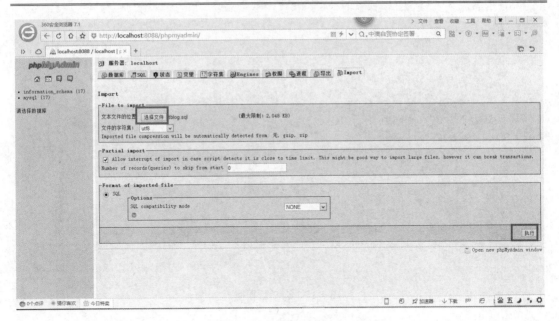

图 7-15　导入数据库页面

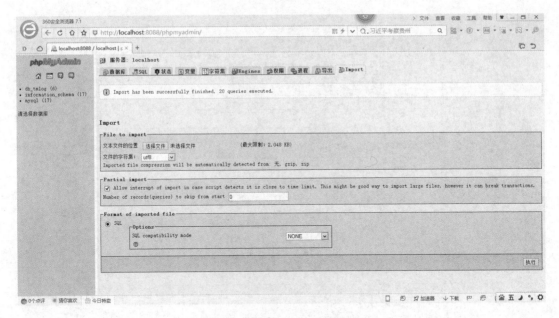

图 7-16　数据库导入成功页面

3）执行 SQL 语句

在 phpMyAdmin 中可以输入 SQL 语句，进行各种数据库操作。

第 1 步：在 phpMyAdmin 主页面中选中要操作的数据库，如图 7-17 所示。

第 2 步：单击 SQL 按钮，如图 7-18 所示。

第 3 步：在弹出的对话框中输入要执行的 SQL 语句后，单击"执行"按钮，如图 7-19 所示。

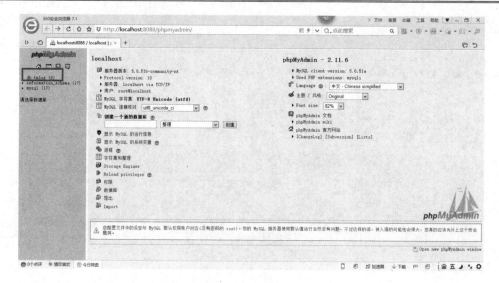

图 7-17　选择数据库页面

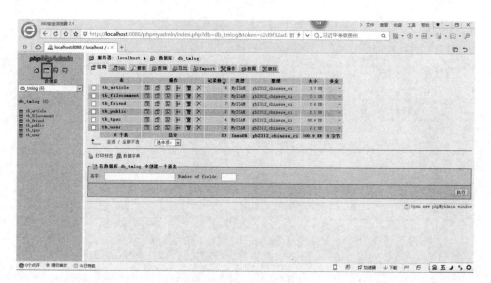

图 7-18　单击 SQL 按钮

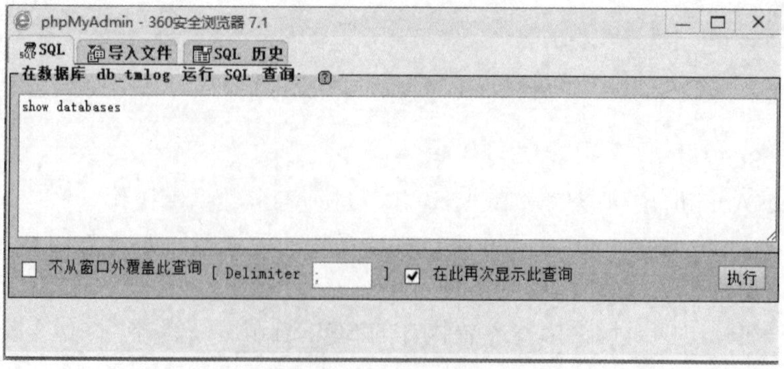

图 7-19　执行 SQL 语句页面

语句执行后，浏览器中显示如图 7-20 所示的执行结果。

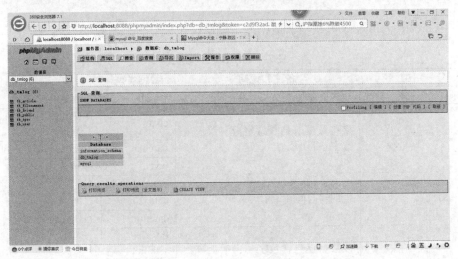

图 7-20 SQL 语句执行结果页面

7.1.2 MySQL 基本操作

与 MySQL 数据库服务器创建数据库连接成功后，就可以开始执行 SQL 命令，对 MySQL 数据库进行相关操作。下面介绍完成 MySQL 数据库相关操作的基本 SQL 命令。

1．建立数据库操作

语法：**create database** 数据库名

可以创建一个具有指定名称的数据库。如果要创建的数据库已经存在，或者没有创建它的适当权限，则此语句失败。

例如，建立一个数据库名为 HBSI_school 的数据库：

```
mysql> create database HBSI_school;
```

2．选中当前数据库

语法：**use** 数据库名

可以选定数据库以使用它，为了使 HBSI_school 成为当前的数据库，可以使用下面的命令：

```
mysql> use HBSI_school;
```

3．创建表

语法：**create table** 表名
```
  (
  列名 1  列类型   [<列的完整性约束>],
  [列名 2  列类型   [<列的完整性约束>],
  ...
```

```
    列名 n    列类型    [<列的完整性约束>]
] );
```

使用 create table 命令可在当前数据库下创建一个表，可选数据类型如表 7-1 所示。

表 7-1 MySQL字段类型

分　类	备注和说明	数据类型	说　明
二进制数据类型	存储非字符和文本数据	BLOB	可用来存储图像
文本数据类型	字符数据包括任意字母、符号或数字字符的组合	char	固定长度的非 Unicode 字符数据
		varchar	可变长度非 Unicode 数据
		text	存储长文本信息
日期和时间	日期和时间在单引号内输入	time	时间
		date	日期
		datetime	日期和时间
数值型数据	该数据仅包含数字，包括正数、负数以及浮点数据	Int smallint	整数
		float double	浮点数
货币数据类型	用于财务数据	Decimal	定点数
Bit 数据类型	表示是/否的数据	Bit	存储布尔数据类型

例如，创建表 tstudent：

```
create table tstudent (
 sid char(4) primary key,
 sname varchar(20) not null,
 sex varchar(6),
 profession varchar(30) not null,
 birthday date not null,
 note varchar(60)
);
```

4. 插入记录

执行完创建表的语句后，tstudent 表已被建立，但是表中没有一条记录，需要使用 insert 语句向表中插入记录。语法如下所示。

```
insert  into table_name [(列名 1, 列名 2,…)]
values (数值 1, 数值 2,…)
```

插入的数据应与字段的数据类型相同。数据的大小应在列的规定范围内，例如，不能将一个长度为 80 的字符串加入到长度为 40 的列中。在 values 中列出的数据位置必须与被加入的列的排列位置相对应。

例如，向表 tstudent 中插入记录：

```
insert into tstudent values ('0001','tom','3g','male','1990-01-01', 'good');
```

5. update

如果需要修改表中的记录，要通过使用 update 命令，语法如下所示。

```
update tbl_name
```

```
set col_name1=expr1 [, col_name2=expr2 …]
[where where_definition]
```

update 语法可以用新值更新原有表行中的各列，set 子句指示要修改哪些列和要给予哪些值，where 子句指定应更新哪些行，如没有 where 子句，则更新所有的行。

例如，修改 tstudent 表中 sid 字段值为 0001 的记录的 sname 与 profession 字段的值：

```
update tstudent set sname='Jaky', profession ='php',birthday='1990-10-07'
where sid='0001';
```

6．删除表中数据

如果表中的记录需要被删除，可使用 delete 命令，其语法如下所示。

```
delete from tbl_name
[where where_definition]
```

如果不使用 **where** 子句，将删除表中所有数据。**delete** 语句不能删除某一列的值（可使用 update）。使用 delete 语句仅删除记录，不删除表本身。如要删除表，使用 drop table 语句。同 insert 和 update 一样，从一个表中删除记录将引起其他表的参照完整性问题，在修改数据库数据时，头脑中应该始终不要忘记这个潜在的问题。删除表中数据也可使用 truncate table 语句，它和 delete 有所不同，参看 MySQL 文档。在 MySQL 中有两种方法可以删除数据，一种是 MySQL 的 delete 语句，另一种是 MySQL 的 truncate table 语句。delete 语句可以通过 where 对要删除的记录进行选择。而使用 truncate table 将删除表中的所有记录。

例如，删除表中 sid 字段值为 0003 的记录：

```
delete from tstudent where sid="0003";
```

7．查询记录

当需要查看数据库某张表中的记录时，可使用 select 命令。语法如下所示。

```
select [distinct] *|{column1, column2, column3…}
from table;
```

命令 select 指定查询哪些列的数据，column 指定列名，*号代表查询所有列；from 指定查询哪张表；distinct 可选，指显示结果时，是否剔除重复数据。

例如，查询学时数为 100 的课程信息：

```
select * from tstudent where sid='0001';
```

7.2　在 PHP 中操作数据库

通过 PHP 是可以访问及操作 MySQL 的，本节将介绍如何使用 PHP 访问与操作 MySQL。

7.2.1　连接到一个 MySQL 数据库

访问并处理数据库中的数据之前，必须创建到达数据库的连接。在 PHP 中，可以通过使用 mysql_connect() 函数完成。

语法：

```
mysql_connect(servername,username,password);
```

其中：

servername：可选，规定要连接的服务器。默认是"localhost"。

username：可选，规定登录所使用的用户名。默认值是拥有服务器进程的用户的名称。

password：可选，规定登录所用的密码。默认是""。

若要关闭连接，可以使用 mysql_close()函数。

7.2.2　访问数据库中的数据

在 PHP 中，使用 mysql_query() 函数来执行 select 语句。函数语法如下所示。

```
mysql_query(query,connection)
```

其中，query 参数必需，规定要发送的 SQL 查询。注意：查询字符串不应以分号结束。connection 参数可选。规定 SQL 连接标识符。如果未规定，则使用上一个打开的连接。

如果没有打开的连接，本函数会尝试无参数调用 mysql_connect()函数来建立一个连接并使用它。返回值 mysql_query()仅对 SELECT，SHOW，EXPLAIN 或 DESCRIBE 语句返回一个资源标识符，如果查询执行不正确则返回 false。对于其他类型的 SQL 语句，mysql_query()在执行成功时返回 true，出错时返回 false。非 false 的返回值意味着查询是合法的并能够被服务器执行。这并不说明任何有关影响到的或返回的行数。很有可能一条查询执行成功了但并未影响到或并未返回任何行。7-1.php 实现在 Web 页面中显示 tstudent 表中的所有记录。

7-1.php

```php
<?php
    $connect = mysql_connect('localhost', 'root', '') or die('Could not
    connect: ' . mysql_error());//使用mysql_connect()函数创建数据库连接,
    若数据连接创建失败,就会运行or后面的die()函数,终止程序并显示"无法创建连接"
    mysql_query("SET NAMES 'GB2312'",$connect);// 执行一条SQL查询,本语
    句设置查询所使用的字符集
    echo '<b>第一步:</b>成功建立连接! <BR>';
    $db = 'hbsi_school';
    mysql_select_db($db) or die('Could not select database ('.$db.')
    because of : '.mysql_error());//使用mysql_connect()函数打开数据库,
    若数据库打开失败,就会运行or后面的die()函数,终止程序并显示相关提示信息
    echo '<b>第二步:</b> 成功连接到 ('.$db.') !<BR>';
    $query = 'SELECT * FROM tstudent';
    $result = mysql_query($query) or die('Query failed: ' . mysql_
    error());//mysql_query() 函数执行一条 MySQL 查询
    echo "<b>获取数据...</b><br/>";
    $tableresult="<table border='1' width='1000'>";
    $count = 0;
    while ($line = mysql_fetch_array($result, MYSQL_ASSOC))/*mysql_
    fetch_array() 函数从结果集中取得一行作为关联数组,或数字数组,或二者兼有
```

```
返回根据从结果集取得的行生成的数组，如果没有更多行则返回 false。*/
            {
                    $sid=$line["sid"];
                    $tableresult.= "<tr>";
                    foreach ($line as $col_value) {
                        $tableresult.="<td>$col_value</td>";
                    }
                    $count++;

                    $tableresult.="</tr>";
            }

            $tableresult.="</table>";

            if ($count < 1) {
                echo "<br><br>表格中未发现记录.<br><br>";
            } else {
                echo $tableresult;
                echo "<br/><h1>表格中有".$count."行记录.</h1><br/>";
            }


            mysql_free_result($result);


            mysql_close($connect);
            ?>


</body>
</html>
```

运行效果如图 7-21 所示。

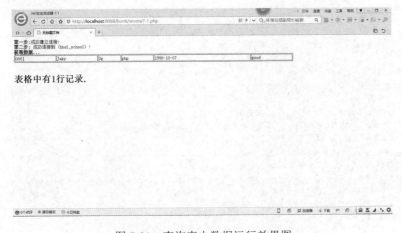

图 7-21 查询表中数据运行效果图

7.2.3 插入、修改、删除记录

在 PHP 中插入、修改、删除记录同样使用 mysql_query() 函数来实现。如果插入、修改、删除操作执行成功函数返回值为 true，出错时返回 false。修改表 tstudent 内容的示

例如 7-2.php 所示。

7-2.php

```
<html>
<head>
<meta http-equiv="Content-Type" content="text/html; charset=gb2312">
<title>无标题文档</title>
</head>
<body>
    <?php
        $connection=mysql connect('localhost','root','');
        mysql query("SET NAMES 'GB2312'",$connection);
        $db="hbsi school";
        mysql select db($db) or die('Could not select database ('.$db.')
        because of : '.mysql error());
        $sql="update tstudent set sname='xyq' "." where sid='".$sid."'";
        $result=mysql query($sql);
        if ($result)
        {
                echo "<h1>update success</h1>";
        }
        else
        {
            echo "<h1>update defeat</h1>".mysql error();
        }
    ?>
</body>
</html>
```

通过 PHP 向表中插入记录，示例如 7-3.php 所示。

7-3.php

```
<html>
<head>
<meta http-equiv="Content-Type" content="text/html; charset=gb2312">
<title>无标题文档</title>
</head>
<body>
    <?php

        $connection=mysql connect('localhost','root','');
        mysql query("SET NAMES 'GB2312'",$connection);
        $db="hbsi school";
        mysql select db($db) or die('Could not select database ('.$db.')
        because of : '.mysql error());
        $sql="insert into tstudentvalues ('0002','jaky', 'male', 'software',
        '1980-02-02','good')";
        $result=mysql query($sql);
        if ($result)
        {
                echo "<h1>insert success</h1>";
        }
        else
        {
            echo "<h1>insert defeat</h1>".mysql error();
        }
    ?>

</body>
```

```
</html>
```

通过 PHP 删除表中记录的示例如 7-4.php 所示。

7-4.php

```
<html>
<head>
<meta http-equiv="Content-Type" content="text/html; charset=gb2312">
<title>无标题文档</title>
</head>
<body>
    <?php
        $connection=mysql connect('localhost','root','');
        mysql query("SET NAMES 'GB2312'",$connection);
        $db="hbsi school";
        mysql select db($db) or die('Could not select database ('.$db.')
        because of : '.mysql error());
        $sql="delete from tstudent where sid='0002'";
        $result=mysql query($sql);
        if ($result)
        {
                echo "<h1>delete success</h1>";
        }
        else
        {
            echo "<h1>delete defeat</h1>";
        }
    ?>
</body>
</html>
```

习题

1. 创建一个员工表，表名为 employee，如表 7-2 所示。

表 7-2　employee表

字　　段	属　　性
Id	整型
name	字符型
sex	字符型或 bit 型
brithday	日期型
Entry_date	日期型
job	字符型
Salary	小数型
resume	大文本型

2. 完成下列操作。

（1）查询学时数为 100 的课程信息。

（2）查询学时数小于 100 的课程信息。

（3）查询学时数大于 50 的课程信息。

第8章 PHP 高级应用

PHP 5 版本的正式发布，标志着一个全新的 PHP 时代的到来。PHP 5 的最大特点是引入了面向对象的全部机制。本章将介绍类与对象的相关概念，以及文件处理的相关技术。

本章知识点：
- 类与对象
- 文件处理

8.1 类与对象

随着计算机技术的不断发展，计算机所面对的问题也越来越复杂，而面向对象是将一切事物看作对象，从而有利于对复杂系统进行分析。PHP 是面向对象的编程语言，类与对象是面向对象程序设计的核心。本节将介绍类与对象的相关概念。

8.1.1 面向对象的概念

面向对象是对现实世界理解与抽象的一种方法，它将世界看作一个庞大的整体，将世界分解成一个个对象来描述，这样世界就成为一个一个对象的集合。通过面向对象的方法，有利于问题的描述与处理。面向对象的程序设计（Object-Oriented Programming，OOP）使程序设计过程更自然与直观，从而提高了编程的效率。面向对象的特征如下。

1．对象唯一性

每个对象都有区别于其他对象的唯一标识。

2．抽象性

抽象性是指将对象的特征（属性）和行为（操作）的对象抽象成类。

3．继承性

继承性是子类自动拥有父类的成员方法与成员属性。该特征提高了代码的重用性。

4．多态性

多态性是指相同的操作或函数作用于多种类型的对象上，可获得不同的结果。

8.1.2　类与对象

现实世界中有很多同类的对象，类是对一个或几个相似的对象进行描述，把不同对象所具有的共性抽象出来，定义某类对象共有的变量与方法，从而实现代码的复用。在 PHP 中用关键字 class 和一个任意的类名来定义一个类。类名可以是任意数字和字母的组合，但是不能以数字开头，一般类名首字符大写。类定义的示例如下。

```php
<?php
class Student{
    //类体
}
?>
```

这样就定义了一个类名为 Student 的类。如果把类当作生成对象的模板，那么对象是类的"实例"。

使用 Student 类作为生成 Student 对象的模型：

```php
<?php
class Student {
    //类体
}
$s = new Student ();
?>
```

这样就通过使用 new 这个关键字创建了一个 Student 的对象。

1．类中的属性

属性指在 class 中声明的变量，也被称为成员变量，用来存放对象之间互不相同的数据。在 PHP 5 中，类中的属性和普通变量很相似，必须使用 public、private、protected 之一进行修饰决定变量的访问权限。

（1）public（公开）：可以自由地在类的内部和外部读取、修改。

（2）private（私有）：只能在这个当前类的内部读取、修改。

（3）protected（受保护）：能够在这个类和类的子类中读取和修改。

以上关键字是 PHP 5 中引入的，在 PHP 4 下运行将无法正常工作。

通过使用 -> 符号连接对象和属性名来访问属性变量。在方法内部通过 $this-> 符号访问同一对象的属性。下面通过一个实例来理解属性的使用。

8-1.php

```php
<?php
    class Student
    {
        public $sid="001";
        public $sname="tom";
    }
    $s=new Student();
    echo "学生的学号："." $s->sid."<br/>"."学生的姓名："." $s->sname;
?>
```

运行效果如图 8-1 所示。

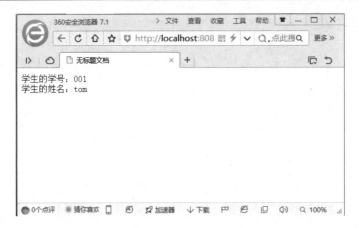

图 8-1　8-1.php 运行效果

Student 类有两个属性，$sid 和$sname，在实例化后，使用$s->sid 和$s->sname 访问属性的内容。当然，也可以在属性定义时不设置初始值，那样就打印不出任何结果了。

PHP 并没有强制属性必须在类中声明，可以通过对象随时动态增加属性到对象，例如：

```
$s->sid ="002";              //通过对象动态增加属性
```

但这种写法不好，建议不要使用。下面通过一个小例子来看如何修改对象属性。

8-2.php

```php
<?php
    class Student
    {
        public $sid="001";
        public $sname="tom";
    }
    $s=new Student();
    $s->sid="002";
    echo "学生的学号: ".$s->sid."<br/>"."学生的姓名: ".$s->sname;
?>
```

运行效果如图 8-2 所示。

图 8-2　8-2.php 运行效果

采用 private 关键字修饰的属性，称为私有属性，一个对象的私有属性在该对象以外不能被访问。设置私有属性可对数据进行隐藏，可保证该数据的安全。

看下面的程序，如果我们创建的对象直接访问私有 name 属性，就会发生错误。

8-3.php

```php
<?php
    class Student
    {
        public $sid="001";
        private $sname="tom";
    }
    $s=new Student();
    echo"学生的学号："".$s->sid."<br/>"."学生的姓名："".$s->sname;
?>
```

运行效果如图 8-3 所示。

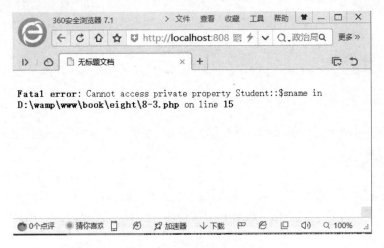

图 8-3　8-3.php 运行效果

运行结果中给出错误信息，提示没有权限访问私有属性，如果使用 getName()方法取得 name 属性则是可以的。在 PHP 5 中，指向对象的变量是一个引用变量。在这个变量里面存储的是所指向对象的内存地址。引用变量传值时，传递的是这个对象的地址而非复制这个对象。

```php
$s=new Student();
$sOne = $s;
```

这里是引用传递，$s 与$sOne 指向的是同一个内存地址，来看下面的例子。

8-4.php

```php
<?php
    class Student
    {
        public $sid="001";
        public $sname="tom";
    }
    $s=new Student();
```

```
        $sOne=new Student();
        echo "学生的学号：".$s->sid."学生的姓名：".$s->sname."<br/>";
        echo "学生的学号：".$sOne->sid."学生的姓名：".$sOne->sname;
    ?>
```

运行效果如图 8-4 所示。

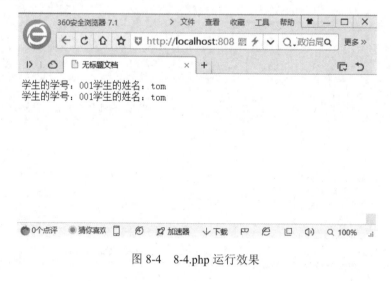

图 8-4　8-4.php 运行效果

运行结果显示两个对象的 name 属性都为 tom，说明了 $s、$sOne 指的是同一个对象。

2．类中的方法

属性可以让对象存储数据，类中的方法则可以让对象执行任务。方法即为类中声明的特殊函数，因此与函数声明相似。function 关键字在方法名之前，之后圆括号中的是可选参数列表。

```
public  function  myMethod($para1,$para2,…){
//方法体
}
```

通过方法定义时的参数，可以向方法内部传递变量。如下面的示例，定义方法时定义了方法参数$name，使用这个方法时，可以向方法内传递参数变量。方法内接收到的变量是局部变量，仅在方法内部有效。可以通过向属性传递变量值的方式，让这个变量应用于整个对象。

与访问属性一样，可以使用->连接对象和方法名来调用方法，值得注意的是调用方法时必须带有圆括号（参数可选）。$this 是指向当前对象的指针。

8-5.php

```
<?php
        class Student
        {
            private $sid;
            private $sname;
            public function setSid($sid)
            {
                $this->sid=$sid;
```

```
        }
        public function getSid()
        {
            return $this->sid;
        }
        public function setName($name)
        {
            $this->sname=$name;

        }
        public function getName()
        {
            return $this->sname;
        }
    }
    $s=new Student();
    $s->setSid("001");
    $s->setName("tom");
    echo "学生的学号：".$s->getSid()."学生的姓名：".$s->getName()."<br/>";

    ?>
```

运行效果如图 8-5 所示。

学生的学号：001学生的姓名：tom

图 8-5　8-5.php 运行效果

注意：

（1）如果声明类的方法时带有参数，而调用这个方法时没有传递参数，或者参数数量不足，系统会报出错误。

（2）如果声明类的方法时带有参数，而调用这个方法参数数量超过方法定义参数的数量，PHP 会忽略多余的参数，不会报错。

3. 构造方法

构造方法是对象被创建时自动调用的方法，用来确保必要的属性被设置，并完成任何需要准备的初始化工作。构造方法和其他函数一样，可以传递参数，也可以设定参数默认值。构造方法可以访问类中属性，可以调用类中方法，同时可以被其他方法显式调用。在 PHP 4 中使用与类名同名的方法为构造函数。在 PHP 5 中规定构造方法使用＿＿construct()。

8-6.php

```php
<?php
    class Student
    {
        private $sid;
        private $sname;
        public function __construct($sid,$sname)
        {
                $this->sid=$sid;
                $this->sname=$sname;
        }
        public function getSid()
        {
            return $this->sid;
        }

        public function getName()
        {
            return $this->sname;
        }
    }
    $s=new Student("001","tom");
    echo "学生的学号:".$s->getSid()."学生的姓名:".$s->getName()."<br/>";

?>
```

运行效果如图 8-6 所示。

图 8-6　8-6.php 运行效果

4．析构函数与PHP的垃圾回收机制

析构方法是当某个对象成为垃圾或者当对象被显式销毁时执行的方法。在 PHP 中，没有任何变量引用这个对象时，该对象就成为垃圾，PHP 会自动将其在内存中销毁，这是 PHP 的垃圾处理机制，防止内存溢出。当一个 PHP 线程结束时，当前占用的所有内存空间都会被销毁，当前程序中的所有对象同样被销毁。在 PHP 5 中析构方法规定使用＿＿destruct()。析

构函数也可以被显式调用，但不要这样去做。析构函数是由系统自动调用的，不要在程序中调用一个对象的析构函数，析构函数不能带有参数。

8-7.php

```php
<?php
    class Student
    {
        private $sid;
        private $sname;
        public function __construct($sid,$sname)
        {
                $this->sid=$sid;
                $this->sname=$sname;
        }
        public function getSid()
        {
            return $this->sid;
        }

        public function getName()
        {
            return $this->sname;
        }
        public function __destruct ()
        {
    echo '析构函数在这里执行，这里一般用来放置关闭数据库等收尾工作。';
        }

    }
    $s=new Student("001","tom");
    echo "学生的学号：".$s->getSid()."学生的姓名：".$s->getName()."<br/>";
    for($i=1;$i<4;$i++)
    {
        echo $i.'<br>';
    }
    ?>
```

运行效果如图 8-7 所示。

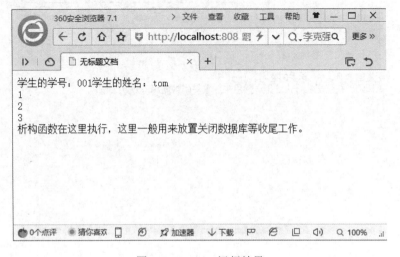

图 8-7　8-7.php 运行效果

当对象没有引用时，对象同样被销毁。

8-8.php

```php
<?php
    class Student
    {
        private $sid;
        private $sname;
        public function __construct($sid,$sname)
        {
                $this->sid=$sid;
                $this->sname=$sname;
        }
        public function getSid()
        {
            return $this->sid;
        }

        public function getName()
        {
            return $this->sname;
        }
        public function __destruct ()
        {
         echo '析构函数在这里执行，这里一般用来放置关闭数据库等收尾工作。<br/>';
        }


    }
    $s=new Student("001","tom");
    echo "学生的学号：".$s->getSid()."学生的姓名：".$s->getName()."<br/>";
     $s=null;
    for($i=1;$i<4;$i++)
    {
        echo $i.'<br>';
    }
    ?>
```

运行效果如图 8-8 所示。

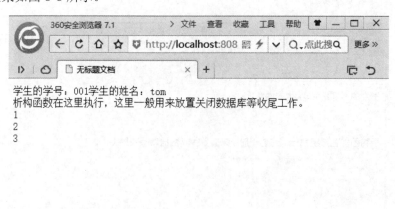

图 8-8　8-8.php 运行结果

5. 继承

继承是从一个基类得到一个或多个类的机制，是面向对象最重要的特点之一，可以实现对类的复用。

继承自另一个类的类被称为该类的子类，这种关系通常比作父亲和孩子。子类将继承父类的属性和方法，同时可以扩展父类，即增加父类之外的新功能。

以自行车的折叠自行车为例：

自行车的特征（属性）？

（1）两个轮子；

（2）两个脚蹬；

（3）一个车座。

自行车的动作（方法）？

（1）骑行；

（2）刹车。

折叠自行车的特征（属性）？继承自行车：

（1）两个轮子；

（2）两个脚蹬；

（3）一个车座。

自行车的动作（方法）？继承自行车：

（1）骑行；

（2）刹车；

（3）折叠。

继承是面向对象最重要的特点之一，可以实现对类的复用。通过"继承"一个现有的类，可以使用已经定义的类中的方法和属性，继承而产生的类叫作子类，被继承的类叫作父类，也被称为超类。PHP 是单继承的，一个类只可以继承一个父类，但一个父类却可以被多个子类所继承。从子类的角度看，它继承自父类；而从父类的角度看，它派生出子类。它们指的都是同一个动作，只是角度不同而已。子类不能继承父类的私有属性和私有方法。在 PHP 5 中类的方法可以被继承，类的构造函数也能被继承。在 8-9.php 中的 student 类继承自 Citizen 类，当实例化 Citizen 类的子类 Student 类时，父类的方法 setId() 和 getId() 被继承。可以直接调用父类的方法设置其属性$id，取得其属性$id 值。

8-9.php

```php
<?php
    class Citizen
    {
        private $id;
        public function setId($id)
        {
            $this->id=$id;

        }
        public function getId()
        {
```

```
            return $this->id;
        }

    }
    class Student extends Citizen
    {
        private $school;
        public function setSchool($school)
        {
            $this->school=$school;

        }
        public function getSchool()
        {
            return $this->school;
        }
    }
    $s=new Student();
    $s->setId("001");
    $s->setSchool("hbsi");
    echo "学生的身份证号: ".$s->getId()."学生的学校: ".$s->getSchool().
    "<br/>";

?>
```

运行结果如图 8-9 所示。

图 8-9   8-9.php 运行效果

6．修饰符的使用

在 PHP 5 中，可以在类的属性和方法前面加上一个修饰符，来对类进行一些访问上的控制，表 8-1 显示了各修饰符的访问权限.

表 8-1   修饰符

修　饰　符	同一个类中	子　类　中	全　　局
private	Y	N	N
protected	Y	Y	N
public	Y	Y	Y

private：不能直接被外部调用，只能在当前类的内部来调用。

protected：修饰的属性和方法只能被当前类内部或子类调用，外界无法调用。

public：修饰的属性和方法，可以被无限制地调用。

7. 重写

如果从父类继承的方法不能满足子类的需求，可以对其进行改写，这个过程叫方法的重写。当对父类的方法进行重写时，子类中的方法必须和父类中对应的方法具有相同的方法名称，在 PHP 5 中不限制输入参数类型、参数数量和返回值类型。子类中的覆盖方法不能使用比父类中被覆盖方法更严格的访问权限。声明方法时，如果不定义访问权限，默认权限为 public。8-10.php 中，子类 Student 继承了父类 Citizen，并对父类中的 getId()方法进行了覆盖。

8-10.php

```php
<?php
    class Citizen
    {
        private $id;
        public function setId($id)
        {
            $this->id=$id;

        }
        public function getId()
        {
            return $this->id;
        }


    }
    class Student extends Citizen
    {
        private $school;
        public function setSchool($school)
        {
            $this->school=$school;

        }
        public function getSchool()
        {
            return $this->school;

        }
        public function getId()
        {
            return "覆盖父类方法 getId";
        }
    }
    $s=new Student();
    $s->setId("001");
    $s->setSchool("hbsi");
    echo "学生的身份证号："。$s->getId()."学生的学校："。$s->getSchool().
    "<br/>";

    ?>
```

运行效果如图 8-10 所示。

学生的身份证号：覆盖父类方法getId学生的学校：hbsi

图 8-10　8-10.php 运行效果

8．parent::关键字

PHP 5 中使用 parent:: 来引用父类的方法，同时也可用于调用父类中定义的成员方法。在 8-11.php 中，子类 Student 继承了父类 Citizen，并对父类中的 getId() 方法进行了覆盖，并在自身所定义的 getId() 方法中通过 parent::getId() 调用了父类的 getId() 方法。

8-11.php

```php
<?php
    class Citizen
    {
        private $id;
        public function setId($id)
        {
            $this->id=$id;


        }
        public function getId()
        {

            return $this->id;
        }

    }
    class Student extends Citizen
    {
        private $school;
        public function setSchool($school)
        {
            $this->school=$school;

        }
        public function getSchool()
        {
            return $this->school;

        }
        public function getId()
```

```
        {
            return parent::getId();
        }
    }
    $s=new Student();
    $s->setId("001");
    $s->setSchool("hbsi");
    echo"学生的身份证号:".$s->getId()."学生的学校:".$s->getSchool()."<br/>";

    ?>
```

运行效果如图 8-11 所示。

图 8-11　8-11.php 运行效果

9. 重载

当类中的方法名相同时，称为方法的重载，重载是 Java 等面向对象语言中重要的一部分。但在 PHP 5 中不支持重载，不支持有多个相同名称的方法，因为调用时给定的实参比声明时形参数量少会报错，而当参数太多的时候，PHP 5 会忽略掉后面的多余参数，程序正常运行。

10. 静态属性和方法

在上面的内容中把类当作生成对象的模板，把对象作为活动组件，面向对象编程中的操作都是通过类的实例（对象，而不是类本身）完成的。事实并非如此简单，我们不仅可以通过对象来访问方法和属性，还可以通过类本身来访问，这样的方法和属性是“静态的”（static）。

在 PHP 5 中，static 关键字用来声明静态属性和方法。static 关键字声明一个属性或方法是和类相关的，而不是和类的某个特定的实例相关，因此，这类属性或方法也称为“类属性”或“类方法”。如果访问控制权限允许，可不必创建该类对象而直接使用类名加两个冒号“::”调用，即不需经过实例化就可以访问类中的静态属性与方法。

静态属性与方法只能访问静态的属性和方法，不能访问类中非静态的属性和方法。因为静态属性和方法被创建时，可能还没有任何这个类的实例可以被调用。static 的属性，在内存中只有一份，为所有的实例共用，一个类的所有实例，共用类中的静态属性，也就是说，在内存中即使有多个实例，静态的属性也只有一份。在类内不能用 this 来引用静态变量或方法，而需要用 self。在 8-12.php 中，在类 Student 的构造方法中，通过 self::$count 访问类 Student 的静态变量$count。

8-12.php

```php
<?php
    class Student
    {
        private static $count=0;
        public function __construct()
        {
            self::$count++;
            echo self::$count."<br/>";
        }
    }
    $sOne=new Student();
    $sTwo=new Student();
    $sThree=new Student();
?>
```

运行效果如图 8-12 所示。

图 8-12　8-12.php 运行效果

在类外部可以使用：类::静态方法，类::静态变量。在 8-13.php 中，在 Student 类外通过 Student::say()访问 Student 的静态变量$count。

8-13.php

```php
<?php
    class Student
    {
        public static $count=1;
        public static function say()
        {
            echo "hello static<br/>";
        }
    }
```

```
        echo Student::$count."<br/>";
        Student::say();
    ?>
```

运行效果如图 8-13 所示。

图 8-13　8-13.php 运行效果

11．final类和方法

继承为类层次内部带来了巨大的灵活性。通过覆写类或方法，调用同样的类方法可以得到完全不同的结果，但有时候，也可能需要类或方法保持不变的功能，这时就需要使用 final 关键字了。

（1）final 类不能被继承，final 关键字可以终止类的继承，final 类不能有子类，final 方法不能被覆写。

（2）final 方法不能被重写。

12．常量属性

有些属性不能改变，比如错误和状态标志，经常需要被硬编码进类中。虽然它们是公共的、可静态访问的，但客户端代码不能改变它们。

在 PHP 5 中可以使用 const 关键字定义常量属性，和全局常量一样，定义的这个常量不能被改变。const 定义的常量与定义变量的方法不同，不需要加 $ 修饰符，如 const　PI = 3.14。使用 const 定义的常量名称一般都大写。

类中的常量使用起来类似静态变量，不同的是常量的值不能被改变。调用常量使用类名::常量名。

8-14.php

```
<?php
    class Circle
    {
        const PI=3.14;
        public static function area($r)
        {
                return $r*$r*self::PI;
```

```
        }
    }
    echo "PI:".Circle::PI."<br/>";
    echo "半径为 5 的圆的面积: ".Circle::area(5)."<br/>";
?>
```

运行效果如图 8-14 所示。

图 8-14   8-14.php 运行效果

13．abstract类和方法

使用 abstract 关键字来修饰一个类或者方法，称为抽象类或者抽象方法。引入抽象类
（abstract class）是 PHP 5 的一个主要变化。这个新特性正是 PHP 朝面向对象设计发展的另
一个标志。抽象类不能被直接实例化。抽象类中只定义了子类需要的方法，方法只有方法
声明，没有方法体。子类可以继承它并且通过实现其中的抽象方法，使抽象类具体化。用
abstract 修饰的类表示这个类是一个抽象类，抽象类至少包含一个抽象方法，这个类不能被
直接实例化。抽象类可以被子类继承，继承抽象类的子类可以被实例化，下面通过一个实
例来了解 abstract 类和方法。

8-15.php

```php
<?php
    abstract class Citizen
    {

        abstract public function say();

    }
    class Student extends Citizen
    {
        public function say()
        {
            echo "hello";
        }
    }
    $s=new Student();
    $s->say();
?>
```

运行效果如图 8-15 所示。

图 8-15　8-15.php 运行效果

14．接口

父类可以派生出多个子类，但一个子类只能继承一个父类，PHP 不支持多重继承，接口有效地解决了这一问题。接口是一种类似于类的结构，可用于声明实现类所必须声明的方法，它只包含方法原型，不包含方法体。这些方法原型必须被声明为 public，不可以为 private 或 protected。

声明接口需要使用 interface 关键字：

```
interface Ihuman{}
```

与继承使用 extends 关键字不同的是，实现接口使用的是 implements 关键字。

```
class man implements Ihuman{}
```

实现接口的类必须实现接口中声明的所有方法，除非这个类被声明为抽象类。

8-16.php

```php
<?php
    interface Citizen
    {

        public function say();

    }
    class Student implements Citizen
    {
        public function say()
        {
            echo "hello";
        }
    }
    $s=new Student();
    $s->say();
?>
```

运行效果如图 8-16 所示。

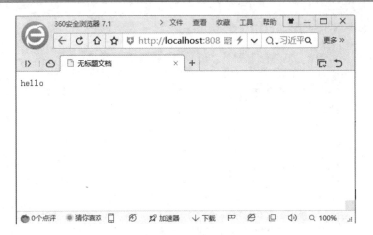

图 8-16　8-16.php 运行效果

8.1.3　PHP 5 中的魔术方法

PHP 5 中以两个下划（__）线开头的方法都是 PHP 中保留的魔术方法。魔术方法是系统预定义的方法，但是使用前需要在类内声明，它们的功能、方法名、使用的参数列表和返回值都是预定义好的。如果需要使用这些方法，魔术方法的方法体内容需要编程者按需求编写。魔术方法使用时无须用户显式调用，而是在相应情况下自动被调用。但是需记住，魔法并不总是一件好事情，有时会出意外，有时会改变规则，因此会付出隐性的代价。接下来介绍几个常用的魔术方法。

1. __set方法与__get方法

通常为了安全性，总是把类中属性的访问修饰符定义为 private，因为这样更符合现实的逻辑。但有关属性读取与赋值的操作是比较频繁的，因此在 PHP 5 中定义了有关私有属性读取与赋值操作的魔术方法。

__set($property,$value)是程序试图给一个不能被访问的属性赋值时会调用的方法。通常在以下情况该方法被调用：① 当在程序中给一个未定义的属性赋值时，__set 函数会被调用，传递的参数分别是被赋值的属性名与属性值；② 当试图给一个没有访问权限的属性赋值时，也会调用__set 方法，传递的参数分别是被赋值的属性名与属性值。

__get($property)是程序试图访问一个不能访问的属性时会调用的方法。该方法有一个参数，通过该参数获取属性名，方法会返回属性值。

8-17.php

```php
<?php
class Person  {
private $name;        //第一个成员属性$name用于保存人的名字，此属性的访问属性为私有
private $sex;         //第二个成员属性$sex用于保存人的性别，此属性的访问属性为私有
private $age;         //第三个成员属性$age用于保存人的年龄，此属性的访问属性为私有
    //声明魔术方法__set，该方法有两个参数变量
function __set($propertyName, $propertyValue) {  //PHP 5 中没有指定类成员的
```

访问修饰符，默认值为 public 的访问权限

```php
if($propertyName=="sex"){
    if(!($propertyValue == "男" || $propertyValue == "女"))
    return;
}

if($propertyName=="age"){
    if($propertyValue > 150 || $propertyValue <0)
    return;
}
$this->$propertyName = $propertyValue;
}
        //声明魔术方法__get
        function __get($propertyName)  {
            if($propertyName=="sex") {
                return "保密";
            } else  if($propertyName=="age") {
                if($this->age > 30)
                    return $this->age-10;
                else
                    return $this->$propertyName;
            } else {
                return $this->$propertyName;
            }
        }

    }

    $per=new Person();
    $per->age=35;
    $per->sex="女";
    $per->name="marry";
    echo "my name:".$per->name;
    echo "my age:".$per->age;
    echo "my sex:".$per->sex;
?>
```

运行效果如图 8-17.php 所示。

图 8-17　8-17.php 运行效果

2. __call方法

__call($method,$arg_array)是当程序试图调用一个未定义的方法时被自动调用的。此魔术方法的应用示例如 8-18.php 所示。

8-18.php

```php
<?php
    class Test {
            function __call($function_name, $args) {
            print "你所调用的函数：$function_name(参数：";
            print_r($args);
            print ")不存在! <br>\n";
        }
    }
            $test = new Test();
        //调用对象里不存在的方法
    $test -> hello("one", "two", "three");
    //程序不会退出可以执行到这里
    echo "这是__call方法调用的示例<br>";
?>
```

运行效果如图 8-18 所示。

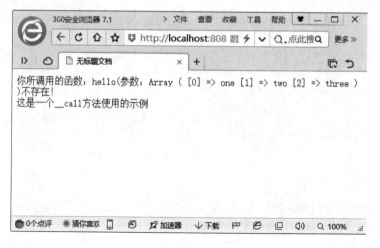

图 8-18   8-18.php 运行效果

3. __toString方法

在 PHP 5.2 之前打印一个对象，PHP 就会把对象解析成一个字符串来输出。但 PHP 5.2 之后这样做会提示错误，因此可以通过使用__toString()方法控制字符串的输出格式。

当程序将一个对象转化成字符串时会自动调用__toString 方法，返回一个字符串值。比如使用 print 或 echo 打印对象时。

8-19.php

```php
<?php
class TestToString {
    public $foo;
```

```
    public function __construct($foo) {
        $this -> foo = $foo;
    }
    public function __toString() {
        return $this -> foo;
    }
}
$class = new TestToString('测试__toString方法');
echo $class;
?>
```

运行效果如图 8-19 所示。

图 8-19　8-19.php 运行效果

8.2　文件处理

在任何计算机设备中，文件都是必需的对象。在 Web 编程中，文件的操作也一直是让 Web 程序员头疼的，而文件的操作在一些特定的 Web 系统中也是必需的。PHP 提供了丰富的文件和目录读写功能以及文件上传功能，可以快速便捷地满足应用的需要。

8.2.1　文件的打开与关闭

有关文件的操作，最基本的就是读写文件。下面就分别介绍对文件的打开与关闭操作。

1．文件的打开

PHP 提供 fopen()函数用来打开本地或远程文件，打开文件的方式有只读方式、写入方式和读写方式等。函数语法：

```
resource fopen (string filename, string mode [, bool use_include_path [,
resource zcontext]])
```

（1）参数$filename 就是要打开的文件的文件名。

（2）参数$mode 为打开模式，可选参数有 r、r+、w、w+、a、a+、x、x+等 8 个，分别代表只读、写入等不同的打开方式。具体打开模式参见表 8-2。

表 8-2　文件打开模式参数

打开模式	描　　　述
r	以只读方式打开，将文件指针指向文件头
r+	以读写方式打开，将文件指针指向文件头
w	以写入方式打开，将文件指针指向文件头并将文件大小截为零，如果文件不存在则尝试创建它
w+	以读写入方式打开，将文件指针指向文件头并将文件大小截为零，如果文件不存在则尝试创建它
x	创建并以写入方式打开，将文件指针指向文件头。如果文件已存在，则 fopen()调用失败并返回 FALSE，并生成一条 E_WARNING 级别的错误信息。如果文件不存在则尝试创建它
x+	创建并以写入方式打开，将文件指针指向文件头。如果文件已存在，则 fopen()调用失败并返回 false，并生成一条 E_WARNING 级别的错误信息。如果文件不存在则尝试创建它

（3）参数 use_ include_ path，可选。如果也需要在 use_include_ path 中检索文件，可以将该参数设为 1 或 true。

（4）参数 zcontext，可选。规定文件句柄的环境。zcontext 是可以修改流的行为的一套选项。

以下语句通过 fopen()函数以只读方式打开文件 test.txt。

```
$file = fopen("test.txt","r");
```

2．文件的关闭

打开一个文件，完成读写操作后，需记得及时关闭这个文件。PHP 提供关闭文件功能的函数是 fclose()。函数语法：

```
bool fclose(resource $handle)
```

（1）参数 file 是一个文件指针。fclose() 函数关闭该指针指向的文件。

（2）如果函数执行成功则返回 true，否则返回 false。文件指针必须有效，并且是通过 fopen()或 fsockopen() 成功打开的。

8.2.2　文件的访问

1．读取文件

最常用的读取文件内容函数是 fread()，函数语法为：

```
fread(file,length)
```

（1）参数 file 必需。规定要读取打开的文件。

（2）参数 length 必需。规定要读取的最大字节数。

（3）返回所读取的字符串，如果出错返回 false。

8-20.php 完成以只读方式打开文件 test.txt，并输出该文件内容，最后关闭该文件。

8-20.php

```php
<?php
        $file = fopen("test.txt","r");
        echo fread($file,filesize("test.txt"));
        fclose($file);
?>
```

运行效果如图 8-20 所示。

图 8-20　8-20.php 运行效果

2．写入文件

最常用的写入文件的函数是 fwrite ()，函数语法：

```
fwrite(file,string,length)
```

（1）参数 file 必需。规定要写入的打开文件。

（2）参数 string 必需。规定要写入文件的字符串。

（3）参数 length 可选。规定要写入的最大字节数。

（4）fwrite()把 string 的内容写入文件指针 file 处。如果指定了 length，当写入了 length 个字节或者写完了 string 以后，写入就会停止，看先碰到哪种情况。

（5）fwrite()返回写入的字符数，出现错误时则返回 false。

下面的例子完成以写入方式打开文件 test.txt，并将"Hello World. Testing!"写入该文件，输出写入文件字符数，最后关闭该文件。

8-21.php

```php
<?php

        $file = fopen("test.txt","w");
        echo fwrite($file,"Hello World. Testing!");
        fclose($file);

?>
```

运行效果如图 8-21 所示。

图 8-21   8-21.php 运行效果

8.2.3   目录的处理

目录操作在程序开发中也是必需的，PHP 提供了目录操作的相关函数。以下介绍目录相关操作的函数。

1. 判断指定目录是否存在

PHP 通过 is_dir()函数判断指定目录是否存在。函数用法如下。

（1）参数 file 必需。规定要检查的文件。

（2）如果文件名存在并且为目录，则返回 true。如果 file 是一个相对路径，则按照当前工作目录检查其相对路径。

示例 8-22.php 完成判断 book 是否是一个目录，如果是一个目录则输出"book is a directory"，否则输出"dir is not a directory"。

8-22.php

```php
<?php
    $dir = "book";
    if(is_dir($dir))
    {
        echo "$dir is a directory";
    }
    else
    {
        echo "$dir is not a directory";
    }
?>
```

运行效果如图 8-22 所示。

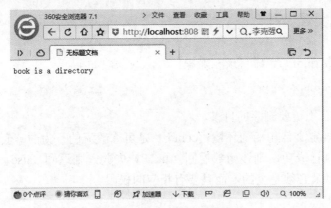

图 8-22　8-22.php 运行效果

2. 创建目录

在程序编写时有时需要创建目录，PHP 提供了 mkdir()函数，函数用法如下。

```
mkdir(path,mode,recursive,context)
```

（1）path 必需。规定要创建的目录的名称。

（2）mode 必需。规定权限。默认是 0777。

（3）recursive 必需。规定是否设置递归模式。

（4）context 必需。规定文件句柄的环境。context 是可修改流的行为的一套选项。

（5）mkdir()尝试新建一个由 path 指定的目录。默认的 mode 是 0777，意味着最大可能的访问权。

8-23.php 完成创建目录 testing。

8-23.php

```php
<?php
    echo "mkdir('testing')运行返回:";
    var_dump(mkdir("testing"));
?>
```

运行效果如图 8-23 所示。

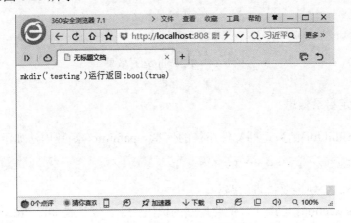

图 8-23　8-23.php 运行效果

3．删除目录

PHP 提供函数 rmdir()完成目录删除操作，函数语法如下。

```
rmdir(dir,context)
```

（1）dir 必需。规定要删除的目录。

（2）context 规定文件句柄的环境。context 是可修改流的行为的一套选项。

（3）函数若执行成功，则该函数返回 true。若失败，则返回 false。尝试删除 dir 所指定的目录。该目录必须是空的，而且要有相应的权限。

8-24.php

```php
<?php
    $path = "testing";
    if(!rmdir($path))
    {
        echo ("Could not remove $path");
    }
    else
    {
        echo (" remove $path");
    }
```

运行效果如图 8-24 所示。

图 8-24　8-24.php 运行效果

4．显示指定目录信息

PHP 使用 pathinfo()函数返回文件路径的信息。pathinfo()函数用法如下。

```
pathinfo(path,Process_sections)
```

（1）path 必需。规定要检查的路径。

（2）Process_sections 可选。规定要返回的数组元素。默认是 all。process_sections 可取下列值。

① PATHINFO_DIRNAME：只返回 dirname。

② PATHINFO_BASENAME：只返回 basename。

③ PATHINFO_EXTENSION：只返回 extension。

（3）pathinfo() 函数以数组的形式返回文件路径的信息。

8-25.php 可以返回文件 test.txt 所在目录的信息。

8-25.php

```php
<?php
        print_r(pathinfo("test.txt"));
    ?>
```

运行效果如图 8-25 所示。

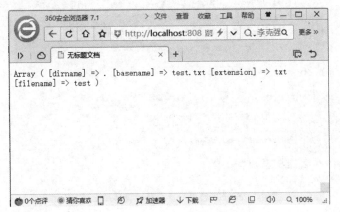

图 8-25　8-25.php 运行效果

8.2.4　文件上传与下载

在编写程序时，有时还需完成文件的上传及下载功能。下面来学习如何实现文件的上传与下载。

1．文件上传

要想上传本地文件到服务器，必须使用表单的 POST 方法，GET 方法是不能实现此功能的，同时，表单的 enctype 属性必须设置为 "multipart/form-data"。下面来看一个文件上传的例子。

8-26.php

```html
<html>
<body>

<form action="upload_file.php" method="post" enctype="multipart/ form-
data">
    <label for="file">Filename:</label>
    <input type="file" name="file" id="file" />
    <br />
    <input type="submit" name="submit" value="Submit" />
```

```
  </form>

  </body>
  </html>
```

upload_file.php 代码如下。

```php
<?php
    if ($_FILES["file"]["error"] > 0)
    {
        echo "Error: " . $_FILES["file"]["error"] . "<br />";
    }
    else
    {
        echo "Upload: " . $_FILES["file"]["name"] . "<br />";
        echo "Type: " . $_FILES["file"]["type"] . "<br />";
        echo "Size:".($_FILES["file"]["size"] / 1024)." Kb<br />";
        echo "Stored in: " . $_FILES["file"]["tmp_name"];
    }
```

运行效果如图 8-26～图 8-28 所示。

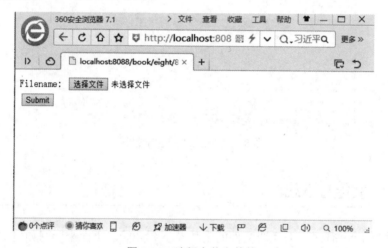

图 8-26　选择上传文件前

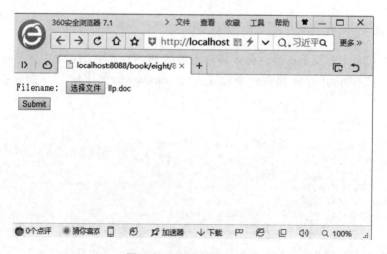

图 8-27　选择上传文件后

图 8-28　上传文件后的信息

2．文件下载

文件下载有两种方法，第一种非常简单，通过超链接实现，比如：

```
<a href="a.rar">下载 a.rar</a>
```

该方法只能下载浏览器不能解析的文件，比如 rar 或脚本文件之类。如果文件是图片或者 txt 文档，就会直接在浏览器中打开。

第二种方式是代码。

8.27.php

```
<html>
<body>

<form action="download.php" method="post" enctype="multipart/form-data">

    <input type="submit" name="submit" value="dowmload" />
</form>
```

download.php 代码如下：

```
</body>
</html>

    <?php
        $file=fopen('test.txt',"r");
        header("Content-Type: application/octet-stream");
        header("Accept-Ranges: bytes");
        header("Accept-Length: ".filesize('test.txt'));
        header("Content-Disposition: attachment; filename='test.txt'");
        echo fread($file,filesize('test.txt'));
        fclose($file);
?>
```

运行结果如图 8-29 所示。

图 8-29　下载文件

单击 download 按钮后弹出下载文件窗口，选择保存下载文件目录后，单击"下载"按钮，如图 8-30 所示。

图 8-30　下载文件

习题

1. 创建一个商品类，属性为商品名称与商品价格，修饰符为 public，实例化该类，并输出名称与价格。运行成功后，继续实现下列操作。

（1）更改类的属性值，并输出。

（2）将商品名称与价格改为 private 属性，通过构造方法传入参数赋值，最后输出商品价格与名称。

2. 创建一个 human 类，含有私有属性 height，公共方法 getHeight() 和 setHeight()，man 类继承自 human 类并尝试调用父类 height 属性的值。运行成功后，分别实现下列操作。

（1）human 类中定义了构造方法，man 类继承父类构造方法。

（2）man 类中定义自己的构造方法。

（3）由于 human 类的 getWeight()方法不能满足要求，man 类需要重写 getWeight()方法。

（4）使用 parent 调用父类方法。

3．定义一个 Math 类，内部包括静态变量$pi，静态方法 getArea($r)，$r 为半径参数，返回圆的面积。

4．定义两个接口 Ihuman、Ibase。Ihuman 中声明两个方法 getHeight()和 getWeight()，Ibase 接口中声明一个方法 getArea()，man 类继承，具体实现上面两个接口中声明的方法。

第 9 章　会话管理与 XML 技术

HTTP 是一个无状态的协议，此协议无法维护两个事务之间的联系。当一个用户请求一个页面后再请求另外一个页面时，HTTP 无法告诉我们这两个请求是来自同一个人。为了使得网站可以跟踪客户端与服务器之间的交互，保存和记忆每个用户的身份和信息，这样就产生了会话管理。会话管理的思想就是能够在网站中跟踪一个变量，可以跟踪变量，就可以获得对用户的支持，并根据授权和用户身份显示不同内容和不同页面。本章就来学习会话管理与 XML 技术。

9.1　Cookie

Cookie 是在 HTTP 下，服务器或脚本可以维护客户端信息的一种方式。Cookie 是 Web 服务器保存在用户浏览器上的"小甜饼"（一个很小的文本文件），通过它可以包含有关用户的信息，常用于保存用户名、密码，个性化设置，个人偏好记录等。

9.1.1　Cookie 的优缺点

当用户访问服务器时，服务器可以设置和访问 Cookie 的信息。Cookie 保存在客户端，通常是 IE 或 Firefox 浏览器的 Cookie 临时文件夹中，可以手动删除。注意：如果浏览器上 Cookie 太多，超过了系统所允许的范围，浏览器也会自动对它进行删除。Cookie 的优缺点如下所示。

1. 优点

（1）Cookie 默认的生命周期起始于浏览器开始运行时，结束于浏览器终止运行时，此时的 Cookie 是存放在客户端的内存，但也可以设置 Cookie 的生命周期（通常以秒为单位），将它写入客户端的磁盘，这样就不必担心 Cookie 自动消失而遗漏某些信息。

（2）Cookie 存放在客户端的内存或磁盘，不会占用 Web 服务器资源。

（3）Cookie 可以记录浏览用户的个人信息，如此一来，网站的制作者就可以根据 Cookie 的信息来了解浏览者。

2. 缺点

（1）如果遇到不支持 Cookie 的浏览器，或浏览用户禁止 Web 服务器在客户端写入 Cookie，那么 Cookie 就不能发挥它的作用了。

（2）Cookie 存放在客户端，可能会被浏览用户删除或拒绝写入。

（3）Cookie 可能会形成安全上的威胁，导致个人信息被窃取。

·9.1.2　Cookie 的使用

当客户访问某个基于 PHP 技术的网站时，在 PHP 中可以使用 setcookie()函数生成一个 Cookie，系统经处理把这个 Cookie 发送到客户端并保存在 C:\Documents and Settings\用户名\Cookies 目录下。Cookie 是 HTTP 标头的一部分，因此 setcookie()函数必须在 HTML 本身的任何内容送到浏览器之前调用。这种限制与 header()函数一样。当客户再次访问该网站时，浏览器会自动把 C:\Documents and Settings\用户名\Cookies 目录下与该站点对应的 Cookie 发送到服务器，服务器则把从客户端传来的 Cookie 自动地转化成一个 PHP 变量。在 PHP 5 中，客户端发来的 Cookie 将被转换成全局变量。可以通过$_COOKIE['xxx']读取。接下来分别介绍 Cookie 的相关操作。

1.创建Cookie

创建 Cookie 通过 setcookie() 函数。setcookie() 函数向客户端发送一个 HTTP Cookie。Cookie 是由服务器发送到浏览器的变量。Cookie 通常是服务器嵌入到用户计算机中的小文本文件。每当计算机通过浏览器请求一个页面，就会发送这个 Cookie。setcookie()函数定义如下。

```
setcookie(name,value,expire,path,domain,secure)
```

（1）name 参数必需。规定 Cookie 的名称。

（2）value 参数必需。规定 Cookie 的值。

（3）expire 参数可选。规定 Cookie 的有效期。

（4）path 参数可选。规定 Cookie 的服务器路径。

（5）domain 参数可选。规定 Cookie 的域名。

（6）secure 参数可选。规定是否通过安全的 HTTPS 连接来传输 Cookie。

注意：有有效期的 Cookie 保存在客户端硬盘上，没有有效期只保存在客户端的内存。

例 9-1　设置 Cookie 有效期。

```
<?php

    $value = 'something from somewhere';

    setcookie("TestCookiexyq", $value);
    setcookie("TestCookie", $value, time()+3600);  /* expire in 1 hour
    C:\Users\xyq\AppData\Roaming\Microsoft\Windows\Cookies\Low*/
    setcookie("TestCookietwo", "hello ", time()+3600, "/");
    setcookie("TestCookiethree", $value, time()+3600, "/", "www.
    example.com", 1);//在 IE 中域名值设置错误，引起 Cookie 设置无效
?>
```

运行效果如图 9-1 所示。

图 9-1　设置 Cookie

2．访问Cookie

可以通过$_COOKIE 变量访问 Cookie，这是 PHP 内置的全局数组，以下代码首先创建一个 Cookie，然后访问 Cookie。

例 9-2　设置并显示 Cookie 的内容。

```php
<?php
    setcookie("mycookieone","xyq");
    echo $_COOKIE["mycookieone"];
?>
```

运行效果如图 9-2 所示。

图 9-2　访问 Cookie 数据

注意：需刷新看到结果，因为服务器端每次访问的 Cookie 是每次请求头中发送给服务器端的。

3. 删除Cookie

当用户频繁访问网站时，如果每次访问都添加 Cookie，那么会使用户端产生不必要的临时文件，而且 Cookie 中存放这个人信息，用户的个人隐私受到威胁。这就要求在没有必要的情况下将过期的 Cookie 删除。删除 Cookie 的函数为 setcookie。使用 setcookie()函数删除 Cookie，有以下两种方式

（1）调用只带有 name 参数及 value 参数值为空字符串的 setcookie()。

例 9-3　删除 Cookie。

```php
<?php

    setcookie("delcookie","hello");
    echo $_COOKIE["delcookie"];
    setcookie("delcookie","");
    echo $_COOKIE["delcookie"];

?>
```

运行效果如图 9-3 所示。

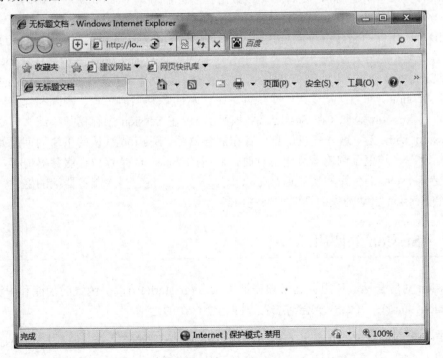

图 9-3　删除 Cookie

（2）使失效时间为 time()或 time-1，如例 9-4 所示。

例 9-4   设置 Cookie 失效时间。

```php
<?php
        setcookie("delcookie","hello",time()+3600);

        setcookie("delcookie","",time()-3600);//刚创建的 Cookie 没有对应的外
                                                                        部文件

    ?>
```

9.2   Session

当 Web 服务器收到客户端请求时，它会找出相关的 HTML 文件或程序，然后加以运行，将结果转换成 HTML 文件，再传送给客户端并中断联机。由于 Web 服务器在处理完客户端的请求便会中断联机，所以 Web 服务器并没有记录客户端的任何信息，倘若要记录客户端的信息，必须使用一些特殊的技巧，如 Cookie 和 Session。

9.2.1   什么是 Session

Session 与 Cookie 不同，是将用户参数留在服务器端。Session 从用户访问页面开始，到断开与网站连接为止，形成一个会话的生命周期。在会话期间，分配客户唯一的一个 SessionID，用来标识当前用户，与其他用户进行区分。Session 会话时，SessionID 会分别保存在客户端和服务器端两个位置，对于客户端使用临时的 Cookie 保存（Cookie 名称为 PHPSESSID）或者通过 URL 字符串传递，服务器端也以文本文件形式保存在指定的 Session 目录中。Session 通过 ID 接受每一个访问请求，从而识别当前用户、跟踪和保持用户具体资料，以及 Session 变量（在 Session 活动期间，可在 Session 中存储数字或文字资料），比如 session_name 等，这些变量信息保存在服务器端。Session 默认的生命周期起始于浏览器开始运行时，结束于浏览器终止运行时，此时的 Session 是存放在服务器内存，但可以自行设置 Session 的生命周期（通常是以秒为单位），将它写入服务器端的磁盘，这样就不必担心 Session 自动消失而遗漏了某些信息。

9.2.2   Session 的使用

Session 对应会话，使用会话必须先调用 session_start()函数，函数的功能和用法如下。
session_start()：开始一个会话或者返回已经存在的会话。

注意：这个函数没有参数，且返回值均为 true。如果使用基于 Cookie 的 Session，那么在使用 session_start()之前浏览器不能有任何输出，否则会发生以下错误。

例 9-5   通过 Session 进行网站流量的统计。

```php
<?php
```

```
        session_start();
        if (!isset($_SESSION['Count']))
        {
            $_SESSION['Count']=1;
        }
        else
            $_SESSION['Count']++;
        echo "这是您在同一个浏览器 {$_SESSION['Count']}次加载本网页";
    ?>
```

运行效果如图 9-4 所示。

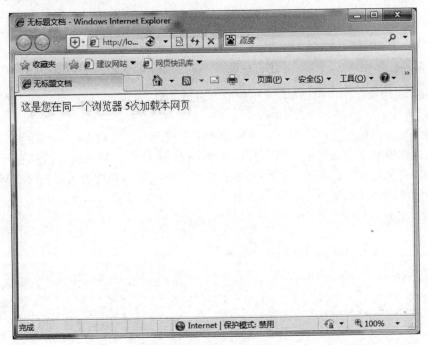

图 9-4　利用 Session 统计网站访问流量

9.3　PHP 与 XML 技术

XML 中文为可扩展标记语言，是由万维网联盟在 1998 年 2 月推出的。它是由 SGML（Standard Generalized Markup Language，标准通用标记语言）发展而来的，并对其语法进行了修改，使之更加简洁、规范。

9.3.1　XML 语法

XML 语言功能十分强大，继承了 SGML 的特点，打破了 HTML 的局限性，拥有以下特点。

（1）简单性、平台无关性、广泛性，可用于 Internet 上的各种应用。

（2）兼容 SGML，多数 SGML 应用都可转化为 XML。

（3）易于创建，只需要新建文档重命名为 XML 文档即可。

（4）结构简单，可以更加灵活地进行编程。

（5）结构严谨，易于解析。

（6）将用户界面与结构化数据分开，可以集成来自不同源的数据。

9.3.2　XML 文档结构

XML 文档由一个声明语句开始，该语句用于指定该文档所遵循的 XML 规范，使用编码集等信息。声明语句如下。

```
<?xml version="1.0" encoding="GBK"?>
```

version 说明该文档使用 XML 1.0 规范，通过参数 encoding 指定文档使用的编码集为 GBK。

声明之后需要加入文档的根元素，根元素用于描述文档的功能，它的标签名支持自定义，并可以在根元素中加入该文档，并且可以在根元素中加入对该文档信息的一些配置。

根元素定义完毕后，就可以在其中加入 XML 内容了，这些内容可以定义 XML 文档中的功能和属性，格式如下。

```
<标签> 内容<标签>
```

标签支持自定义，也支持嵌套。

```
<?xml version="1.0" encoding="GBK"?>
<song>
    <name>superstar</name>
    <desc>
        <singer>S.H.E</singer>
    </desc>
</song>
```

上例中，通过声明语句定义了 XML 版本为 1.0 版，文档的编码为 GBK，使用 song 定义根路径，标签 name 的内容为 superstar，在 desc 标签中嵌套了标签 singer，singer 标签的内容为 S.H.E。

9.3.3　使用 PHP 创建 XML 文档

使用 PHP 语言创建输出 XML 文档时，需要使用数组存放 XML 标签名与内容，二者分别作为数组元素的键名与键值，通过 PHP 创建 XML 文档，代码如下。

```php
<?php
error_reporting(7);      //设置错误提示级别
$array=array(array('song'=>'superstar'),array('desc'=>array('singer'=>'
S.H.E')));              //设置文档内容
header('Content_Type:application/xml;charset=gbk');   //设置页面解析方式
$xml=records_to_xml($array,"sunyang");              //调用方法，传递文档内容参数
```

```
echo $xml;                                        //将文档内容输出
function records_to_xml($array,$xmlname){         //将记录转换为 XML 文档方法
    $xml.='<?xml version="1.0" encoding="gbk"?>'."\n"; //XML 文档声明语句
    $xml.="<$xmlname>"."\n";                       //XML 文档根元素
    foreach($array as $key=>$value){               //遍历文档内容数组
        if(is_array($value)){                      //如果数组元素的值仍为数组
            foreach($value as $k=>$v){             //再次对其循环遍历
                if(is_array($v)){                  //如果数组元素的值仍为数组
                    foreach($v as $kk=>$vv){       //继续对其循环遍历
                        $xml.="<$k>\n<$kk>$vv</$kk>\n</$k>\n";//设置该元素
                    }
                }else{
                    $xml.="<$k>$v</$k>\n";         //若非数组则直接设置该元素
                }
            }
        }else{
            $xml.="<$key>$value</$key>\n";         //若非数组则直接设置该元素
        }
    }
    $xml.="</$xmlname>"."\n";                       //根元素结束
    return $xml;                                    //返回文档内容
}
?>
```

运行结果如图 9-5 所示。

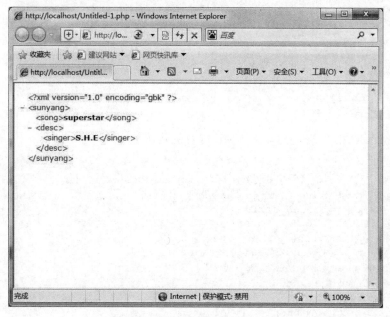

图 9-5　使用 PHP 创建 XML 文档

9.3.4　使用 SimpleXML 创建和解析 XML

9.3.3 节中使用 PHP 生成了 XML 文件，但实现方式相对烦琐。除了上面最原始的方式

操作 XML 文件以外，PHP 还提供了多种处理 XML 的方法。

　　SimpleXML 是 PHP 提供的用于解析 XML 文档的函数库，它可以将 XML 内容转化为一个对象，然后对其进行相应的处理。SimpleXML 通过 simplexml_load_string()函数将 XML 文档中的标签内容转换为对象数组，该对象数组的键名为 XML 文档中的标签名，值为标签体的内容，如果在标签内包含另一个标签则使用多维数组方式来处理。

　　simplexml_load_string()函数的语法如下。

```
object simplexml_load_string(string $data[,string $class_name])
```

　　涉及的参数及说明如下。

　　data：指定 XML 文档的内容。

　　class_name：指定将文档内容转换为指定类型的对象。

　　下面使用 SimpleXML 生成如下内容的 XML 文件。

```
<?xml version="1.0" encoding="utf-8"?>
<country>
    <province>
        <name people="100000" feature="首都">北京</name>
        <city>
            <name>海淀</name>
            <name>朝阳</name>
        </city>
    </province>
    <province>
        <name people="200000" feature="省份">河北省</name>
        <city>
            <name>石家庄</name>
            <name>衡水市</name>
        </city>
    </province>
</country>
```

　　使用 SimpleXML 实现输出以上 XML 内容的代码如下。

```php
<?php
//载入一个 xml 格式的字符串并将其解析为 SimpleXMLElement 对象
//此处 simplexml_load_string 方法实际作用等同于 new SimpleXMLElement
$xml = simplexml_load_string(
"<?xml version=\"1.0\" encoding=\"utf-8\"?><country></country>");
//添加省份节点 province
$province = $xml->addChild('province');
//设置 province 添加子节点 name, 值为"北京"
$name = $province->addChild('name','北京');

//为 name 节点设置属性 people, 值为 100000
$name->addAttribute('people',100000);
//为 name 节点设置属性 feature, 值为"首都"
$name->addAttribute('feature','首都');

//为 province 节添加子节点 city
$city = $province->addChild('city');
//添加的 city 的子节点 name, 值为"海淀"
$city->addChild('name','海淀');
```

```
//添加的 city 的子节点 name，值为"朝阳"
$city->addChild('name','朝阳');

$province = $xml->addChild('province');
$name = $province->addChild('name','河北省');
$name->addAttribute('people',200000);
$name->addAttribute('feature','省份');
$city = $province->addChild('city');
$city->addChild('name','石家庄');
$city->addChild('name','衡水市');
//将 SimpleXMLElement 对象$xml 转换成一个 XML 格式并写入 zh_cn.xml 文件
$xml->asXML('zh_cn.xml');
?>
```

使用 SimpleXML 解析上例生成的 XML 文件代码如下。

```
<?php
//载入一个 zh_cn.xml 文件并解析为 SimpleXMLElement 对象
$xml = simplexml_load_file('zh_cn.xml');
foreach ($xml as $v) {
    //输出地区名称
    echo 'name: '.$v->name,"\n";
    //输出属性(people,feature)
    $attr = $v->name->attributes();
    echo 'people: '.$attr['people'],"\n";
    echo 'feature: '.$attr['feature'],"\n";

    //循环输出小地区
    foreach ($v->city->name as $name) {
        echo "city: ".$name,"\n";
    }
}
```

输出结果如图 9-6 所示。

图 9-6　通过 SimpleXML 解析 XML 文档

如果只想输出某一层级的节点内容，可使用 SimpleXML 提供的 xpath 方法。例如，只取出 city 节点的内容，代码如下。

```php
<?php
$xml = simplexml_load_file('zh_cn.xml');
//此处是关键
$city = $xml->xpath('/country/province/city/name');
//循环输出 city
foreach ($city as $v) {
    echo $v,"\n";
}
?>
```

输出结果如图 9-7 所示。

图 9-7　xpath 方法的使用

　　SimpleXML 的优点是开发简单，缺点是它会将整个 XML 载入内存后再进行处理，所以在解析超多内容的 XML 文档时可能会力不从心。如果是读取小文件，SimpleXML 是很好的选择。在 PHP 中除了使用 SimpleXML 可以解析与生成 XML 文件以外，还可以使用其他方法来操作 XML。

　　XML 解析器也是处理 XML 不错的选择，它不是将整个 XML 文档载入内存后再处理，而是边解析边处理，所以性能上要好于 SimpleXML。目前，网上已有基于 XML 解析器做进一步封装使用起来更方便的 XML 类库。

　　XMLReader 也可以用来处理 XML，它是 PHP 5 之后的扩展，它就像游标一样在文档流中移动。XMLReader 和 XML Parser 类似，都是边读边操作，但使用 XMLReader 可以随意从读取器提取节点，可控性更好。由于 XMLReader 基于 libxml，所以有些函数要参考文档看看是否适用于你的 libxml 版本。

DOMDocument 也是处理 XML 的一个方式，它是一次性将 XML 载入内存，所以内存问题同样需要注意。

PHP 提供了多种 XML 的处理方式，开发人员应根据具体的需求来选择最适合的解析方式。

9.3.5　XML 的应用——RSS

RSS 的全称为 Really Simple Syndication（真正的简单联合），是一种描述和同步网站内容的格式，是当前使用最广泛的 XML 应用之一。RSS 是将用户及其订阅的内容传送给他们的通信协同格式，目前广泛应用于网上新闻类的信息。

RSS 是 Web 2.0 的一种典型应用，它将被动的信息获取变成了主动信息获取，把以网站运营为中心的信息发布变成以用户为中心的信息定制，还可以将网络上的闲散信息聚合起来形成聚合平台。

RSS 实际上是一种 XML，因此它遵循 XML 的相关规范。

RSS 文档的根元素是<rss>，并且包含一个表示其版本的 version 属性，例如，<rss version="2.0">。整个 RSS 文档都必须包含在<rss>标签中，其中包括文档频道元素<channel>及其子元素。其中，频道元素为 RSS 文档的基础元素，它除了可以表示频道内容本身之外，还可以通过项<item>的形式包含表示频道元数据的元素，项是频道的主要元素，它用于设置频道中经常变化的部分。

1．频道

频道使用<channel>标签来定义，它一般包含以下三个主必要元素。

（1）<title>：频道的标题。

（2）<link>：与该频道有关的站点的 URL。

（3）<description>：频道的简介。

以上三个元素提供关于频道本身的信息。

（1）<image>：指定与频道同时显示的图片。

（2）<language>：频道的语言（如 en-us、cn）。

（3）<copyright>：频道的版权信息。

（4）<managingEditor>：负责编辑该频道内容人员的 E-mail。

（5）<webMaster>：负责有关频道技术发布人员的 E-mail。

（6）<pubDate>：频道内容的发布日期。

（7）<lastBuildDate>：频道内容最后修改的日期。

（8）<category>：产生该频道的类别。

（9）<generator>：产生该频道的系统名称。

（10）<docs>：指明该 RSS 文档所使用的文本格式。

（11）<ttl>：以分钟数据指明该频道的存活时间。

（12）<rating>：关于该频道的 PICS 评价。

（13）<textInput>：定义与频道一起显示的输入框。

其中<image>元素是经常需要使用的，它还包括以下几个子元素。

（1）<url>：必需元素，表示该<image>元素所指定图像的 URL。

（2）<title>：必需元素，图像的标题。

（3）<link>：必需元素，站点的 URL。

（4）<width>：表示图像的宽度，最大值为 188，默认值为 88。

（5）<height>：表示图像的高度，最大值为 400，默认值为 31。

（6）<description>：包含文本，图片的 title 属性。

2．项

项是使用<item>标签来定义的，用于指定 RSS 文档中所包含的信息，项有以下三个必需的子元素。

（1）<title>：定义项的标题。

（2）<link>：定义项所代表网页的地址。

（3）<descripiton>：项的简介。

上述三个元素用于提供项本身的信息。

项还可以包括如下几个可选子元素。

（1）<author>：记录项作者的 E-mail 地址。

（2）<category>：定义项所属类别。

（3）<comment>：关于项的注释页 URL。

（4）<encloseure>：与该项有关的媒体文件。

（5）<guid>：为项定义一个唯一标识符。

（6）<pubDate>：该项的发布时间。

（7）<source>：为该项指定一个第三方来源。

下面列出了一个简单的 RSS 文档。

```
<?xml version="1.0" encoding="utf-8" ?>
<rss version="2.0">                            //RSS 文档根元素
<channel>                                      //频道元素
  <title>HBSI</title>                          //频道名
  <link>http://www.HBSI.net</link>             //频道地址
  <description>HBSI 官方动态频道</description>    //频道简介
  <item>                                       //定义项
    <title>HBSI 创业版商城新版本发布</title>       //项名称
    <link>http://www.HBSI.net</link>           //项地址
    <description>HBSI 创业版商城 V1.3 版本发布了</description>//项简介
  </item>
</channel>
</rss>
```

将上述代码放入 rss.php，如下。

```
<?php
header("Content-type: text/html; charset=utf-8");
```

```php
$xml = <<<EOF
<?xml version="1.0" encoding="utf-8" ?>
<rss version="2.0">
<channel>
  <title>HBSI</title>
  <link>http://www.HBSI.net</link>
  <description>HBSI 官方动态</description>
  <item>
    <title>HBSI 创业版商城新版本发布</title>
    <link>http://www.HBSI.net</link>
    <description>HBSI 创业版商城 V1.3 版本发布</description>
  </item>
</channel>
</rss>
EOF;
echo $xml;
?>
```

RSS 订阅文件 URL 路径为 http://127.0.0.1/rss.php。

在 RSS 阅读器中将上述 URL 路径添加到订阅频道中，下面是使用看天下阅读器的订阅效果，如图 9-8 所示。

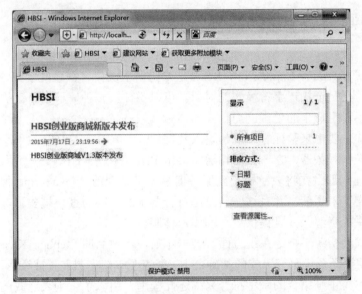

图 9-8　通过 SimpleXML 解析 XML 文档

小结

本章介绍了 PHP 中的会话管理与 XML，包括 Cookie 和 Session 的定义与使用、XML 的特点及文档结构、在 PHP 中处理 XML 的常用方法，最后介绍了 XML 的一种简单应用——RSS，介绍了 RSS 2.0 的用处与标准。

第10章 正则表达式及PHP异常处理机制

正则表达式在字符串处理方面有着强大的功能。许多程序设计语言都支持利用正则表达式进行字符串操作，使用正则表达式可以非常方便地检索和/或替换那些符合某个模式的文本内容。

本章知识点：

- 正则表达式语法
- POSIX 扩展正则表达式函数
- Perl 兼容正则表达式函数
- PHP 错误和异常处理

10.1 正则表达式简介

正则表达式（Regular Expression，Res）是专门用于操作字符串的规则，这些规则由一些符号所组成，是一个描述字符模式的对象。可以说任何一种编程语言都提供这种机制，它主要是提供了对字符串的处理能力。

正则表达式主要用来验证客户端的输入数据。用户填写完表单单击"提交"按钮之后，表单就会被发送到服务器，在服务器端通常会用 PHP、ASP.NET、JSP 等服务器脚本对其进行进一步处理。那么在将表单提交到服务器进一步处理前，JavaScript 程序会检查表单以确认用户确实输入了信息并且这些信息是符合要求的。因为客户端验证，可以节约大量的服务器端的系统资源，并且提供更好的用户体验。

正则表达式最初源于神经系统方面，若干年后，一位名叫 Stephen Kleene 的数学科学家，在基于早期神经系统研究工作的基础之上，发表了一篇题目是《神经网事件的表示法》的论文，利用称为正则集合的数学符号来描述此模型，引入了正则表达式的概念。之后一段时间，人们发现可以将这一工作成果应用于其他方面。UNIX 的主要发明人 Ken Thompson 就把这一成果应用于计算搜索算法的一些早期研究，他将此符号系统引入编辑器 QED，然后是 UNIX 上的编辑器 ed，并最终引入 grep。从此正则表达式逐渐被引入到多种语言中。

一个正则表达式就是由普通字符（例如字符 a～z）以及特殊字符（称为元字符）组成的文字模式。该模式描述在查找文字主体时待匹配的一个或多个字符串。正则表达式作为一个模板，将某个字符模式与所搜索的字符串进行匹配。

正则表达式提供了功能强大、灵活而又高效的方法来处理文本。String 和 JavaScript 的 RegExp 对象都定义了使用正则表达式进行强大的模式匹配和文本检索与替换的函数，包括：匹配、查找、替换、切割等。

10.2　正则表达式基础语法

正则表达式由一些普通字符和一些元字符组成。普通字符包括大小写的字母和数字，而元字符则具有特殊的含义，如"*"、"?"等。PCRE 风格的正则表达式一般都置在定界符"/"中间，如"/^([a-zA-Z0-9_-])+@([a-zA-Z0-9_-])+(\.[a-zA-Z0-9_-])+/"。

10.2.1　元字符

元字符就是指那些在正则表达式中具有特殊意义的专用字符，可以用来规定其前导字符（即位于元字符前面的字符）在目标对象中的出现模式。

要想真正用好正则表达式，正确地理解元字符是最重要的事情。表 10-1 列出了常用的元字符和其简单描述。

表 10-1　常用的元字符

元字符	描　　述	举　　例
.	匹配任何单个字符	如 c.ke，匹配 cake，但是不匹配 cook
^	匹配一行开始的空字符串	如^where，匹配 where in…，但是不匹配 when…
$	匹配出现在行尾的空字符串	如$way，匹配… on the way，但是不匹配…on the WAY
*	匹配前面的子表达式零次或多次	如 ta*k，匹配 tk，tak，taak 到 ta…k
+	匹配前面的子表达式一次或多次	如 ta*k，匹配 tak，taak 到 ta…k，但是不匹配 tk
?	匹配前面的子表达式零次或一次	如 ta*k，匹配 tk，tak
{n}	n 是一个非负整数。匹配确定的 n 次	如 ta{2}k，匹配 taak
{n,}	n 是一个非负整数。至少匹配 n 次	如 to{2}e，匹配 tooe，toooe 等
{n,m}	m 和 n 均为非负整数，其中 n≤m。最少匹配 n 次且最多匹配 m 次	如 to{1,3}e，匹配 toe，tooe，toooe
\b	匹配一个单词边界	如 er\b，匹配 never，但是不匹配 verb
\B	匹配非单词边界	如 er\B 匹配 verb，但是不匹配 never
[]	匹配[]内的任意一个字符	如[abc]可以匹配 a 或者 b 或者 c
|	选择字符，匹配|两侧的任意字符	如 TO|to|To|tO，可以匹配 4 种不同字符
-	连字符，匹配一个范围	如[a-z]，可以匹配任意一个小写字母
[^]	不匹配[]内的任何一个字符	如[^a-z]，匹配非小写字母
\	转义字符	如需要匹配 . , ? 等，需要把它们变为普通字符，"\."用于匹配"."
\	反斜杠，见表 10-2 和表 10-3	
()	分组或选择	如(very){1,}，匹配 very good、very very good；如(four|six)th，匹配 fourth 或 sixth
(?:pattern)	匹配 pattern 但不获取匹配结果	如 industr(?:y|ies)就是比 industry|industries 更简略的表达式
(?=pattern)	正向预查，在任何匹配 pattern 的字符串开始处匹配查找字符串	如 Windows(?=95|98|NT|2000) 能匹配 Windows 2000，但不能匹配 Windows 3.1
(?!pattern)	负向预查，在任何不匹配 pattern 的字符串开始处匹配查找字符串	如 Windows(?!95|98|NT|2000)能匹配 Windows 3.1，但不能匹配 Windows 2000

表 10-2　反斜杠指定的预定义字符集

预定义字符集	说　　明
\d	任意一个十进制数字，相当于[0-9]
\D	任意一个非十进制数字，相当于[^0-9]
\s	任意一个空白字符，包括 Tab 键和换行符
\S	任意一个非空白字符
\w	任意一个单词字符，相当于[a-zA-Z0-9_]
\W	用于匹配所有与\w 不匹配的字符

表 10-3　反斜杠指定的不可打印字符集

字　　符	说　　明
\a	警报，ASCII 中的<BEL>字符
\e	Escape，ASCII 中的<ESC>字符
\f	换页符，ASCII 中的<FF>字符
\n	换行符，ASCII 中的<LF>字符
\r	回车符，ASCII 中的<CR>字符
\t	水平制表符，ASCII 中的<HT>字符
\cx	"control-x"，其中 x 是任意字符
\xhh	十六进制代码
\ddd	八进制代码

10.2.2　模式修饰符

模式修饰符的作用是规定正则表达式该如何解释和应用。PHP 的主要模式如表 10-4 所示。

表 10-4　PHP模式修饰符

修　饰　符	说　　明
i	忽略大小写模式
m	多行匹配。仅当表达式中出现 "^"，"$" 中的至少一个元字符且字符串有换行符 "\n" 时，"m" 修饰符才起作用，不然被忽略。"m" 修饰符可以改变 "^" 为表示每一行的头部
s	改变元字符'.'的含义，使其可以代表所有字符，也包含换行符。其他模式不能匹配换行符
x	忽略空白字符

10.3　POSIX 扩展正则表达式函数

PHP 中实现 POSIX 正则表达式的函数有 7 个。下面介绍一下主要函数的语法。

10.3.1　字符串匹配函数——eregi()和 eregi()

如果要实现字符串的匹配，可以使用函数 ereg()或 eregi()，其中函数 eregi()在进行字符串匹配时不区分大小写，而函数 ereg()则区分。语法形式如下。

```
bool ereg ( string pattern, string string [, array regs] )
```

以区分大小写的方式在 string 中寻找与给定的正则表达式 pattern 所匹配的子串，如果给出了第三个参数 regs，则匹配项将被存入 regs 数组中，其中，$regs[0] 包含整个匹配的字符串。

例 10-1　**E-mail 验证，代码如下。**

```php
<?php
$email = "hbrjxy001@hbsi.cn";
$ereg = "([a-z0-9_\-]+)@([a-z0-9_\-]+\.[a-z0-9\-\._\-]+)"; //邮箱检测
if(ereg($ereg , $email)) {
    echo "邮箱合法! ";
} else {
    echo "邮箱不合法!";
}
?>
```

运行结果输出如图 10-1 所示。

图 10-1　利用正则表达式验证邮箱格式

10.3.2　字符串替换函数——ereg_replace()和 eregi_replace()

使用函数 ereg_replace()或 eregi_replace()可以实现字符串的替换。其中函数 eregi_replace()在查找匹配项时不区分大小写。语法形式如下。

```
string ereg_replace ( string pattern, string replacement, string string )
```

以区分大小写的方式在 string 中扫描与 pattern 匹配的部分，并将其替换为 replacement。

返回值为替换后的字符串，如果没有可供替换的匹配项则返回原字符串。

例 10-2　字符串替换，代码如下。

```php
<?php
$email = "HBSI@gmail.com";
$mailto = "<a href='mailto:$email'>$email</a>";
echo $mailto ."<br/>";
//去掉 email 链接
$ereg = "<a([ ]+)href=([\"']*)mailto:($email)([\"']*)[^>]*>";
//<a>标记前半部分匹配正则表达式
$string = eregi_replace($ereg,"", $mailto);
$string = eregi_replace("</a>","", $string);      //</a>部分
echo $string;
?>
```

运行结果输出，如图 10-2 所示。

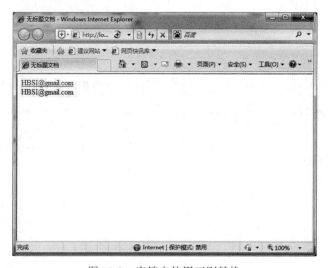

图 10-2　字符串使用正则替换

10.3.3　字符串拆分函数——split()和 spliti()

函数 split()或 spliti()能够实现利用正则表达式把一个字符串拆分为一个数组，其中 spliti()不区分字符串大小写。语法形式如下。

```
array split ( string pattern, string string [, int limit] )
```

该函数返回一个字符串数组，每个元素为 string 经区分大小写的正则表达式 pattern 作为边界分割出的子串。如果设定了 limit，则返回的数组最多包含 limit 个单元，而其中最后一个单元包含 string 中剩余的所有部分。如果出错，则返回 false。

例 10-3　字符串拆分，代码如下。

```php
<?php
$date = "2015-03-29 10:10:10";
$ereg = "[-:/]|([ ]+)";      //使用-, :, / 或者空格作为分隔符
$arr = split($ereg , $date);
```

```
echo "<pre>";
var_dump($arr);
echo "</pre>";
?>
```

运行结果输出，如图 10-3 所示。

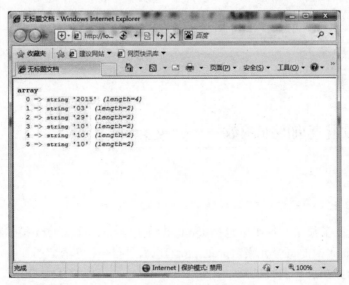

图 10-3　字符串使用正则拆分

10.4　Perl 兼容正则表达式函数

Perl 兼容正则表达式简称 PCRE（Perl Compatible Regular Expression）。Perl 是一门语言，它的字符串处理功能非常强大，这里的 PCRE 就是使用了 Perl 的正则函数库。

在 PCRE 中，通常将正则表达式包含在两个反斜线"/"之间。实现该风格正则表达式的函数也有 7 个，使用"preg_"为前缀命名。Perl 兼容正则表达式已被广泛地使用，下面列举了表单验证时常用到的几个表达式。

```
//验证邮箱
$pattern = "/^[\w-.]+@[\w-.]+(.\w+)+$/";
//验证手机号
$pattern = "/^\d{11}$/";
//验证是否是整数
$pattern = "/^\d+$/";
//验证是否是正整数
$pattern = "/^[1-9]\d+$/";
//验证邮编
$pattern = "/^\d{6}$/";
//验证 IP 地址
$pattern = "/^\d{1,3}\.\d{1,3}\.\d{1,3}\.\d{1,3}$/";
//验证 QQ 号
$pattern = "/^[1-9]\d{4,15}$/";
//验证是否是数字（可以带小数点，也不管正负）
```

```
$pattern = "/^[0-9.-] * [+]?[0-9.]+$/";
//验证是否是英文
$pattern = "/^[a-z]+$/i";
//验证是否是汉字
$pattern = "/^[\x80-\xff]+\$/";
//验证是否以 http://或 ftp://或 https://开头
$pattern = "/^(http\:\/\/|ftp\:\/\/|https\:\/\/|\/)/i";
//验证 URL 是否合法
$pattern = "/^http:\/\/[A-Za-z0-9]+[A-Za-z0-9.]+\.[A-Za-z0-9]+\$/";
//验证身份证格式
$pattern = "/^(\d{14}[0-9X]|\d{17}[0-9X])$/";
```

10.4.1   对数组查询匹配函数——preg_grep()

语法形式如下。

```
array preg_grep ( string pattern, array input )
```

该函数返回一个数组，数组中包括 input 数组中与给定的 pattern 模式相匹配的元素。
对于输入数组 input 中的每个元素，preg_grep()也只进行一次匹配。

例 10-4　对数组进行查找匹配，代码如下。

```
<?php
$preg = "/^[0-9]{6}$/"; //邮政编码表达式
$arr = array('300191' ,'123', '300200' , 'a21');
$preg_arr = preg_grep($preg , $arr);
echo "<pre>";
var_dump($preg_arr);
echo "</pre>";
?>
```

运行结果输出，如图 10-4 所示。

图 10-4　使用正则对数组元素进行匹配

10.4.2　字符串匹配函数 preg_match()和 preg_match_all()

语法形式如下。

```
int preg_match ( string pattern, string subject [, array matches [, int
flags]] )
```

该函数在 subject 字符串中搜索与 pattern 给出的正则表达式相匹配的内容。如果给出了第三个参数 matches，则将匹配结果存入该数组。$matches[0]将包含与整个模式匹配的文本，该函数只会进行一次匹配，最终返回 0 或 1 的匹配结果数。

如果需要一直搜索到 subject 的结尾处，则使用函数 preg_match_all()。

例 10-5　从 **url** 中取出域名，代码如下。

```
<?php
$string = 'abcd1234efgh56789jklm9013';
//匹配出第一个符合表达式信息的即停止
preg_match("/\d{4}/",$string,$matchs);

print_r($matchs);
//输出结果为：
Array
(
    [0] => 1234
)

//匹配出所有符合表达式信息的才会停止
preg_match_all("/\d{4}/",$string,$matchs);
print_r($matchs);
//输出结果为：
Array
(
    [0] => Array
        (
            [0] => 1234
            [1] => 5678
            [2] => 9013
        )

)
?>
```

10.4.3　转义特殊字符函数——preg_quote()

语法形式如下。

```
string preg_quote ( string str [, string delimiter] )
```

将以 str 为参数中的所有特殊字符进行自动转移，即自动加上一个反斜线"/"。如果需要以动态生成的字符串作为模式去匹配则可以用此函数转义其中可能包含的特殊字符。

如果提供了可选参数 delimiter，该字符也将被转义。

正则表达式的特殊字符包括：. \ + * ? [^] $ ( ) { } = ! < > | : 。

例 10-6 对字符串进行自动转义，代码如下。

```php
<?php
$name = "*HBSI.net";
$name = preg_quote($name , "net");
echo $name;        //将输出 \*shop\nc\.\net
?>
```

运行结果如图 10-5 所示。

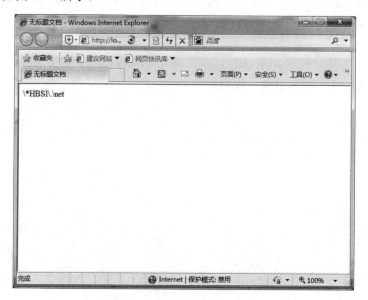

图 10-5　对字符串进行自动转义

10.4.4　搜索和替换函数——preg_replace ()

语法形式如下。

```
mixed preg_replace ( mixed pattern, mixed replacement, mixed subject [, int
limit] )
```

在 subject 中搜索 pattern 模式的匹配项并替换为 replacement。如果指定了 limit，则仅替换 limit 个匹配项，如果省略 limit 或者其值为–1，则所有的匹配项都会被替换。

该函数和函数 ereg_replace()的主要区别在于 preg_replace() 的每个参数（除了 limit）都可以是一个数组，而函数 ereg_replace()每个参数都只能是字符串。如果函数 preg_replace()中 pattern 和 replacement 都是数组，将以其键名在数组中出现的顺序来进行处理。这不一定和索引的数字顺序相同。如果使用索引来标识哪个 pattern 将被哪个 replacement 来替换，应该在调用 preg_replace()之前用 ksort() 对数组进行排序。

例 10-7 对数组进行查找替换，代码如下。

```php
<?php
$string = "The quick brown fox jumped over the lazy dog.";
```

```
$patterns[0] = "/quick/";
$patterns[1] = "/brown/";
$patterns[2] = "/fox/";

$replacements[2] = "bear";
$replacements[1] = "black";
$replacements[0] = "slow";

var_dump($string);echo "<br/>";

$str = preg_replace($patterns, $replacements, $string);
var_dump($str);echo "<br/>";

ksort($patterns);
ksort($replacements);
$str = preg_replace($patterns, $replacements, $string);
var_dump($str);echo "<br/>";
?>
```

运行结果输出如图 10-6 所示。

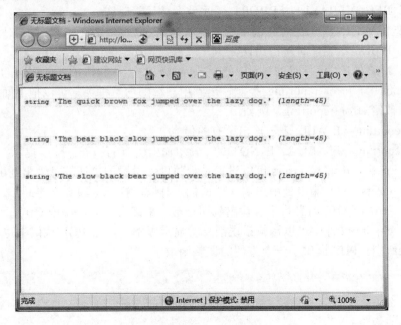

图 10-6　使用正则进行查找替换

10.4.5　字符串拆分函数——preg_split()

语法形式如下。

```
array preg_split ( string pattern, string subject [, int limit [, int flags]] )
```

该函数返回一个字符串数组，每个元素为 subject 经正则表达式 pattern 作为边界分割出的子串。如果设定了 limit，则返回的数组最多包含 limit 个单元，而其中最后一个单元包含 string 中剩余的所有部分。该函数与 split()用法相同，这里不再举例。

10.5　PHP 错误和异常处理

无论是初学者还是经验丰富的程序员，编写的程序都可能存在各种各样的错误，这些错误会降低软件的稳定性，PHP 中提供了完善的错误和异常处理机制。

10.5.1　PHP 的错误处理机制

在 PHP 4 中，没有异常 Exception 这个概念，只有错误 Error。可以通过修改 php.ini 文件来配置用户端输出的错误信息。

在 php.ini 中，一个分号 "；" 表示注释。下面列出几种常用的类型。

（1）;E_ALL：所有的错误和警告。

（2）;E_ERROR：致命的运行时错误。

（3）;E_RECOVERABLE_ERROR：几乎致命的运行时错误。

（4）;E_WARNING ：运行时的警告（非致命错误）。

（5）;E_PARSE：编译时解析错误。

（6）;E_NOTICE：运行时的提示，这些提示常常是由代码中的 bug 引起的。

在 php.ini 中，error_reporting 控制输出到用户端的消息种类。可以把上面的类型自由组合然后斌值给 error_reporting。例如：

error_reporting = E_ALL　表示输出所有的信息。

error_reporting = E_ALL & ~E_NOTICE　表示输出所有的错误，除了提示。

在 php.ini 中，display_errors 可以设置是否将以上设置的错误信息输出到用户端。

display_errors = On　输出到用户端（调试代码时候，打开这项更方便）。

display_errors = Off　消息将不会输出到用户端（最终发布时应改成 Off）。

除了在 php.ini 文件中可以调整错误消息的显示级别外，在 PHP 代码中也可以自定义消息显示的级别。PHP 提供了一个方便的调整函数：

```
int error_reporting ( [int level] )
```

使用这个函数可以定义当前 PHP 页面中错误消息的显示级别。参数 level 使用了二进制掩码组合的方式。

错误类型见表 10-5。

表 10-5　错误类型列表

错 误 类 型	对应值	错 误 类 型	对应值
E_ERROR	1	E_COMPILE_WARNING	128
E_WARNING	2	E_USER_ERROR	256
E_PARSE	4	E_USER_WARNING	512
E_NOTICE	8	E_USER_NOTICE	1024
E_CORE_ERROR	16	E_ALL	2047
E_CORE_WARNING	32	E_STRICT	2048
E_COMPILE_ERROR	64	E_RECOVERABLE_ERROR	4096

例 10-8　显示所有错误，代码如下。

```php
<?php
//显示所有错误
error_reporting(E_ALL);
echo $a;
echo '<br>';
echo 'ok';
?>
```

结果提示$a 变量未定义，输出如图 10-7 所示。

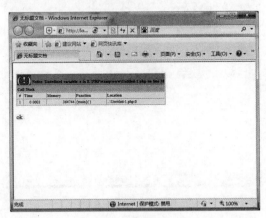

图 10-7　错误显示结果

例 10-9　显示所有错误，除了提示，代码如下。

```php
<?php
//显示所有错误，除了提示
error_reporting(E_ALL^E_NOTICE);
echo $a;
echo '<br>';
echo 'ok';
?>
```

结果会顺利通过编译，最后输出如图 10-8 所示。

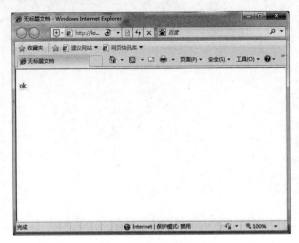

图 10-8　忽略错误

例 10-10 出现警告，代码如下。

```php
<?php
//出现警告
error_reporting(E_ALL);
echo 2/0;
?>
```

最后会出现警告，如图 10-9 所示。

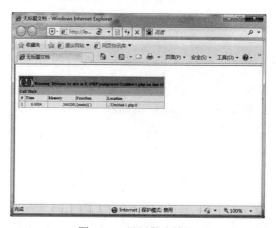

图 10-9　显示警告错误

例 10-11 显示所有错误，除了警告，代码如下。

```php
<?php
//显示所有错误，除了警告
error_reporting(E_ALL^E_WARNING);
echo 2/0;
echo '<br>';
echo 'ok';
?>
```

结果会顺利通过编译输出，结果如图 10-10 所示。

图 10-10　忽略警告信息

10.5.2 自定义错误处理

可以使用 set_error_handler 函数自定义错误处理函数，然后使用 trigger_error 函数来触发自定义函数。

例 10-12 自定义错误处理。

```php
<?php
//自定义错误处理函数
function customError($errno, $errstr, $errfile, $errline) {
    echo "<b>Custom error:</b> [$errno] $errstr<br />";
    echo " Error on line $errline in $errfile<br />";
    echo "Ending Script"; die();
}

//set error handler
set_error_handler("customError");

$test=0; //trigger error
if ($test==0) {
    trigger_error("A custom error has been triggered");
}else{
    echo intval(100/$test);
}
?>
```

结果输出如图 10-11 所示。

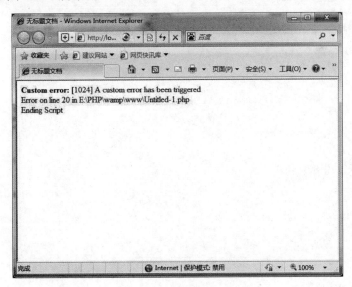

图 10-11   自定义错误提示

10.5.3 PHP 异常处理

异常处理是 PHP 5 中新增的更高的错误处理机制，它会在指定的错误发生时改变脚本的正常流程，是 PHP 5 提供的一种新的面向对象的错误处理方法。

1. 异常的抛出与捕获

PHP 5 中使用 try…catch 语句捕获并处理异常。使用异常的函数应该位于 try 代码块内。如果没有触发异常，则代码将照常继续执行。但是如果异常被触发，会抛出一个异常。throw 语句规定如何触发异常。每一个 throw 必须对应至少一个 catch，catch 代码块会捕获异常，并创建一个包含异常信息的对象。语法如下。

```
try{
//可能引发异常的语句
}catch(异常类型 异常实例){
//异常处理语句
}
```

当异常被抛出时，其后的代码不会继续执行，PHP 会尝试查找匹配的 catch 代码块。如果异常没有被捕获，而且又没用使用 set_exception_handler()做相应的处理的话，那么将发生一个严重的错误（致命错误），并且输出"Uncaught Exception"（未捕获异常）的错误消息。

例 10-13　异常的使用，代码如下。

```php
<?php
//创建可抛出一个异常的函数
function checkNum($number)
 {
 if($number>1)
  {
  throw new Exception("参数必须<=1");
  }
 return true;
 }

//在 try 代码块中触发异常
try
 {
 checkNum(2);
 }

//捕获异常
catch(Exception $e)
 {
 echo 'Message: ' .$e->getMessage();
 }
?>
```

结果输出如图 10-12 所示。

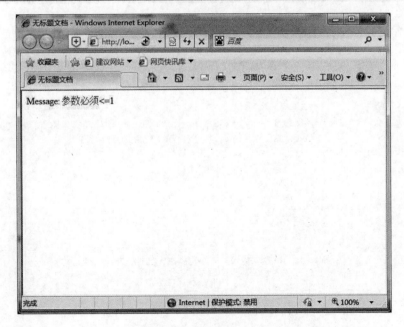

图 10-12　异常抛出与捕获

2．基本异常类介绍

PHP 的基本异常（Exception）类是 PHP 5 的一个基本内置类，该类用于脚本发生异常时，创建异常对象，该对象用于存储异常信息及抛出和捕获。Exception 类的构造方法需要接收两个参数：错误信息与错误代码，如下。

```
class Exception
{
    protected $message = 'Unknown exception';    //异常信息
    protected $code = 0;                    //用户自定义异常代码
    protected $file;                       //发生异常的文件名
    protected $line;                       //发生异常的代码行号

function __construct($message = null, $code = 0);

    final function getMessage();           //返回异常信息
    final function getCode();              //返回异常代码
    final function getFile();              //返回发生异常的文件名
    final function getLine();              //返回发生异常的代码行号
    final function getTrace();             //backtrace() 数组
    final function getTraceAsString();     //已格成化成字符串的 getTrace() 信息

    /* 可重载的方法 */
    function __toString();                 //可输出的字符串
}
```

3．自定义异常

PHP 5 中可以自定义异常，自定义的异常必须继承自 Exception 类或者它的子类。

例 10-14 自定义异常，代码如下。

```php
<?php
class emailException extends Exception{
 public function errorMessage()
  {
  //异常信息
  $errorMsg = 'Error on line '.$this->getLine().' in '.$this->getFile()
  .': <br>'.$this->getMessage().'不是合法的 Email';
. return $errorMsg;
  }
  }

$email = "usrname@HBSI...com";

try
 {
 if(filter_var($email, FILTER_VALIDATE_EMAIL) === FALSE)
  {
  //邮件不合法，抛出异常
  throw new emailException($email);
  }
 }catch (emailException $e){
 //显示自定义的错误信息
 echo $e->errorMessage();
 }
?>
```

最后输出如图 10-13 所示。

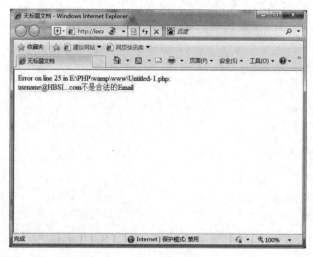

图 10-13 自定义异常抛出与捕获

4. 捕获多个异常

PHP 5 中可以使用多个来 catch 接收多个异常。

例 10-15 接收多个异常，代码如下。

```php
<?php
class emailException extends Exception{
```

```php
public function errorMessage()
  {
  //异常信息
  $errorMsg = 'Error on line '.$this->getLine().' in '.$this->getFile()
  .': <br>'.$this->getMessage().'不是合法的 Email';
  return $errorMsg;
  }
 }

$email = "HBSI@example..com";

try
 {
 if(filter_var($email, FILTER_VALIDATE_EMAIL) === FALSE)
  {
  //抛出异常
  throw new emailException($email);
  }
 //检测是否是示例邮件
 if(strpos($email, "example") !== FALSE)
  {
  throw new Exception("邮件是一个示例邮件");
  }
 }
catch (emailException $e)
 {
 echo $e->errorMessage();
 }

catch(Exception $e)
 {
 echo $e->getMessage();
 }
?>
```

最后输出如图 10-14 所示。

图 10-14　捕获多异常

如果将邮件换成$email = "HBSI@example..com"，结果输出如图 10-15 所示。

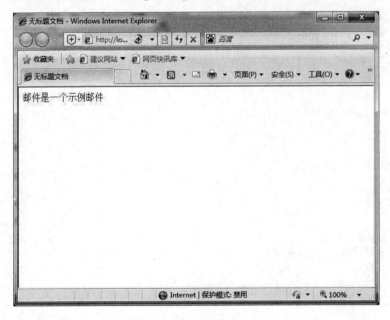

图 10-15　多异常捕获示例

小结

　　本章详细介绍了正则表达式的定义与使用，以及 PHP 中的异常处理机制。通过实例讲解了常用正则表达式符号与函数，以及错误信息处理和异常抛出与捕获。

第 11 章　Smarty 模板技术

本章介绍了 MVC 程序设计的理论与实现方法，对 PHP 中常用的 Smarty 模板技术进行了详细阐述。主要知识点包括：MVC 程序设计的思想，Smarty 的安装，Smarty 模板的常用语法、函数及缓存技术等。

本章知识点：

- Smarty 的安装与配置
- Smarty 的使用
- Smarty 模板变量
- Smarty 模板函数
- 流程控制
- Smarty 的缓存处理
- 自定义插件

11.1　MVC 概述

MVC 是一种将前台界面和后台逻辑分开的设计模式，也就是所谓的模板技术，它将应用程序的输入、处理和输出分开。使用 MVC 设计模式的应用程序一般被分成三个核心部件：即模型（Model）、视图（View）、控制器（Controller），每一核心部件处理各自的任务。

11.1.1　MVC 开发模式简介

模型（Model）表示企业数据和业务规则。在 MVC 的三个部件中，模型拥有最多的处理任务。被模型返回的数据是中立的，就是说模型与数据格式无关，这样一个模型能为多个视图提供数据。由于应用于模型的代码只需写一次就可以被多个视图重用，所以减少了代码的重复性。

1. MVC的主要概念

视图（View）是用户看到并与之交互的界面。对老式的 Web 应用程序来说，视图就是由 HTML 元素组成的界面，在新式的 Web 应用程序中，HTML 依旧在视图中扮演着重要的角色，但一些新的技术已层出不穷，它们包括 Adobe Flash 和 XHTML 等一些标识语言和 Web Service。

控制器（Controller）接受用户的输入并调用模型和视图去完成用户的需求。当单击 Web 页面中的超链接和发送 HTML 表单时，控制器本身不输出任何东西和做任何处理，它只是接收请求并决定调用哪个模型构件去处理请求，然后确定用哪个视图来显示模型处理返回的数据。

MVC 的处理过程首先是由控制器接收用户的请求，并决定应该调用哪个模型来进行处理，然后模型用业务逻辑来处理用户的请求并返回数据，最后控制器用相应的视图格式化模型返回的数据，并通过表示层展现给用户。

2．MVC优缺点

MVC 的优点有很多，如低耦合性、高重用性、可适用性和开发成本降低、部署快速、易于维护等。

视图层和业务层的分离，允许更改视图层代码而不用重新编译模型和控制器代码，使模型与控制器和视图相分离，改变应用程序的数据层和业务规则将变得非常容易。

随着技术的不断进步，现在需要用越来越多的方式来访问应用程序。MVC 模式允许使用各种不同样式的视图来访问同一个服务器端的代码。它包括任何 Web（HTTP）浏览器或者无线浏览器（WAP），比如，电子商务软件中用户可以通过计算机也可通过手机来订购某样产品，虽然订购的方式不一样，但处理订购产品的方式是一样的。由于模型返回的数据没有进行格式化，所以同样的构件能被不同的界面使用。例如，很多数据可能用 HTML 来表示，但是也有可能用 WAP 来表示，而这些表示所需要的命令是改变视图层的实现方式，而控制层和模型层无须做任何改变。

MVC 开发模式并不适用于所有的网站开发，比如 MVC 不适合小型甚至中等规模的应用程序，花费大量时间将 MVC 应用到规模并不是很大的应用程序通常会得不偿失。

11.1.2　Smarty 技术介绍

一个交互式的网站最主要的两部分就是界面美工和应用程序。然而无论是微软的 ASP 或是开放源码的 PHP，都是属于内嵌 Server Script 的网页伺服端语言，在模板引擎出现之前，前台界面显示代码与后台应用程序代码是写在一起的，所以开发大多数的项目一般都是根据需求由美工设计出网站的外观模型，然后由程序开发人员实现后台程序部分，然后项目再返回到 HTML 页面由设计者继续完善，这样可能在后台程序员和页面设计者之间来来回回好几次。而后台程序员不喜欢干预任何有关 HTML 标签的工作，同时也不需要美工们和后台程序代码混在一起。美工设计者只需要配置文件，动态区块和其他的界面部分，不必要去接触那些错综复杂的 PHP 代码。因此，这时候有一个很好的解决方案支持就显得很重要了。

1．什么是模板引擎

模板引擎让程序开发者专注于程序的控制或是功能的完成，而视觉设计师则可专注于网页排版，让网页看起来更具有专业感。它很适合公司的网站开发团队使用，使每个人都能发挥其专长。

　　模板引擎技术的核心比较简单。只要将美工页面（不包含任何的 PHP 代码）指定为模板文件，并将这个模板文件中动态的内容，如数据库输出、用户交互等部分，定义成使用特殊"定界符"包含的"变量"，然后放在模板文件中相应的位置。当用户浏览时，由 PHP 脚本程序打开该模板文件，并将模板文件中定义的变量进行替换。这样，模板中的特殊变量被替换为不同的动态内容时，就会输出需要的页面。Smarty 模板引擎原理如图 11-1 所示。

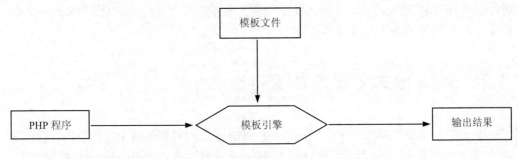

图 11-1　Smarty 模板引擎原理示意图

　　正是因为模板引擎的使用，可以使我们很容易地将后台应用程序处理与前台表现层相分离，美工设计人员可以与应用程序开发人员独立工作。此外，因为大多数模板引擎使用的表现逻辑一般比应用程序所使用编程语言的语法更简单，所以，美工设计人员不需要为完成其工作而在程序语言上花费太多的精力。这也带来了许多好处，比如可以使用同样的代码基于不同目标生成数据，像生成打印的数据、生成 Web 页面或生成电子数据表等。如果不使用模板引擎，则需要针对每种输出目标复制并修改代码，这会带来非常严重的代码冗余，也增加了工作量。

　　目前，可以在 PHP 中应用的并且比较成熟的模板有很多，例如 Smarty、PHPLIB、IPB 等几十种。使用这些通过 PHP 编写的模板引擎，可以让代码脉络更加清晰，结构更加合理化。也可以让网站的维护和更新变得更容易，让开发和设计工作更容易结合在一起。每个模板引擎都有它自己的特点，所以我们选择使用哪个模板引擎时，对每个模板的特点应当有清楚的认识，充分认识到模板的优势和劣势，将优势充分发挥出来，这样就起到使用模板的效果了。

2．什么是Smarty

　　Smarty 是一个 PHP 模板引擎。它分开了逻辑程序和界面美工，为 PHP 程序开发提供了一种易于管理的方法。在 Smarty 的程序里，模板设计者们编辑模板，组合使用 HTML 标签和模板标签去格式化这些要素的输出（HTML 表格，背景色，字体大小，样式表，等等）。对 Smarty 的使用者来说，程序里不需要做任何解析的动作，Smarty 会自动完成。已经编译过的网页，如果模板没有变动，Smarty 就自动跳过编译的动作，直接执行编译过的网页，以节省编译的时间。

　　注意，这里的编译过的网页仍然是一个动态页面，用户浏览该页时，仍需 PHP 解析器去解析该页。只有开启了 Smarty 缓存，缓存的页面才是静态页面。

　　对 PHP 来说，有很多模板引擎可供选择，但 Smarty 是使用 PHP 编写出来的目前业界最著名、功能最强大的一种 PHP 模板引擎。Smarty 像 PHP 一样拥有丰富的函数库，从统计字数到自动缩进、文字环绕以及正则表达式都可以直接使用，如果觉得不够，Smarty 还有很强的扩展能力，可以通过插件的形式进行扩充。另外，Smarty 也是一种自由软件，用户可以自由使用、修改，以及重新分发该软件。

当然，Smarty 也不是万能的，也有它不合适的地方。Smarty 不尝试将逻辑完全和模板分开。如果逻辑程序严格地用于页面表现，那么它在模板里不会出现问题。在小项目中也不适合使用 Smarty 模板，小项目因为简单而美工与程序员兼于一人，使用 Smarty 会在一定程度上丧失 PHP 迅速开发的优点。

11.2 Smarty 的安装与配置

Smarty 的安装非常简单，由于它采用的是 PHP 的面向对象思想编写的软件，所有只要在 PHP 脚本中加载 Smarty 类，并创建一个 Smarty 对象，就可以使用 Smarty 模板引擎了。通常这种安装方法是将 Smarty 类库放置到 Web 文档根目录之外的某个目录中，再在 PHP 的配置文件中将这个位置包含在 include_path 指令中。但如果某个 PHP 项目在多个 Web 服务器之间迁移时，每个 Web 服务器都必须有同样的 Smarty 类库配置。

11.2.1 Smarty 的安装

Smarty 要求的安装环境很简单，只需在 Web 服务器上运行 PHP 4.0.6 及以上版本即可。它的安装步骤如下。

（1）到 Smarty 官方网站 http://www.smarty.net/download.php 下载最新的稳定版本，所有版本的 Smarty 类库都可以在 UNIX 和 Windows 服务器上使用。例如，下载的软件包为 Smarty-2.11.18.tar.gz。

（2）解压压缩包，解开后会看到很多文件，其中有个名称为 libs 的文件夹，就是存有 Smarty 类库的文件夹。安装 Smarty 只需要这一个文件夹，其他的文件都没有必要使用，如图 11-2 所示。

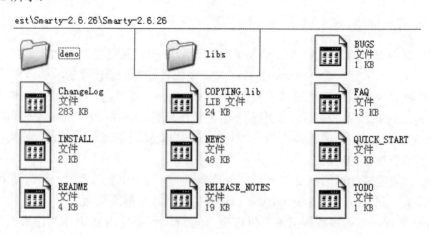

图 11-2　Smarty 解压后的目录结构

（3）在 libs 中应该会有三个 class.php 文件、一个 debug.tpl、一个 plugin 文件夹和一个 core 文件夹，直接将 libs 文件夹复制到程序主文件夹下。

（4）在执行的 PHP 脚本中，通过 require()语句将 libs 目录中的 Smarty.class.php 类文件加载进来，Smarty 类库就可以使用了。

上面提供的安装方式适合程序移植，不用考虑主机有没有安装 Smarty。

11.2.2　Smarty 的配置

通过前面对 Smarty 类库安装的介绍，调用 require()方法将 Smarty.class.php 文件包含到执行脚本中，并创建 Smarty 类的对象就可以使用了。但如果需要改变 Smarty 类库中一些成员的默认值，不仅可以直接在 Smarty 源文件中修改，也可以在创建 Smarty 对象以后重新为 Smarty 对象设置新值。Smarty 类中一些需要注意的成员属性如表 11-1 所示。

表 11-1　Smarty类属性列表

成员属性名	描　　述
$template_dir	网站中的所有模板文件都需要放置在该属性所指定的目录或子目录中。当包含模板文件时，如果不提供一个源地址，那么将会到这个模板目录中寻找。默认情况下，目录是"./templates"，也就是说它将会在和 PHP 执行脚本相同的目录下寻找模板目录。建议将该属性指定的目录放在 Web 服务器文档根之外的位置
$compile_dir	Smarty 编译过的所有模板文件都会被存储到这个属性所指定的目录中。默认目录是"./templates_c"，也就是说它将会在和 PHP 执行脚本相同的目录下寻找编译目录。除了创建此目录外，在 Linux 服务器上还需要修改权限，使 Web 服务器的用户能够对这个目录有写的权限。建议将该属性指定的目录放在 Web 服务器文档根之外的位置
$config_dir	该变量定义用于存放模板特殊配置文件的目录，默认情况下，目录是"./configs"，也就是说它将会在和 PHP 执行脚本相同的目录下寻找配置目录。建议将该属性指定的目录放在 Web 服务器文档根之外的位置
$left_delimiter	用于模板语言中的左结束符变量，默认是"{"。但这个默认设置会和模板中使用的 JavaScript 代码结构发生冲突，通常需要修改其默认行为。例如："<{"
$right_delimiter	用于模板语言中的右结束符变量，默认是"}"。但这个默认设置会和模板中使用的 JavaScript 代码结构发生冲突，通常需要修改其默认行为。例如："}>"
$caching	告诉 Smarty 是否缓存模板的输出。默认情况下，它设为 0 或无效。也可以为同一个模板设有多个缓存，当值为 1 或 2 时启动缓存。1 告诉 Smarty 使用当前的 $cache_lifetime 变量判断缓存是否过期。2 告诉 Smarty 使用生成缓存时的 cache_lifetime 值。用这种方式正好可以在获取模板之前设置缓存生存时间，以便较精确地控制缓存何时失效。建议在项目开发过程中关闭缓存，将值设计为 0

续表

成员属性名	描　　述
$cache_dir	在启动缓存的特性情况下，这个属性所指定的目录中放置 Smarty 缓存的所有模板。默认情况下，它是"./cache"，也就是说可以在和 PHP 执行脚本相同目录下寻找缓存目录。也可以用自己的自定义缓存处理函数来控制缓存文件，它将会忽略这项设置。除了创建此目录外，在 Linux 服务器上还需要修改权限，使 Web 服务器的用户能够对这个目录有写的权限。建议将该属性指定的目录放在 Web 服务器文档根之外的位置
$cache_lifetime	该变量定义模板缓存有效时间段的长度（单位 s）。一旦这个时间失效，则缓存将会重新生成。如果要想实现所有效果，$caching 必须因$cache_lifetime 需要而设为"true"。值为–1 时，将强迫缓存永不过期。0 值将导致缓存总是重新生成（仅有利于测试，一个更有效的使缓存无效的方法是设置$caching = 0）

如果不修改 Smarty 类中的默认配置，也需要设置几个必要的 Smarty 路径，因为 Smarty 将会在和 PHP 执行脚本相同的目录下寻找这些配置目录。但为了系统安全，通常建议将这些目录放在 Web 服务器文档根目录之外的位置上，这样就只有通过 Smarty 引擎使用这些目录中的文件了，而不能再通过 Web 服务器在远程访问它们。为了避免重复地配置路径，可以在一个文件里配置这些变量，并在每个需要使用 Smarty 的脚本中包含这个文件即可。将以下这个文件命名为 main.inc.php，并放置到主文件夹下，和 Smarty 类库所在的文件夹 libs 在同一个目录中，如下所示。

先初始化 Smarty 的路径，将文件命名为 main.php。

```php
<?php
include "./libs/Smarty.class.php";
//包含 Smarty 类库所在的文件
define('SITE_ROOT', '/usr/www');
//声明一个常量指定非 Web 服务器的根目录
$smarty = new Smarty();
//创建一个 Smarty 类的对象$smarty
$smarty->template_dir = SITE_ROOT . "/templates/";
//设置所有模板文件存放的目录
$smarty->compile_dir = SITE_ROOT . "/templates_c/";
//设置所有编译过的模板文件存放的目录
$smarty->config_dir = SITE_ROOT . "/config/";
//设置模板中特殊配置文件存放的目录
$smarty->cache_dir = SITE_ROOT . "/cache/";
//设置存放 Smarty 缓存文件的目录
$smarty->caching=1;
//设置开启 Smarty 缓存模板功能
$smarty->cache_lifetime=60*60*24*7;
//设置模板缓存有效时间段的长度为 7 天
$smarty->left_delimiter = '<{';
//设置模板语言中的左结束符
$smarty->right_delimiter = '}>';
//设置模板语言中的右结束符
?>
```

在 Smarty 类中并没有对成员属性使用 private 封装，所以创建 Smarty 类的对象以后就可以直接为成员属性赋值。若按上面的设置，程序如果要移植到其他地方，只要改变 SITE_ROOT 值就可以了。

　　如果按上面规定的目录结构去存放数据，所有的模板文件都存放在 templates 目录中，在需要使用模板文件时，模板引擎会自动到该目录中去寻找对应的模板文件；如果在模板文件中需要加载特殊的配置文件，也会到 configs 目录中去寻找；如果模板文件有改动或是第一次使用，会通过模板引擎将编译过的模板文件自动写入到 templates_c 目录中建立的一个文件中；如果在启动缓存的特性情况下，Smarty 缓存的所有模板还会被自动存储到 cache 目录中的一个文件或多个文件中。由于需要 Smarty 引擎去主动修改 cache 和 templates_c 两个目录，所以要让 PHP 脚本的执行用户有写的权限。

11.3　Smarty 的使用

　　安装好 Smarty 模板引擎之后，本节学习如何使用 Smarty 技术进行 PHP 的 MVC 程序设计。这里主要对 Smarty 显示技术、Smarty 语法及常用方法进行阐述。

11.3.1　Smarty 使用示例

　　通过前面的介绍，如果了解了 Smarty 并学会安装，就可以通过一个简单的示例测试一下，使用 Smarty 模板编写的大型项目也会有同样的目录结构。按照 11.2 节的介绍需要创建一个项目的主目录 shop，并将存放 Smarty 类库的文件夹 libs 复制这个目录中，还需要在该目录中分别创建 Smarty 引擎所需要的各个目录。如果需要修改一些 Smarty 类中常用成员属性的默认行为，可以在该目录中编写一个类似 11.2 节中介绍的 main.php 文件。

　　在本例中，要执行的是在 PHP 程序中替代模板文件中特定的 Smarty 变量。首先在项目主目录下的 templates 目录中创建一个模板文件，这个模板文件的扩展名可以自定义。注意，在模板中声明了 $title 和 $content 两个 Smarty 变量，都放在大括号 "{ }" 中，大括号是 Smarty 的默认定界符，但为了在模板中嵌入 CSS 及 JavaScript 的关系，最好是将它换掉，如改为 "<{" 和 "}>" 的形式。这些定界符只能在模板文件中使用，并告诉 Smarty 要对定界符所包围的内容完成某些操作。在 templates 目录中创建一个名为 "shop.html" 的模板文件，代码如下所示。

　　简单的 Smarty 设计模板（templates/shop.html）：

```
<html>
    <head>
        <meta http-equiv="Content-type" content="text/html; charset=
        gb2312">
        <title> { $title } </title>
    </head>
    <body>
        { $content }
    </body>
</html>
```

这里要注意，shop.html 这个模板文件一定要位于 templates 目录或它的子目录内，除非通过 Smarty 类中的$template_dir 属性修改了模板目录。另外，模板文件只是一个表现层界面，还需要 PHP 变量值传入 Smarty 模板。直接在项目的主目录中创建一个名为 index.php 的 PHP 脚本文件，作为 templates 目录中 shop.html 模板的应用程序。

在项目的主目录中创建 index.php 代码如下所示。

```php
<?php
//第一步：加载 Smarty 模板引擎
require("libs/Smarty.class.php");
//第二步：建立 Smarty 对象
$smarty=new Smarty();
//第三步：设定 Smarty 的默认属性(上面已举例，这里略过)
$smarty->assign("title", "HBSI 综合多用户商城");
//第四步：用 assign()方法将变量置入模板里
$smarty->assign("content", " HBSI 综合多用户商城 V2.6 版上线了");
//也属于第四步，用 assign()方法将变量置入模板里
$smarty->display("shop.html");
//利用 Smarty 的 display()方法将网页输出
?>
```

这个示例展示了 Smarty 能够完全分离 Web 应用程序逻辑层和表现层。用户通过浏览器直接访问项目目录中的 index.php 文件，就会将模板文件 shop.html 中的变量替换后显示出来。再到项目主目录下的 templates_c 目录底下，会看到一个经过 Smarty 编译生成的文件%%6D^6D7^6D7C5625%%shop.html.php。打开该文件后的代码如下所示。

Smarty 编译过的文件（templates_c/%%6D^6D7^6D7C5625%%shop.html.php）：

```php
<?php /* Smarty version 2.11.18, created on 2009-04-15 09:19:13  compiled
from shop.html */ ?>
<html>
<head>
<meta http-equiv="Content-type" content="text/html; charset=gb2312">
<title>
<?php echo $this->_tpl_vars['title']; ?>
</title>
</head>
<body>
<?php echo $this->_tpl_vars['content']; ?>
</body>
</html>
```

这就是 Smarty 编译过的文件，是在第一次使用模板文件 shop.html 时由 Smarty 引擎自动创建的，它将我们在模板中由特殊定界符声明的变量转换成了 PHP 的语法来执行，它是一个 PHP 动态脚本文件。下次再读取同样的内容时，Smarty 就会直接抓取这个文件来执行了，直到模板文件 shop.html 有改动时，Smarty 才会重新编译生成编译文件。

11.3.2　Smarty 的使用步骤

在 PHP 程序中，使用 Smarty 需要以下 5 个步骤。

（1）加载 Smarty 模板引擎，例如：require("Smarty.class.php");。

（2）建立 Smarty 对象，例如：$smarty=new Smarty();。

（3）修改 Smarty 的默认行为，例如：开启缓存机制、修改模板默认存放目录等。

（4）将程序中动态获取的变量，通过 Smarty 对象中的 assign()方法置入模板里。

（5）利用 Smarty 对象中的 display()方法将模板内容输出。

在这 5 个步骤中，可以将前三个步骤定义在一个公共文件中，像前面介绍过的用来初始化 Smarty 对象的文件 main.php。因为前三步是 Smarty 在整个 PHP 程序中应用的核心，像常数定义、外部程序加载、共享变量建立等，都是从这里开始的。所以通常都是先将前三个步骤做好放入一个公共文件中，之后每个 PHP 脚本中只要将这个文件包含进来就可以了，因此在程序流程规划期间，必须好好构思这个公用文件中设置的内容。后面的两个步骤是通过访问 Smarty 对象中的方法完成的。这里有必要介绍一下 assign()和 display()方法。

1．assign()方法

在 PHP 脚本中调用该方法可以为 Smarty 模板文件中的变量赋值。它的使用比较容易，原型如下所示。

```
void assign (string varname, mixed var)
```

它是 Smarty 对象中的方法，用来赋值到模板中，通过调用 Smarty 对象中的 assign()方法，可以将任何 PHP 所支持的类型数据赋值给模板中的变量，包含数组和对象类型。使用的方式有两种，可以指定一对“名称/数值”或指定包含“名称/数值”的联合数组，如下所示。

```
$smarty->assign("name","HBSI");
//将字符串"HBSI"赋给模板中的变量{$name}
$smarty->assign("name1",$name);
//将变量$name 的值赋给模板中的变量{$name1}
```

2．display()方法

基于 Smarty 的脚本中必须用到这个方法，而且在一个脚本中只能使用一次，因为它负责获取和显示由 Smarty 引擎引用的模板。该方法的原型如下所示。

```
void display (string template [, string cache_id[, string compile_id]])
//用来获取和显示 Smarty 模板
```

第一个参数 template 是必选的，需要指定一个合法的模板资源的类型和路径。还可以通过第二个可选参数 cache_id 指定一个缓存标识符的名称，第三个可选参数 compile_id 在维护一个页面的多个缓存时使用，在下面的示例中使用多种方式指定一个合法的模板资源，如下所示。

```
//获取和显示由 Smarty 对象中的$template_dir 属性所指定目录下的模板文件 index.html
$smarty->display("index.html");
//获取和显示由 Smarty 对象中的$template_dir 变量所指定的目录下子目录 admin 中的模板
文件
index.html
$smarty->display("admin/index.html");
//绝对路径，用来使用不在$template_dir 模板目录下的文件
```

```
$smarty->display("/usr/local/include/templates/header.html");
//绝对路径的另外一种方式，在 Windows 平台下的绝对路径必须使用"file:"前缀
$smarty->display("file:C:/www/pub/templates/header.html");
```

在使用 Smarty 的 PHP 脚本文件中，除了基于 Smarty 的内容需要上面 5 个步骤外，程序的其他逻辑没有改变。例如，文件处理、图像处理、数据库连接、MVC 的设计模式等，使用形式都没有发生变化。

11.4 Smarty 模板变量

在 Smarty 模板中经常使用的变量有两种：一种是从 PHP 中分配的变量；另一种是从配置文件中读取的变量。但使用最多的还是从 PHP 中分配的变量。但要注意，模板中只能输出从 PHP 中分配的变量，不能在模板中为这些变量重新赋值。在 PHP 脚本中分配变量给模板，都是通过调用 Smarty 引擎中的 assign()方法实现的，不仅可以向模板中分配 PHP 标量类型的变量，而且也可以将 PHP 中复合类型的数组和对象变量分配给模板。

11.4.1 模板中输出 PHP 分配的变量

在前面的示例中已经介绍了，在 PHP 脚本中调用 Smarty 模板的 assign()方法，向模板中分配字符串类型的变量，本节主要在模板中输出从 PHP 分配的复合类型变量。在 PHP 的执行脚本中，不管分配什么类型的变量到模板中，都是通过调用 Smarty 模板的 assign()方法完成的，只是在模板中输出的处理方式不同。需要注意的是，在 Smarty 模板中变量预设是全域的。也就是说只要分配一次就可以了，如果分配两次以上，变量内容会以最后分配的为主。就算在主模板中加载了外部的子模板，子模板中同样的变量一样也会被替代，这样就不用再针对子模板再做一次解析的动作。

通常，在模板中通过遍历输出数组中的每个元素，可以通过 Smarty 中提供的 foreach 或 section 语句完成，而本节主要介绍在模板中单独输出数组中的某个元素。索引数组和关联数组在模板中输出方式略有不同，其中索引数组在模板中的访问和在 PHP 脚本中的引用方式一样，而关联数组中的元素在模板中指定的方式是使用句号"."访问的。

变量输出基本有以下几种情况。

1．模板变量输出

模板内容：{$name}

PHP 脚本：

```
//生成$smarty实例
require('lib/smarty/Smarty.class.php');
$smarty = new Smarty;
//指定功能目录，可以自定义
$smarty->template_dir = 'templates';
$smarty->$compile_dir = 'template_c';
//为模板变量赋值，模板：test.html，放于 templates 下
```

```
//$smarty->assign('Smarty 变量名','php 内部变量');
//$smarty->display(Smarty 文件名);
$smarty->assign('name','HBSI');
$smarty->display('test.html');
```

结果输出如下：

```
HBSI
```

2. 模板数组输出

模板内容：

```
{$company.name}<br>
{$company.ver}<br>
{$company.content}<br>
```

PHP 脚本。

```
$company = array('name'=>'HBSI,'ver'=>'2014','content'=>'河北软件职业技术
学院');
$smarty->assign('company',$company);
$smarty->display('test.html');
```

结果输出如下。

```
HBSI
2014
河北软件职业技术学院
```

3. 循环实例

使用 Section 对多维数组进行列表输出，模板内容如下。

```
{section name=i loop=$shopList}
{$shopList[i].name} {$shopList[i].version} {$shopList[i].date} <Br>
{/section}
//section：标签功能
//name:标签名
//loop:循环数组
```

PHP 脚本如下。

```
$shopList = array();
$shopList[] = array('name'=>'HBSI','version'=>'2012','date'=>
'2012-01-01');
$shopList[] = array('name'=>'HBSI','version'=>'2013','date'=>
'2013-02-01');
$shopList[] = array('name'=>'HBSI','version'=>'2014','date'=>
'2014-03-01');
$smarty->assign('shopList',$shopList);
$smarty->display('test.html');
```

结果输出如下。

```
HBSI 2012 2012-01-01
HBSI 2013 2013-02-01
```

11.4.2　模板中输出 PHP 分配的变量

Smarty 保留变量不需要从 PHP 脚本中分配，是可以在模板中直接访问的数组类型变量，通常被用于访问一些特殊的模板变量。例如，直接在模板中访问页面请求变量、获取访问模板时的时间戳、直接访问 PHP 中的常量、从配置文件中读取变量等。该保留变量中的部分访问介绍如下。

1．在模板中访问页面请求变量

可以在 PHP 脚本中通过超级全局数组$_GET、$_POST、$_REQUEST 获取在客户端以不同方法提交给服务器的数据，也可以通过$_COOKIE 或$_SESSION 在多个脚本之间跟踪变量，或是通过$_ENV 和$_SERVER 获取系统环境变量。如果在模板中需要这些数组，可以调用 Smarty 对象中的 assign()方法分配给模板。但在 Smarty 模板中，直接就可以通过{$smarty}保留变量访问这些页面请求变量。在模板中使用的示例如下所示。

```
{$smarty.get.page}              {* 类似在 PHP 脚本中访问$_GET["page"] *}
{$smarty.post.page}             {* 类似在 PHP 脚本中访问$_POST["page"] *}
{$smarty.cookies.username}      {* 类似在 PHP 脚本中访问$_COOKIE["username"] *}
{$smarty.session.id}            {* 类似在 PHP 脚本中访问$_SESSION["id"] *}
{$smarty.server.SERVER_NAME}    {* 类似在 PHP 脚本中访问$_SERVER["SERVER_NAME"] *}
{$smarty.env.PATH}              {* 类似在 PHP 脚本中访问$_ENV["PATH"]*}
{$smarty.request.username}      {* 类似在 PHP 脚本中访问$_REQUEST["username"] *}
```

2．在模板中访问PHP中的变量

在 PHP 脚本中有系统常量和自定义常量两种，同样这两种常量在 Smarty 模板中也可以被访问，而且不需要从 PHP 中分配，只要通过{$smarty}保留变量就可以直接输出常量的值。在模板中输出常量的示例如下所示。

```
{$smarty.const._MY_CONST_VAL}   {* 在模板中输出在 PHP 脚本中用户自定义的常量 *}
{$smarty.const.__FILE__}        {* 在模板中通过保留变量数组直接输出系统常量 *}
```

在模板中的变量不能为其重新赋值，但是可以参与数学运算，只要在 PHP 脚本中可以执行的数学运算都可以直接应用到模板中。使用的示例如下所示。

```
{$foo+1}
{* 在模板中将 PHP 中分配的变量加 1 *}
{$foo*$bar}
{* 将两个 PHP 中分配的变量在模板中相乘 *}
{$foo->bar-$bar[1]*$baz->foo->bar()-3*7}
{* PHP 中分配的复合类型变量也可以参与计算 *}
{if ($foo+$bar.test%$baz*134232+10+$b+10)}
{* 可以将模板中的数学运算在程序逻辑中应用 *}
```

另外，在 Smarty 模板中可以识别嵌入在双引号中的变量，只要此变量只包含数字、字母、下划线或中括号[]。对于其他的符号（句号、对象相关的等），此变量必须用两个反引号"`"（此符号和"~"在同一个键上）包住。使用的示例如下所示。

```
{func var="test $foo test"}
{* 在双引号中嵌入标量类型的变量 *}
{func var="test $foo[0] test"}
{* 将索引数组嵌入到模板的双引号中 *}
{func var="test $foo[bar] test"}
{* 也可以将关联数组嵌入到模板的双引号中 *}
{func var="test `$foo.bar` test"}
{* 嵌入对象中的成员时将变量使用反引号包住*}
```

11.4.3　变量调节器

在 PHP 中提供了非常全面的处理文本函数，可以通过这些函数将文本修饰后，再调用 Smarty 对象中的 assign()方法分配到模板中输出。而有时可能想在模板中直接对 PHP 分配的变量进行调节，Smarty 开发人员在库中集成了一些这方面的特性，而且允许用户对其进行任意扩展。

在 Smarty 模板中使用变量调节器修饰变量，和在 PHP 中调用函数处理文本相似，只是 Smarty 中对变量修饰的语法不同。变量在模板中输出以前如果需要调节，可以在该变量后面跟一个竖线"|"，在后面使用调节的命令。而且对于同一个变量，可以使用多个修改器，它们将从左到右按照设定好的顺序被依次组合使用，使用时必须要用"|"字符作为它们之间的分隔符。语法如下所示。

```
{$var|modifier1|modifier2|modifier3|…}
{* 在模板中的变量后面多个调节器组合使用的语法 *}
```

另外，变量调节器由赋予的参数值决定其行为，参数由冒号"："分开，有的调节器命令有多个参数。使用变量调节器的命令和调用 PHP 函数有点儿相似，其实每个调节器命令都对应一个 PHP 函数。每个函数都占用一个文件，存放在和 Smarty 类库同一个目录下的 plugins 目录中。也可以按 Smarty 规则在该目录中添加自定义函数，对变量调节器的命令进行扩展。也可以按照自己的需求，修改原有的变量调节器命令对应的函数。在下面的示例中使用变量调节器命令 truncate，将变量字符串截取为指定数量的字符，如下所示。

```
{$topic|truncate:40:"..."}
{* 截取变量值的字符串长度为 40，并在结尾使用"…"表示省略 *}
```

truncate 函数默认截取字符串的长度为 80 个字符，但可以通过提供的第一个可选参数来改变截取的长度，例如，上例中指定截取的长度为 40 个字符。还可以指定一个字符串作为第二个可选参数的值，追加到截取后的字符串后面，如省略号（…）。此外，还可以通过第三个可选参数指定到达指定的字符数限制后立即截取，或是还需要考虑单词的边界，这个参数默认为 false，则截取到达限制后的单词边界。

如果给数组变量应用单值变量的调节，结果是数组的每个值都被调节。如果只想要调节器用一个值调节整个数组，必须在调节器名字前加上@符号。例如：

```
{$articleTitle|@count}{*这将会在 $articleTitle 数组里输出元素的数目*}
```

下面用一个例子来看几个调节器的用法，模板内容如下。

```
<html>
<head><title>smarty 的模板调节器示例</title></head>
<body>
1．第一句首字母要大写：<tpl>$str1|capitalize</tpl><br>
2．第二句模板变量 +张三：<tpl>$str2|cat: 张三"</tpl><br>
3．第三句输出当前日期：<tpl>$str3|date_format:"%Y 年%m 月%d 日"</tpl><br>
4．第四句.php 程序中不处理，它显示默认值：<tpl>$str4|default:"没有值!"</tpl><br>
5．第五句要让它缩进 8 个空白字母位，并使用"*"取替这 8 个空白字符：<br><tpl>$str5|
   indent:8:"*"</tpl><br>
6．第六句把 JaDDy@oNCePlAY.CoM 全部变为小写：<tpl>$str6|lower</tpl><br>
7．第七句把变量中的 teacherzhang 替换成：张三：<tpl>$str7|replace:
   "teacherzhang":"张三"</tpl><br>
8．第八句为组合使用变量修改器：<tpl>$str8|capitalize|cat:"这里是新加的时间：
   "|date_format:"%Y 年%m 月%d 日"|lower</tpl>
</body>
</html>
```

然后设计 PHP 脚本：

```php
<?php
require_once ("./lib/smarty/Smarty.class.php");     //包含 smarty 类文件
$smarty = new Smarty(); //建立 smarty 实例对象$smarty
$smarty->template_dir = "./templates";              //设置模板目录
$smarty->compile_dir = "./templates_c";             //设置编译目录

//----------------------------------------------------
//左右边界符，默认为{}，但实际应用当中容易与 JavaScript 相冲突，所以建议设成其他。
//----------------------------------------------------
$smarty->left_delimiter = "<tpl>";
$smarty->right_delimiter = "</tpl>";

$smarty->assign("str1", "my name is zhangsan.");
//将 str1 替换成 My Name Is Zhangsan.
$smarty->assign("str2", "我的名字叫："); //输出：我的名字叫:张三
$smarty->assign("str3", "公元"); //输出公元 2010 年 5 月 6 日（我的当前时间）
//$smarty->assign("str4", "");
//第四句不处理时会显示默认值，如果使用前面这一句则替换为""
$smarty->assign("str5", "前边 8 个*"); //第五句输出：********前边 8 个*
$smarty->assign("str6", "JaDDy@oNCePlAY.CoM");
//这里将输出 jaddy@onceplay.com
$smarty->assign("str7", "this is teacherzhang");
//在模板中显示为：this is 张三
$smarty->assign("str8", "HERE IS COMBINING:");

//编译并显示位于./templates 下的 index.html 模板
$smarty->display("index.html");
?>
```

最后输出：

```
<html>
<head><title>smarty 的模板调节器示例</title></head>
<body>
1．第一句首字母要大写：My Name Is Zhangsan.<br>
2．第二句模板变量 + 张三：我的名字叫：张三<br>
3．第三句输出当前日期：公元 2010 年 5 月 6 日<br>
4．第四句.php 程序中不处理，它显示默认值：没有值！<br>
5．第五句要让它缩进 8 个空白字母位，并使用"*"取替这 8 个空白字符：<br>********前边 8
个*<br>
6．第六句把 JaDDy@oNCePlAY.CoM 全部变为小写：jaddy@onceplay.com<br>
7．第七句把变量中的 teacherzhang 替换成：张三：this is 张三<br>
8．第八句为组合使用变量修改器：Here is Combining:这里是新加的时间：2004 年 5 月 6 日
</body>
</html>
```

Smarty 模板中常用的变量调节函数如表 11-2 所示。

表 11-2　Smarty常用变量调节函数列表

成员方法名	描　　述
capitalize	将变量里的所有单词首字母大写，参数值 boolean 型决定带数字的单词是否首字大写，默认不大写
count_characters	计算变量值里的字符个数，参数值 boolean 型决定是否计算空格数，默认不计算空格
cat	将 cat 里的参数值连接到给定的变量后面，默认为空
count_paragraphs	计算变量里的段落数量
count_sentences	计算变量里句子的数量
count_words	计算变量里的词数
date_format	日期格式化，第一个参数控制日期格式，如果传给 date_format 的数据是空的，将使用第二个参数作为默认时间
default	为空变量设置一个默认值，当变量为空或者未分配时，由给定的默认值替代输出
escape	用于 HTML 转码、URL 转码，在没有转码的变量上转换单引号、十六进制转码、十六进制美化，或者 JavaScript 转码。默认是 HTML 转码
indent	在每行缩进字符串，第一个参数指定缩进多少个字符，默认是 4 个字符；第二个参数，指定缩进用什么字符代替
lower	将变量字符串小写
nl2br	所有的换行符将被替换成 。功能同 PHP 中的 nl2br()函数一样
regex_replace	寻找和替换正则表达式，必须有两个参数，参数 1 是替换正则表达式，参数 2 指定使用什么文本字串来替换
replace	简单的搜索和替换字符串，必须有两个参数，参数 1 是将被替换的字符串，参数 2 是用来替换的文本
spacify	在字符串的每个字符之间插入空格或者其他的字符串，参数表示将在两个字符之间插入的字符串，默认为一个空格

续表

成员方法名	描　　述
string_format	是一种格式化浮点数的方法,例如十进制数,使用 sprintf 语法格式化。参数是必需的,规定使用的格式化方式。%d 表示显示整数,%.2f 表示截取两个浮点数
strip	替换所有重复的空格,换行和 Tab 为单个或者指定的字符串。如果有参数则是指定的字符串
strip_tags	去除所有 HTML 标签
truncate	从字符串开始处截取某长度的字符,默认是 80 个
upper	将变量改为大写
wordwrap	可以指定段落的宽度(也就是多少个字符一行,超过这个字符数换行),默认 80。第二个参数可选,可以指定在约束点使用什么字符(默认是换行符\n)。默认情况下 smarty 将截取到词尾,如果想精确到设定长度的字符,请将第三个参数设为 true

下面分别以实例介绍。

1. capitalize

将变量里的所有单词首字大写。

2. count_characters

字符计数。
示例如下:

```
//PHP 程序
$smarty->assign('articleTitle', 'A B C');
//模板内容
{$articleTitle}<Br>
{$articleTitle|count_characters}<Br>
{$articleTitle|count_characters:true} //决定是否计算空格字符。是
//最后输出:
A B C
3
5
```

3. cat

连接字符串,将 cat 里的值连接到给定的变量后面。

```
//PHP 程序
$smarty->assign('articleTitle', "hello");
//模板内容:
{$articleTitle|cat:"kevin"}
//最后输出:
hello kevin
```

4．date_format

格式化从函数 strftime()获得的时间和日期，UNIX 或者 MySQL 等的时间戳记都可以传递到 Smarty，设计者可以使用 date_format 完全控制日期格式，如果传给 date_format 的数据是空的，将使用第二个参数作为时间格式。

示例如下。

```
//PHP 程序
$smarty->assign('yesterday', strtotime('-1 day'));
//模板内容
{$smarty.now|date_format}<Br>
{$smarty.now|date_format:"%A, %B %e, %Y"}<Br>
{$smarty.now|date_format:"%H:%M:%S"}<Br>
{$yesterday|date_format}<Br>
{$yesterday|date_format:"%A, %B %e, %Y"}<Br>
{$yesterday|date_format:"%H:%M:%S"}
最后输出：
Feb 6, 2011
Tuesday, February 6, 2011
14:33:00
Feb 5, 2011
Monday, February 5, 2011
14:33:00
```

5．default

为空变量设置一个默认值，当变量为空或者未分配的时候，将由给定的默认值替代输出。

```
//PHP 程序
$smarty->assign('articleTitle', 'A');
//模板内容
{$articleTitle|default:"no title"}
{$myTitle|default:"no title"}
最后输出：
A
no title
```

6．escape

用于 HTML 转码，URL 转码，在没有转码的变量上转换单引号，十六进制转码，十六进制美化，或者 JavaScript 转码。默认是 HTML 转码。

7．indent

在每行缩进字符串，默认是 4 个字符。作为可选参数，可以指定缩进字符数，作为第二个可选参数，可以指定缩进用什么字符代替。注意：使用缩进时如果是在 HTML 中，则需要使用 （空格）来代替缩进，否则没有效果。

8．lower

将变量字符串小写。

9．nl2br

换行符替换成
，所有的换行符将被替换成
，功能同 PHP 中的 nl2br()函数一样。

10．regex_replace

寻找和替换正则表达式，欲使用其语法，请参考 PHP 手册中的 preg_replace()函数。示例如下：

```
//PHP 程序
$smarty->assign('articleTitle', "A\nB");
//模板内容
{* replace each carriage return, tab & new line with a space *}{* 使用空格
替换每个回车, tab, 和换行符 *}
{$articleTitle}<Br>
{$articleTitle|regex_replace:"/[\r\t\n]/":" " }
//结果输出
A
B
A B
```

11．replace

简单地搜索和替换字符串。

```
//PHP 程序
$smarty->assign('articleTitle', "ABCD");
//模板内容
{$articleTitle}<Br>
{$articleTitle|replace:"D":"E"}
//最后输出
ABCD
ABCE
```

12．spacify

字符串的每个字符之间插入空格或者其他的字符（串）。示例如下。

```
//PHP 程序
$smarty->assign('articleTitle', 'Something');
//模板内容
{$articleTitle}<Br>
{$articleTitle|spacify}<Br>
{$articleTitle|spacify:"^^"}
```

```
//结果输出:
Something Went Wrong in Jet Crash, Experts Say.
S o m e t h i n g
S^^o^^m^^e^^t^^h^^i^^n^^g
```

13．string_format

是一种格式化字符串的方法，例如格式化为十进制数等。示例如下。

```
//PHP 程序
$smarty->assign('number', 23.5787446);
//模板内容
{$number}<Br>
{$number|string_format:"%.2f"}<Br>
{$number|string_format:"%d"}
//结果输出
23.5787446
23.58
24
```

11.5　Smarty 模板函数

Smarty 的使用过程主要通过调用其成员方法来实现。在模板设计过程中主要应用的是 Smarty 的模板函数。本节主要阐述 Smarty 模板函数的使用。

11.5.1　内建函数

Smarty 自带一些内建函数。内建函数是模板语言的一部分，用户不能创建名称和内建函数一样的自定义函数,也不能修改内建函数。

1．capture函数

capture 函数的作用是捕获模板输出的数据并将其存储到一个变量里，而不是把它们输出到页面。任何在 {capture name="foo"}和{/capture}之间的数据将被存储到变量$foo 中，该变量由 name 属性指定。在模板中通过 $smarty.capture.foo 访问该变量。如果没有指定 name 属性，函数默认将使用 "default" 作为参数，{capture}必须成对出现，即以{/capture}作为结尾，且该函数不能嵌套使用。

例 11-1　捕获模板内容。

```
{* 该例在捕获到内容后输出一行包含数据的表格，如果没有捕获到就什么也不输出 *}
{capture name=banner}
{include file="get_banner.tpl"}
{/capture}
{if $smarty.capture.banner ne ""}
<tr>
    <td>
        {$smarty.capture.banner}
```

```
        </td>
      </tr>
{/if}
```

2. config_load 函数

该函数用于从配置文件中加载变量。

配置文件有利于设计者管理文件中的模板全局变量。最简单的例子就是模板色彩变量。一般情况下如果想改变一个程序的外观色彩，就必须去更改每一个文件的颜色变量。如果有这个配置文件，色彩变量就可以保存在一个地方，只要改变这个配置文件就可以实现色彩的更新。

例 11-2 配置文件语法。

```
# global variables
pageTitle = "Main Menu"
bodyBgColor = #000000
tableBgColor = #000000
rowBgColor = #00ff00

[Customer]
pageTitle = "Customer Info"

[Login]
pageTitle = "Login"
focus = "username"
Intro = """This is a value that spans more than one line. you must enclose
it in triple quotes."""

# hidden section
[.Database]
host=my.domain.com
db=ADDRESSBOOK
user=php-user
pass=foobar
```

配置文件变量值能够在引号中使用，但是没有必要。可以用单引号或者双引号。如果有一个不只在一个区域内使用的变量值，可以使用三引号(""")将它完整地封装起来，可以把它们放进配置文件，只要没有语法错误。建议在程序行前使用"#"加一些注释信息来标识。

上面关于配置文件的例子共有两个部分。每部分的名称都是用一个"[]"给括起来。每部分的名称命名规则就是任意的字符串，只要不包括符号"["或者"]"。例子开头的 4个变量都是全局变量，也就是说不仅可以在一个区域内使用。这些变量总是从配置文件中载入。如果某个特定的局部变量已经载入，这样全局变量和局部变量都还可以载入。如果当某个变量名既是全局变量又是局部变量时，局部变量将被优先赋予值来使用。如果在一个局部中两个变量名相同，最后一个将被赋值使用。

配置文件是通过内建函数载入到模板 { config load }，可以在某段时期通过预先想好的变量名或者局部名隐藏变量或者完整的一个节。当应用程序读取配置文件和取得有用数据而不用读取模板时这个非常有用，如果有第三方来做模板编辑的话，可以肯定地说它们不能通过载入配置文件到模板而读取到任何有用的数据。

例 11-3　config_load 函数。

```
{config_load file="colors.conf"}

<html>
<title>{#pageTitle#}</title>
<body bgcolor="{#bodyBgColor#}">
<table border="{#tableBorderSize#}" bgcolor="{#tableBgColor#}">
    <tr bgcolor="{#rowBgColor#}">
        <td>First</td>
    <td>Last</td>
    <td>Address</td>
</tr>
</table>
</body>
</html>
```

配置文件有可能包含多个部分，此时可以使用附加属性 section 指定从哪一部分中取得变量。注意：配置文件中的 section 和模板内建函数 section 只是命名相同，毫不相干。

例 11-4　带 section 属性的 config_load 函数演示。

```
{config_load file="colors.conf" section="Customer"}

<html>
<title>{#pageTitle#}</title>
<body bgcolor="{#bodyBgColor#}">
<table border="{#tableBorderSize#}" bgcolor="{#tableBgColor#}">
    <tr bgcolor="{#rowBgColor#}">
        <td>First</td>
        <td>Last</td>
        <td>Address</td>
    </tr>
</table>
</body>
</html>
```

3. include

Include 标签用于在当前模板中包含其他模板。当前模板中的变量在被包含的模板中可用。必须指定 file 属性，该属性指明模板资源的位置。

如果设置了 assign 属性，该属性对应的变量名用于保存待包含模板的输出，这样待包含模板的输出就不会直接显示了。

例 11-5　include 函数演示。

```
{include file="header.tpl"}
{* body of template goes here *}
{include file="footer.tpl"}
```

可以在属性中传递参数给待包含模板。传递给待包含模板的参数只在待包含模板中可见。如果传递的参数在待包含模板中有同名变量，那么该变量被传递的参数替代。

例 11-6　带传递参数的 include 函数演示。

```
{include file="header.tpl" title="Main Menu" table_bgcolor="#c0c0c0"}
{* body of template goes here *}
```

```
{include file="footer.tpl" logo="http://my.domain.com/logo.gif"}
```

包含 $template_dir 文件夹之外的模板请使用模板资源说明的格式。

例 11-7   使用外部模板资源的 include 函数演示。

```
{* Linux 下使用绝对路径 *}
{include file="/usr/local/include/templates/header.tpl"}

{* 同上 *}
{include file="file:/usr/local/include/templates/header.tpl"}

{*Windows 下的绝对路径*}
{include file="file:C:/www/pub/templates/header.tpl"}

{* 从数据库中获取 *}
{include file="db:header.tpl"}
```

4．insert函数

insert 函数类似于 include 函数，不同之处是 insert 所包含的内容不会被缓存，每次调用该模板都会重新执行该函数。

例如，在页面上端使用一个带有广告条位置的模板，广告条可以包含任何 HTML、图像、Flash 等混合信息. 因此这里不能使用一个静态的链接，同时也不希望该广告条被缓存。这就需要在 insert 函数中指定：#banner_location_id# 和 #site_id# 值（从配置文件中取），同时需要一个函数取广告条的内容信息。

例 11-8   insert 函数演示。

```
{* 获取 banner 示例 *}
{insert name="getBanner" lid=#banner_location_id# sid=#site_id#}
```

5．php函数

如果需要在 Smarty 模板文件中嵌入 PHP 脚本，则可以利用 php 函数。而是否处理这些语句还取决于$php_handling 的设置。该语句一般不常使用。

例 11-9   php 标签演示。

```
{php}
    //在模板文件中包含 php 代码
        include("/path/to/display_weather.php");
{/php}
```

11.5.2   自定义函数

用户可以使用 Smarty 自带的一组自定义函数。

1．assign 函数

assign 函数用于在模板被执行时为模板变量赋值。包含 var 和 value 两个必选属性，分别代表被赋值的变量和变量值。

例 11-10 assign 函数演示。

```
{assign var="name" value="Bob"}
The value of $name is {$name}.
```

输出结果为：

```
The value of $name is Bob.
```

2. counter 函数

counter 用于输出一个记数过程。counter 保存了每次记数时的当前记数值。 用户可以通过调节 interval 和 direction 调节该值。其属性描述如表 11-3 所示。

表 11-3 counter函数属性

属　　性	类　　型	是 否 必 需	默 认 值	描　　述
name	string	No	default	计数器的名称
start	number	No	1	记数器初始值
skip	number	No	1	记数器间隔、步长
direction	string	No	up	记数器方向（增/减）
print	boolean	No	true	是否输出值
assign	string	No	n/a	输出值将被赋给模板变量的名称

如果指定了 "assign" 这个特殊属性，该计数器的输出值将被赋给由 assign 指定的模板变量，而不是直接输出。

例 11-11 counter 函数演示。

```
{* 初始化计数值 *}
{counter start=0 skip=2 print=false}

{counter}<br>
{counter}<br>
{counter}<br>
{counter}<br>
```

输出结果为：

```
2<br>
4<br>
6<br>
8<br>
```

3. cycle 函数

cycle 用于轮转使用一组值。该特性使得在表格中交替输出颜色或轮转使用数组中的值变得很容易。其属性如表 11-4 所示。

表 11-4　cycle函数属性

属　　性	类　　型	是 否 必 需	默 认 值	描　　述
name	string	No	default	轮转的名称
values	mixed	Yes	N/A	待轮转的值，可以是用逗号分隔的列表（请查看 delimiter 属性）或一个包含多值的数组
Print	boolean	No	true	是否输出值
advance	boolean	No	true	是否使用下一个值（为 false 时使用当前值）
delimiter	string	No	,	指出 values 属性中使用的分隔符，默认是逗号
Assign	string	No	n/a	输出值将被赋给模板变量的名称

例 11-12　cycle 函数演示。

```
{section name=rows loop=$data}
<tr bgcolor="{cycle values="#eeeeee,#d0d0d0"}">
 <td>{$data[rows]}</td>
</tr>
{/section}
```

输出结果为：

```
<tr bgcolor="#eeeeee">
 <td>1</td>
</tr>
<tr bgcolor="#d0d0d0">
 <td>2</td>
</tr>
<tr bgcolor="#eeeeee">
 <td>3</td>
</tr>
```

4．eval 函数

eval 按处理模板的方式计算取得变量的值。该特性可用于在配置文件中的标签/变量中嵌入其他模板标签/变量。其各个属性如表 11-5 所示。

表 11-5　eval函数属性

属　　性	类　　型	是 否 必 需	默 认 值	描　　述
var	mixed	Yes	n/a	待求值的变量（或字符串）
assign	string	No	n/a	输出值将被赋给模板变量的名称

例 11-13　eval 函数演示。

```
setup.conf
----------
```

```
emphstart = <b>
emphend = </b>
title = Welcome to {$company}'s home page!
ErrorCity = You must supply a {#emphstart#}city{#emphend#}.
ErrorState = You must supply a {#emphstart#}state{#emphend#}.


index.tpl
---------
{config_load file="setup.conf"}
{eval var=$foo}
{eval var=#title#}
{eval var=#ErrorCity#}
{eval var=#ErrorState# assign="state_error"}
{$state_error}
```

输出结果为：

```
This is the contents of foo.
Welcome to Foobar Pub & Grill's home page!
You must supply a <b>city</b>.
You must supply a <b>state</b>.
```

5. fetch 函数

fetch 用于从本地文件系统、HTTP 或 FTP 上取得文件并显示文件的内容。其各个属性如表 11-6 所示。

表 11-6　fetch函数属性

属　　性	类　　型	是 否 必 需	默　认　值	描　　　　述
file	string	Yes	n/a	待请求的文件，http 或 ftp 方式
assign	string	No	n/a	输出值将被赋给模板变量的名称

如果指定了 "assign" 这个特殊属性，该函数的输出值将被赋给由 assign 指定的模板变量，而不是直接输出（Smarty 1.5.0 新特性）。

注意：

（1）该函数不支持HTTP重定向，如果要取得Web默认页，比如想取得www.domain.com 的主页资料，但是不知道主页的具体名称，可能是 index.php 或 index.htm 或 default.php 等等，可以直接使用该站点的 URL，记得在 URL 结尾处加上反斜线。

（2）如果模板的安全设置打开了，当取本地文件时只能取位于定义为安全文件夹下的资料（$secure_dir）。

例 11-14　fetch 函数演示。

```
{* 在模板中包含 JavaScript 文件 *}
{fetch file="/export/httpd/www.domain.com/docs/navbar.js"}

{* 嵌入其他网站的特色文件*}
```

```
{fetch file="http://www.myweather.com/68502/"}

{* 从 FTP 获取文件 *}
{fetch file="ftp://user:password@ftp.domain.com/path/to/
currentheadlines.txt"}

{* 从网站中获取并标记指定文本 *}
{fetch file="http://www.myweather.com/68502/" assign="weather"}
{if $weather ne ""}
<b>{$weather}</b>
{/if}
```

除此之外，Smarty 的自定义函数还有 html_image、html_options、math、mailto 等，在此就不再一一讲解。

11.6　流程控制

Smarty 提供了几种可以控制模板内容输出的结构，包括能够按条件判断决定输出内容的 if…elseif…else 结构，也有迭代处理传入数据的 foreach 和 section 结构。本节将介绍这些在 Smarty 模板中使用的控制结构。

11.6.1　条件选择结构 if…else

Smarty 模板中的{if}语句和 PHP 中的 if 语句一样灵活易用，并增加了几个特性以适宜模板引擎。Smarty 中{if}必须和{/if}成对出现，当然也可以使用{else}和{elseif}子句。另外，在{if}中可以使用表 11-7 中给出的全部条件修饰词。

表 11-7　Smarty中的修饰符

条件修饰符	描　述	条件修饰符	描　述	条件修饰符	描　述
gte	大于等于	is not even	是否不为偶数	==	相等
eq	相等	neq	不相等	mod	求模
gt	大于	is even	是否为偶数	not	非
ge	大于等于	is odd	是否为奇数	!=	不相等
lt	小于	is not odd	是否不为奇数	>	大于
lte	小于等于	div by	是否能被整除	<	小于
le	小于等于	even by	商是否为偶数	<=	小于等于
ne	不相等	odd by	商是否为奇数	>=	大于等于

Smarty 模板中在使用这些修饰词时，它们必须和变量或常量用空格隔开。此外，在 PHP 标准代码中，必须把条件语句包围在小括号中，而在 Smarty 中小括号的使用则是可选的。一些常见的选择控制结构用法如下所示。

```
{if $name eq "Fred"}
{* 判断变量$name 的值是否为 Fred *}
Welcome Sir.
```

```
{* 如果条件成立则输出这个区块的代码 *}
{elseif $name eq "Wilma"}
{* 否则判断变量$name 的值是否为 Wilma *}
Welcome Ma'am.
{* 如果条件成立则输出这个区块的代码 *}
{else}
{* 否则从句，在其他条件都不成立时执行 *}
Welcome, whatever you are.
{* 如果条件成立则输出这个区块的代码 *}
{/if}
{* 是条件控制的关闭标记，if 必须成对出现*}

{if $name eq "Fred" or $name eq "Wilma"}
{* 使用逻辑运算符"or"的一个例子 *}
    ...
{* 如果条件成立则输出这个区块的代码 *}
{/if}
{* 是条件控制的关闭标记，if 必须成对出现*}

{if $name == "Fred" || $name == "Wilma"}
{* 和上面的例子一样，"or"和"||"没有区别 *}
    ...
{* 如果条件成立则输出这个区块的代码 *}
{/if}
{* 是条件控制的关闭标记，if 必须成对出现*}

{if $name=="Fred" || $name=="Wilma"}
{* 错误的语法，条件符号和变量要用空格隔开*}
    ...
{* 如果条件成立则输出这个区块的代码 *}
{/if}
{* 是条件控制的关闭标记，if 必须成对出现*}
```

11.6.2　foreach

在 Smarty 模板中，可以使用 foreach 或 section 两种方式重复一个区块。而在模板中则需要从 PHP 中分配过来一个数组，这个数组也可以是多维数组。foreach 标记的作用与 PHP 中的 foreach 相同，但它们的使用语法大不相同，因为在模板中增加了几个特性以适应模板引擎。它的语法格式虽然比较简单，但只能用来处理简单数组。在模板中｛foreach｝必须和｛/foreach｝成对使用，它有 4 个参数，其中 from 和 item 两个是必要的，如表 11-8 所示：

表 11-8　foreach参数描述

参数名	描　　　述	类　　型	默认值
from	待循环数组的名称，该属性决定循环的次数，必要参数	数组变量	无
item	确定当前元素的变量名称，必要参数	字符串	无
key	当前处理元素的键名，可选参数	字符串	无
name	该循环的名称，用于访问该循环，这个名是任意的，可选参数	字符串	无

也可以在模板中嵌套使用 foreach 遍历二维数组，但必须保证嵌套中的 foreach 名称唯一。此外，在使用 foreach 遍历数组时与下标无关，所以在模板中关联数组和索引数组都可以使用 foreach 遍历。

考虑一个使用 foreach 遍历数组的示例。假设 PHP 从数据库中读取了一张表的所有记录，并保存在一个声明好的二维数组中，而且需要将这个数组中的数据在网页中显示。可以在脚本文件 index.php 中，直接声明一个二维数据保存三个人的联系信息，并通过 Smarty 引擎分配给模板文件。代码如下所示。

```php
<?php
require "libs/Smarty.class.php";
//包含 Smarty 类库
$smarty = new Smarty();
//创建 Smarty 类的对象
$contact=array(
//声明一个保存三个联系人信息的二维数组
array('name'=>'王某','fax'=>'1','email'=>'w@HBSI.net','phone'=>'4'),
array('name'=>'张某','fax'=>'2','email'=>'z@HBSI.net','phone'=>'5'),
array('name'=>'李某','fax'=>'3','email'=>'l@HBSI.net','phone'=>'6'));
$smarty->assign('contact', $contact);
//将关联数组$contact 分配到模板中使用
$smarty->display('index.tpl');
//直找模板替换并输出
?>
```

创建一个模板文件 index.tpl，使用双层 foreach 嵌套遍历从 PHP 中分配的二维数组，并以表格的形式在网页中输出。代码如下所示。

```
<html>
    <head>
        <title>联系人信息列表</title>
    </head>
    <body>
    <table border="1" width="80%" align="center">
        <caption><h1>联系人信息</h1></caption>
        <tr>
            <th>姓名</th><th>传真</th><th>电子邮件</th><th>联系电话</th>
        </tr>
        {foreach from=$contact item=row}
        {* 外层 foreach 遍历数组$contact *}
        <tr>
        {* 输出表格的行开始标记 *}
            {foreach from=$row item=col}
            {* 内层 foreach 遍历数组$row *}
            <td>{$col}</td>
            {* 以表格形式输出数组中的每个数据 *}
            {/foreach}
            {* 内层 foreach 区块结束标记 *}
        </tr>
        {* 输出表格的行结束标记 *}
        {/foreach}
        {* 外层 foreach 区域的结束标记 *}
    </table>
```

```
        </body>
    </html>
```

在 Smarty 模板中还为 foreach 标记提供了一个扩展标记 foreachelse，这个语句在 from 变量没有值的时候被执行，就是在数组为空时 foreachelse 标记可以生成某个候选结果。在模板中，foreachelse 标记不能独自使用，一定要与 foreach 一起使用。而且 foreachelse 不需要结束标记，它嵌入在 foreach 中，与 elseif 嵌入在 if 语句中很类似。一个使用 foreachelse 的模板示例如下。

```
{foreach key=key item=value from=$array}
{* 使用 foreach 遍历数组$array 中的键和值 *}
    {$key} => {$item} <br>
    {* 在模板中输出数组$array 中元素的键和值对 *}
{foreachelse}
    {* foreachelse 在数组$array 没有值的时候被执行*}
    <p>数组$array 中没有任何值</p>
    {* 如果看到这条语句，说明数组中没有任何数据*}
{/foreach}
{* foreach 需要成对出现，是 foreach 的结束标记 *}
```

11.6.3　section

先看一段 PHP 代码：

```
$pc_id = array(1000,1001,1002);
$smarty->assign('pc_id',$pc_id);
```

section 模板：

```
{* 该例同样输出数组 $pc_id 中的所有元素的值 *}
{section name=i loop=$pc_id}
  id: {$pc_id[i]}<br>
{/section}
```

section 用于遍历数组中的数据，section 标签必须成对出现，必须设置 name 和 loop 属性，名称可以是包含字母、数字和下划线的任意组合，可以嵌套但必须保证嵌套的 name 唯一，变量 loop（通常是数组）决定循环执行的次数，当需要在 section 循环内输出变量时，必须在变量后加上中括号包含着的 name 变量，sectionelse 当 loop 变量无值时被执行。section 语法参数：

```
{section name = name loop = $varName[, start = $start, step = $step, max
= $max, show = true]}
```

name：section 的名称，不用加$。

$loop：要循环的变量，在程序中要使用 assign 对这个变量进行操作。

$start：开始循环的下标，循环下标默认由 0 开始。

$step：每次循环时下标的增数。

$max：最大循环下标。

$show：boolean 类型，决定是否对这个块进行显示，默认为 true。

这里有个名词需要说明。

循环下标：实际它的英文名称为 index，是索引的意思，这里将它译成"下标"，主要是为了好理解。它表示在显示这个循环块时当前的循环索引，默认从 0 开始，受$start 的影响，如果将$start 设为 5，它也将从 5 开始计数，在模板设计部分使用过它，这是当前 {section} 的一个属性，调用方式为 Smarty.section.sectionName.index，这里的 sectionName 指的是函数原型中的 name 属性。

{section}块具有的属性值分别如下。

（1）index：前边介绍的"循环下标"，默认为 0。

（2）index_prev：当前下标的前一个值，默认为–1。

（3）index_next：当前下标的下一个值，默认为 1。

（4）first：是否为第一个循环。

（5）last：是否为最后一个循环。

（6）iteration：循环次数。

（7）rownum：当前的行号，iteration 的另一个别名。

（8）loop：最后一个循环号，可用在 section 块后统计 section 的循环次数。

（9）total：循环次数，可用在 section 块后统计循环次数。

（10）show：在函数的声明中有它，用于判断 section 是否显示。

11.7 Smarty 的缓存处理

由于用户在每次访问 PHP 应用程序时，都会建立新的数据库连接并重新获取一次数据，再经过操作处理形成 HTML 等代码展示给用户，所以功能越强大的应用，执行时的开销就会越大。如果应用程序的数据是不经常变化的，这样显示是浪费资源的。如果不想每次都重复执行相同的操作，就可以在第一次访问 PHP 应用程序时，将动态获取的 HTML 代码保存为静态页面，形成缓存文件。在以后每次请求该页面时，直接去读取缓存的数据，而不用每次都重复执行获取和处理操作带来的开销。所以，让 Web 应用程序运行得更高效，缓存技术是一种比较有效的解决方案。

11.7.1 在 Smarty 中控制缓存

Smarty 缓存与前面介绍的 Smarty 编译是两个完全不同的机制，Smarty 的编译功能在默认情况下是启用的，而缓存则必须由开发人员开启。编译的过程是将模板转换为 PHP 脚本，虽然 Smarty 模板在没被修改过的情况下，不会再重新执行转换过程，直接执行编译过的模板。但这个编译过的模板还是一个动态的 PHP 页面，运行时还是需要 PHP 来解析的，如涉及数据库，还会去访问数据库，这也是开销最大的，所以它只是减少了模板转换的开销。缓存则不仅将模板转换为 PHP 脚本执行，而且将模板内容转换成为静态页面，所以不仅减少了模板转换的开销，也没有了在逻辑层执行获取数据所需的开销。

1．建立缓存

如果需要使用缓存，首先要做的就是让缓存可用，这就要设置 Smarty 对象中的缓存属性，如下所示。

```php
<?php
require('libs/Smarty.class.php');              //包含 Smarty 类库
$smarty = new Smarty;                          //创建 Smarty 类的对象
$smarty->caching = true;                        //启用缓存
$smarty->cache_dir = "./cache/";                //指定缓存文件保存的目录
$smarty->display('index.tpl')                   //也会把输出保存
?>
```

在上面 PHP 脚本中，通过设置 Smarty 对象中的$caching = true（或 1）启用缓存。这样，当第一次调用 Smarty 对象中的 display('index.tpl')方法时，不仅会把模板返回原来的状态（没缓存），也会把输出复制到由 Smarty 对象中的$cache_dir 属性指定的目录下，保存为缓存文件。下次调用 display('index.tpl')方法时，保存的缓存会被再用来代替原来的模板。

2．处理缓存的生命周期

如果被缓存的页面永远都不更新，就会失去动态数据更新的效果。但对一些经常需要改变的信息，可以通过指定一个更新时间，让缓存的页面在指定的时间内更新一次。缓存页面的更新时间（以 s 为单位）是通过 Smarty 对象中$cache_lifetime 属性指定的，默认的缓存时间为 3600s。如果希望修改此设置，就可以设置这个属性值。一旦指定的缓存时间失效，则缓存页面将会重新生成，如下所示。

```php
<?php
require('libs/Smarty.class.php');              //包含 Smarty 类库
$smarty = new Smarty;                          //创建 Smarty 类的对象
$smarty->caching = 2;             //启用缓存，在获取模板之前设置缓存生存时间
$smarty->cache_dir = "./cache/";                //指定缓存文件保存的目录
$smarty->cache_lifetime = 60*60*24*7;           //设置缓存时间为 1 周
$smarty->display('index.tpl');                  //也会把输出保存
?>
```

如果想给某些模板设定它们自己的缓存生存时间，可以在调用 display()或 fetch()函数之前，通过设置$caching = 2，然后设置$cache_lifetime 为一个唯一值来实现。$caching 必须因$cache_lifetime 需要而设为 true，值为 1 时将强迫缓存永不过期，0 值将导致缓存总是重新生成（建议仅测试使用，这里也可以设置$caching = false 来使缓存无效）。

大多数强大的 Web 应用程序功能都体现在其动态特性上，哪些文件加了缓存，缓存时间多长都是很重要的。例如，站点的首页内容不是经常更改，那么对首页缓存一个小时或是更长都可以得到很好效果。相反，几分钟就要更新一下信息的天气地图页面，用缓存就不好了。所以一方面考虑到性能提升，另一方面也要考虑到缓存页面的时间设置是否合理，要在这二者之间进行权衡。

HBSI 综合多用户商城同样使用了缓存机置，对于经常用到的信息，系统生成缓存文件到 cache 文件夹下，对于商品详细页面则是生成了静态页面，这些是使用商城自身的缓

存机制完成的，而没有使用 Smarty 的缓存。如果想在商城使用 Smarty 强大的缓存功能，建议可缓存个别页面，而非整个商城系统，如会员注册、登录等页面，可为每个页面设定不同的缓存时间，可以将$ caching 属性设置为 2，然后结合$ cache_lifetime 属性进行缓存。有些页面则不适合使用缓存，如商品搜索结果页面、使用 Ajax 调用的顶部页面等。

11.7.2 一个页面多个缓存

例如，同一个新闻页面模板，是发布多篇新闻的通用界面。这样，同一个模板在使用时就会生成不同的页面实现。如果开启缓存，则通过同一个模板生成的多个实例都需要被缓存。Smarty 实现这个问题比较容易，只要在调用 display()方法时，通过在第二个可选参数中提供一个值，这个值是为每一个实例指定的一个唯一标识符，有几个不同的标识符就有几个缓存页面，如下所示。

```php
<?php
require('libs/Smarty.class.php');
//包含 Smarty 类库
$smarty = new Smarty;
//创建 Smarty 类的对象
$smarty->caching = 1;
//启用缓存
$smarty->cache_dir = "./cache/";
//指定缓存文件保存的目录
$smarty->cache_lifetime = 60*60*24*7;
//设置缓存时间为 1 周
/*
$news=$db->getNews($_GET["newsid"]);
//通过表单获取的新闻 ID 返回新闻对象
$smarty->assign("newsid", $news->getNewTitle());
//向模板中分配新闻标题
$smarty->assign("newsdt", $news->getNewDataTime());
//向模板中分配新闻时间
$smarty->assign("newsContent", $news->getNewContent);
//向模板中分配新闻主体内容
*/
$smarty->display('index.tpl', $_GET["newsid"]);
//将新闻 ID 作为第二个参数提供
?>
```

在上例中，假设该脚本通过在 GET 方法中接收的新闻 ID，从数据库中获取一篇新闻，并将新闻的标题、时间、内容通过 assign()方法分配给指定的模板。在调用 display()方法时，通过在第二个参数中提供的新闻 ID，将这篇新闻缓存为单独的实例。采用这种方式，可以轻松地为每一篇新闻都缓存为一个唯一的实例。

11.7.3 为缓存实例消除处理开销

所谓的处理开销，是指在 PHP 脚本中动态获取数据和处理操作等的开销，如果启用了模板缓存就要消除这些处理开销。因为页面已经被缓存了，直接请求的是缓存文件，不需要再执行动态获取数据和处理操作了。如果禁用缓存，这些处理开销总是会发生的。解决的办法就是通过 Smarty 对象中的 is_cached()方法，判断指定模板的缓存是否存在。使用的方式如下所示。

```php
<?php
$smarty->caching = true;                    //开启缓存
if(!$smarty->is_cached("index.tpl")) {
//判断模板文件 imdex.tpl 是否已经被缓存了
//调用数据库，并对变量进行赋值                //消除了处理数据库的开销
}
$smarty->display("index.tpl");              //直接寻找缓存的模板输出
?>
```

如果同一个模板有多个缓存实例，每个实例都要消除访问数据库和操作处理的开销，可以在 is_cached()方法中通过第二个可选参数指定缓存号，如下所示。

```php
<?php
require('libs/Smarty.class.php');
//包含 Smarty 类库
$smarty = new Smarty;
//创建 Smarty 类的对象
$smarty->caching = 1;
//启用缓存
$smarty->cache_dir = "./cache/";
//指定缓存文件保存的目录
$smarty->cache_lifetime = 60*60*24*7;
//设置缓存时间为 1 周
if(!$smarty->is_cached('news.tpl', $_GET["newsid"])) {
//判断 news.tpl 的某个实例是否被缓存
    /*
    $news=$db->getNews($_GET["newsid"]);
    //获取的新闻 ID 返回新闻对象
    $smarty->assign("newsid", $news->getNewTitle());
    //向模板中分配新闻标题
    $smarty->assign("newsdt", $news->getNewDataTime());
    //向模板中分配新闻时间
    $smarty->assign("newsContent", $news->getNewContent);
    //向模板中分配新闻主体内容
    */
}
$smarty->display('news.tpl', $_GET["newsid"]);
//将新闻 ID 作为第二个参数提供
?>
```

在上例中 is_cache()和 display()两个方法，使用的参数是相同的，都是对同一个模板中的特定实例进行操作。

11.7.4 清除缓存

如果开启了模板缓存并指定了缓存时间，则页面在缓存的时间内输出结果不变。所以在程序开发过程中应该关闭缓存，因为程序员需要通过输出结果跟踪程序的运行过程，决

定程序的下一步编写或用来调试程序等。但在项目开发结束时，在应用过程中就应当认真地考虑缓存，模板缓存大大提升了应用程序的性能。而用户在应用时，需要对网站内容进行管理，经常需要更新缓存，立即看到网站内容更改后的输出结果。

缓存的更新过程就是先清除缓存，再重新创建一次缓存文件。可以用 clear_all_cache() 来清除所有缓存，或用 clear_cache() 来清除单个缓存文件。使用 clear_cache() 方法不仅清除指定模板的缓存，如果这个模板有多个缓存，可以用第二个参数指定要清除缓存的缓存号。清除缓存的示例如下所示。

```php
<?php
require('libs/Smarty.class.php');
$smarty = new Smarty();
$smarty->caching = true;
$smarty->clear_all_cache();
//清除所有的缓存文件
$smarty->clear_cache("index.tpl");
//清除某一模板的缓存
$smarty->clear_cache("index.tpl","CACHEID");
//清除某一模板的多个缓存中指定缓存号的一个

$smarty->display('index.tpl');
```

11.7.5　关闭局部缓存

对模板引擎来说，缓存是必不可少的，而局部缓存的作用也很明显，主要用于同一页中既有需要缓存的内容，又有不适宜缓存内容的情况，有选择地缓存某一部分内容或某一部分内容不被缓存。例如，在页面中如果需要显示用户的登录名称，很明显不能为每个用户都创建一个缓存页面，这就需要将显示用户名地方的缓存关闭，而页面的其他地方缓存。Smarty 也提供了这种缓存控制能力，有以下三种处理方式。

（1）使用{insert}使模板的一部分不被缓存。

（2）可以使用$smarty->register_function($params, &$smarty)阻止插件从缓存中输出。

（3）使用$smarty->register_block($params, &$smarty)使整篇页面中的某一块不被缓存。

如果使用 register_function 和 register_block 则能够方便地控制插件输出的缓冲能力。但一定要通过第三个参数控制是否缓存，默认是缓存的，需要显式设置为 false。例如，"$smarty->register_block('name', 'smarty_block_name', false);"。而 insert 函数默认是不缓存的，并且这个属性不能修改。从这个意义上讲，insert 函数对缓存的控制能力似乎不如 register_function 和 register_block 强。这三种方法都可以很容易实现局部关闭缓存，但本节将介绍另一种最常用的方式，就是写成 block 插件的方式。

定义一件插件函数在 block.cacheless.php 文件中，并将其存放在 Smarty 的 plugins 目录中，内容如下。

```php
<?php
function smarty_block_cacheless($param, $content, &$smarty) {
return $content;
}
?>
```

编写所用的模板 cache.tpl 文件：

```
已经缓存的:{$smarty.now}
<br>
{cacheless}
没有缓存的:{$smarty.now}
{/cacheless}
```

编写程序及模板的示例程序 testCacheLess.php：

```
<?php
include('Smarty.class.php');
$tpl = new Smarty;
$tpl->caching=true;
$tpl->cache_lifetime = 6;
$tpl->display('cache.tpl');
?>
```

现在通过浏览器运行一下 testCacheLess.php 文件，发现是不起作用的，两行时间内容都被缓存了。这是因为 block 插件默认也是缓存的，所以还需要改写一下 Smarty 的源代码文件 Smarty_Compiler.class.php，在该文件中查找到下面一条语句：

```
$this->_plugins['block'][$tag_command] =array($plugin_func, null, null,
null, true);
```

可以直接将原句的最后一个参数改成 false，即关闭默认的缓存。现在清除一下 template_c 目录里的编译文件，重新再运行 testCacheLess.php 文件即可。经过这几步的定义，以后只需要在模板定义中不需要缓存的部分，例如，实时比分、广告、时间等，使用 {cacheless} 和 {/cacheless} 自定义的 Smarty 块标记，关闭缓存的内容即可。

11.8　自定义插件

Smarty 2.0 版本引入了被广泛应用于自定义 Smarty 功能的插件机制。它包括如下类型。

（1）functions：函数插件。

（2）modifiers：修饰插件。

（3）block functions：区块函数插件。

（4）compiler functions：编译函数插件。

（5）prefilters：预滤器插件。

（6）postfilters：补滤器插件。

（7）outputfilters：输出过滤插件。

（8）resources：资源插件。

（9）inserts：嵌入插件。

为了与旧有方式保持向后兼容，除资源插件外，保留了通过 register_* API 方式装载函数的处理方法。如果不是使用 API 方式而是使用直接修改类变量 $custom_funcs、$custom_mods 等的方法，那么就需要修改程序了。或者使用 API 的方法，或者将自定义功能转换成插件。

插件总在需要的时候被装载。只有在模板脚本里调用的特定修饰、函数、资源插件等会被装载。此外，即便在同一个请求中有几个不同的 Smarty 实体运行，每个插件也只被装载一次。

预/补过滤器插件和输出过滤器插件的装载方式有些不同。由于在模板中未被提及，它们必须在模板被处理前通过 API 函数明确地装入系统。同类型的多个过滤器插件依据被装载的次序先后不同分别先后执行。

插件目录是包含一条路径信息的字符串或包含多条路径信息的字符串数组。安装插件的时候，将插件置于其中一个目录下，Smarty 会自动识别使用。

11.8.1　插件的命名方式

插件文件和函数必须遵循特定的命名约定以便 Smarty 识别。

插件文件必须命名如下：

type . name .php

其中，type 是如下插件中的一种。

（1）function；

（2）modifier；

（3）block；

（4）compiler；

（5）prefilter；

（6）postfilter；

（7）outputfilter；

（8）resource；

（9）insert。

name 为仅包含字母、数字和下划线的合法标志符。例如：function.html_select_date.php、resource.db.php、modifier.spacify.php。

插件内的函数应遵循如下命名约定：

smarty_ type _ name ()

type 和 name 的意义同上。如果指定的插件文件不存在或命名不合规范，Smarty 会输出相应的错误信息。

11.8.2　插件的编写

Smarty 可自动从文件系统装载插件，或者运行时通过 register_* API 函数装载。可以通过 unregister_* API 函数卸载已经装载的插件。

只在运行时装载的插件的函数名称不需要遵守命名约定。

如果某个插件依赖其他插件内的某些功能（例如某些插件功能捆绑于 Smarty 内），那么可以通过如下方法装载必需的插件。

```
require_once $smarty->_get_plugin_filepath('function', 'html_options');
```

Smarty 对象通常作为传递给插件的最后一个参数（有两个例外：① 修饰插件根本不接受传递过来的 Smarty 对象；② 为了向上兼容老版本的 Smarty，区块插件将 &$repeat 作为最后一个参数，因此 Smarty 对象是倒数第二个参数）。

11.8.3　函数插件

函数插件的编写语法格式如下。

```
void smarty_function_ name (array $params, object &$smarty)
```

模板传递给模板函数的所有的属性都包含在参数数组 $params 中，既可以通过如 $params['start'] 的方式直接处理其中的值，也可以使用 extract($params) 的方式将所有值导入符号表中。

函数输出（返回值）的内容将取代模板中函数名称出现的位置（例如：fetch()函数）。同时函数也可能只是执行一些后台任务，并无任何输出。

如果函数需要向模板中增加变量或者使用 Smarty 提供的某些功能，可以通过 $smarty 对象实现。

例 11-15　利用有输出插件函数随机输出数组内容。

```php
<?php
function smarty_function_eightball($params, &$smarty)
{
 $answers = array('Yes',
 'No',
 'No way',
 'Outlook not so good',
 'Ask again soon',
 'Maybe in your reality');

 $result = array_rand($answers);
 return $answers[$result];
}
?>
```

在模板中调用方法如下。

```
Question: Will we ever have time travel?
Answer: {eightball}.
```

例 11-16　利用无输出插件函数给变量赋值。

```php
<?php
function smarty_function_assign($params, &$smarty)
{
 extract($params);

 if (empty($var)) {
 $smarty->trigger_error("assign: missing 'var' parameter");
```

```
 return;
 }

 if (!in_array('value', array_keys($params))) {
 $smarty->trigger_error("assign: missing 'value' parameter");
 return;
 }

 $smarty->assign($var, $value);
 }
 ?>
```

11.8.4　修正器插件

修正器是一些短小的函数，这些函数被应用于模板中的一个变量，然后变量再显示或用于其他的一些文档。可以把修正器链接起来。其语法格式如下。

```
mixed smarty_modifier_ name (mixed $value, [mixed $param1,…])
```

修正器插件的第一个参数是不可缺少的。剩余的参数是可选的，它们的有无取决于期望执行哪一种操作。修正器必须有返回值。

例 11-17　简单修正器插件实现字符串的替换。

这个插件主要目的是用另一个名字替换一个内置 PHP 函数的名字。它没有任何多余的参数。

```
<?php
function smarty_modifier_capitalize($string)
{
 return ucwords($string);
}
?>
```

例 11-18　更加复杂的修正器插件（实现字符串的拆分与替换）。

```
<?php
function smarty_modifier_truncate($string, $length = 80, $etc = '...',
 $break_words = false)
{
 if ($length == 0)
 return '';

 if (strlen($string) > $length) {
 $length -= strlen($etc);
 $fragment = substr($string, 0, $length+1);
 if ($break_words)
 $fragment = substr($fragment, 0, -1);
 else
```

```
$fragment = preg_replace('/\s+(\S+)?$/', '', $fragment);
return $fragment.$etc;
} else
return $string;
}
?>
```

11.8.5　块函数插件

块函数的定义语法如下。

```
void smarty_block_ name (array $params, mixed $content, object &$repeat)
```

块函数的语法格式为：{func} .. {/func}。其作用是用标记圈起一个块，然后对这个块的内容进行操作。

Smarty 一般情况下调用两次用户函数：一次是在开始标记，另一次是在结束标记。块函数仅开始标记可以有属性。所有从模板传递给模板函数的属性包含在一个集合数组参数中。其值可以直接获取。例如，用$params['start']或者是用 extract($params)将它们导入符号表中。

变量 $content 的值取决于是否因开始标记或结束标记调用用户函数。假如开始标记调用，则其值为空，如果是结束标记调用，其内容为模板块的内容。注意：模板块已经被 Smarty 处理，所以接收到的结果是输出后的模板而不是原样模板。

参数 &$repeat 通过参考引用传递给函数执行过程并为其提供一个可能值来控制显示块多少遍。默认情况下，在首次调用块函数（块开始标记）时变量 $repeat 值为 true，在随后的所有块函数调用中其值为 false。

例 11-19　利用块函数对语句块进行注释。

```
<?php
function smarty_block_translate($params, $content, &$smarty)
{
if (isset($content)) {
$lang = $params['lang'];
// do some intelligent translation thing here with $content
return $translation;
}
}
```

11.8.6　输出过滤器插件

输出过滤器插件的作用是，在装载并执行完一个模板之后显示模板之前，操作该模板的输出。其定义语法格式如下。

```
string smarty_outputfilter_ name (string $template_output, object &$smarty)
```

输出过滤器函数第一个参数是需要处理的模板输出，第二个参数是调用这个插件的 Smarty 实例。此插件将会对参数进行处理并返回相应的结果。

例 11-20　输出过滤器插件，根据 E-mail 地址阻止垃圾邮件。

```
function smarty_outputfilter_protect_email($output, &$smarty)
{
return preg_replace('!(\S+)@([a-zA-Z0-9\.\-]+\.([a-zA-Z]{2,3}|[0-9]
{1,3}))!',
'$1%40$2', $output);
}
```

小结

本章对 MVC 架构进行了介绍，Smarty 模板引擎的出现正是对 MVC 架构很好的体现。本章对 Smarty 做了详细的介绍，包括安装、配置、基本使用、缓存处理及插件的使用。

第 12 章　基于 MVC 的仿记事狗微博系统

本章通过仿记事狗微博系统，详细介绍了 MVC 框架技术的应用。

本章知识点：

- MVC 框架知识
- MVC 框架中 Controller（控制器）、Model（模型层）、View（视图层）的定义
- MVC 框架中的分页类

12.1　系统概述

仿记事狗微博系统的开发是参照 http://t.jishigou.net/网站完成的，该项目是基于 PHP 基础知识和 MVC 框架知识开发的。

本项目主要实现的功能包括：微博主页显示用户以及关注人的微博信息，并可以对关注人发布的微博进行收藏和评论，对自己发布的微博进行编辑、修改和删除，对自己的信息进行编辑等，以及在同城好友模块中可以对好友添加关注。

本系统采用如下环境开发。

（1）操作系统：Windows 7。

（2）开发工具：EditPlus/Dreamweaver CS5。

（3）数据库环境：MySQL。

12.2　数据库设计

该项目的核心是对数据的处理和保存，因此项目分析与设计阶段的核心工作就是设计数据库的结构与实现方式，确定系统最终需要的数据库结构。同时数据库结构设计图与用例图一起组成了该项目的详细设计说明书，对于大型项目的开发而言，后面的编码工作完全是按照这两步设计的结果确定软件需求进行实现，数据库设计的好坏是项目开发成功与否的关键因素。

结合前面的需求分析，按照数据库设计原则，为本例确认了如下所示的表结构。

（1）Attention 表（好友关注表），主要存放了用户与好友之间的关注关系，如图 12-1 所示。

（2）Biaoqian 表（用户标签表），主要存放了用户信息，如图 12-2 所示。

字段	类型	整理	属性	Null	默认	额外
id	int(11)			否	无	auto_increment
attentioner	varchar(20)	utf8_unicode_ci		否	无	
username	varchar(20)	utf8_unicode_ci		否	无	

图 12-1　好友关注表

字段	类型	整理	属性	Null	默认	额外
username	varchar(20)	utf8_unicode_ci		是	NULL	
email	varchar(20)	utf8_unicode_ci		是	NULL	
age	varchar(10)	utf8_unicode_ci		是	NULL	
biaoqian	varchar(30)	utf8_unicode_ci		是	NULL	

图 12-2　用户标签表

（3）Collect 表（微博收藏表），主要存放的是用户收藏的微博内容与收藏时间，如图 12-3 所示。

字段	类型	整理	属性	Null	默认	额外
id	int(11)			否	无	auto_increment
weibo_content	varchar(3600)	utf8_unicode_ci		否	无	
username	varchar(20)	utf8_unicode_ci		否	无	
publisher	varchar(20)	utf8_unicode_ci		否	无	
time	datetime			否	无	

图 12-3　微博收藏表

（4）Comment（微博评论内容表），用于存放微博评论内容，如图 12-4 所示。

字段	类型	整理	属性	Null	默认	额外
id	int(11)			否	无	auto_increment
com_content	varchar(3600)	utf8_unicode_ci		否	无	
publisher	varchar(3600)	utf8_unicode_ci		否	无	
pub_content	varchar(3600)	utf8_unicode_ci		否	无	
commenter	varchar(3600)	utf8_unicode_ci		否	无	
time	date			否	无	
com_time	date			否	无	

图 12-4　微博评论内容表

（5）Fans 表（粉丝表），描述了用户与粉丝之间的关注关系，如图 12-5 所示。

字段	类型	整理	属性	Null	默认	额外
id	int(11)			否	无	auto_increment
username	varchar(3600)	utf8_unicode_ci		否	无	
fans_name	varchar(3600)	utf8_unicode_ci		否	无	

图 12-5　粉丝表

（6）Info 表（私信表），用于用户之间私信内容的发送，如图 12-6 所示。

字段	类型	整理	属性	Null	默认	额外
<u>id</u>	int(11)			否	无	auto_increment
content	varchar(3600)	utf8_unicode_ci		否	无	
username	varchar(3600)	utf8_unicode_ci		否	无	
getter	varchar(3600)	utf8_unicode_ci		否	无	
time	datetime			否	无	

图 12-6　私信表

（7）User 表（用户登录表），主要用于存放用户信息，用于用户登录及用户信息的修改等，如图 12-7 所示。

字段	类型	整理	属性	Null	默认	额外
<u>id</u>	int(11)			否	无	auto_increment
<u>username</u>	varchar(20)	utf8_unicode_ci		否	无	
password	varchar(10)	utf8_unicode_ci		否	无	
email	varchar(30)	utf8_unicode_ci		否	无	
sign	varchar(100)	utf8_unicode_ci		是	NULL	
image_title	varchar(50)	utf8_unicode_ci		是	NULL	
address	varchar(100)	utf8_unicode_ci		是	NULL	
age	varchar(10)	utf8_unicode_ci		是	NULL	
picture	varchar(400)	utf8_unicode_ci		否	无	

图 12-7　用户登录表

（8）Weibo 表（微博信息表），用于存放用户自己发布的微博内容及发布时间，如图 12-8 所示。

字段	类型	整理	属性	Null	默认	额外
<u>id</u>	int(11)			否	无	auto_increment
weibo_content	varchar(3600)	utf8_unicode_ci		否	无	
username	varchar(30)	utf8_unicode_ci		否	无	
time	datetime			否	无	

图 12-8　微博信息表

12.3　项目实现

一般的微博项目主要功能包括：用户的注册和登录、日志的发表展现。下面就针对以下微博的主要部分来简述仿记事狗微博的主要模块实现过程。

12.3.1 用户注册模块的实现

该项目只有注册之后才能访问网站的各个网页，因此用户在登录之前需要进行注册。注册页面的地址是：index.php?C=weibo&a=zhuce，运行效果如图 12-9 所示。

图 12-9 用户注册页面

实现注册模块的关键代码如下。

Controller（控制器关键代码）：

```
public function zhuceAction(){
$this->smarty->display("zhuce.tpl");
    }
```

View（视图层关键代码）：

```
<html xmlns="http://www.w3.org/1999/xhtml"><head> <!-- base href=
"http://t.jishigou.net/" --> <meta http-equiv="Content-Type" content=
"text/html; charset=gbk"> <meta http-equiv="x-ua-compatible" content=
"ie=7"> <title>注册新用户 - 记事狗微博(t.jishigou.net)</title> <meta name=
"Keywords" content=",记事狗微博"> <meta name="Description" content=",分享发
现"> <link rel="shortcut icon" href="http://t.jishigou.net/favicon.ico">
<link href="includes/styles/main.css" rel="stylesheet" type="text/css">
<link href="includes/styles/reg.css" rel="stylesheet" type="text/css">
</head>
<body onblur="init()">
<div class="Rlogo"> <h1 class="logo"> <a title="记事狗微博" href="http://t.
jishigou.net/index.php"> <img src="includes/images/guo/logo_guest.png"
style="_filter:progid:DXImageTransform.Microsoft.AlphaImageLoader(enabl
ed=true,sizingMethod=crop)"></a> </h1> </div> <div class="appframe">
<div class="appframeTitle">
<form action="index.php?c=weibo&a=zhucechenggong" id="zhucechenggong"
method="post"
```

```
onsubmit="return validate()">
<span class="mleft">欢迎注册会员</span> </div> <div class="appframeWrap">
<div class="R_L">
<form method="post" action="index.php?mod=member&amp;code=doregister&amp;
invite_code=only_login" name="reg" id="member_register" onsubmit="return
check_submit(this, 3);">
<input name="FORMHASH" value="d016c7f708d36a5a" type="hidden">
<input name="referer" value="" type="hidden">
<table border="0" width="100%">
<tbody>
<tr>
<td align="right" valign="middle" width="90">常用 Email: </td>
<td>
<input name="email" id="email" type="text"> <span id="email1"></span>
<div id="check_email_result" class="error"></div>
<div class="R_tt1">需要验证 Email，用于登录和取回密码等。</div>
</td> </tr> <tr> <td align="right" valign="middle">账号昵称: </td>
<td>
<input msg="账户/昵称不符合要求。" max="100" min="3" datatype="LimitB" name=
"nickname_input" id="username" maxlength="50" class="reginput" tabindex=
"2" type="text"><span id="username1"></span>
<div id="check_nickname_result" class="error" style="display:none;">
</div>
<div class="R_tt4">中英文均可，用于显示、@通知和发私信等。</div></td> </tr>
<tr> <td align="right" valign="middle">登录密码: </td>
<td>
<input name="password" id="password" maxlength="32" class="reginput"
onblur="Validator.Validate(this.form,3,this.name)" tabindex="3" type=
"password"><span id="password2"></span>
<div class="R_tt2">密码至少 5 位。</div></td> </tr>
<tr> <td align="right" valign="middle" >确认密码: </td>
<td>
<input msg="两次输入的密码不一致。" to="password" datatype="Repeat" name=
"password1" id="password1" maxlength="32" class="reginput" onblur=
"Validator.Validate(this.form,3,this.name)" tabindex="4" type="password">
<span id="password3"></span> </td> </tr>
<tr><td align="right" valign="middle"> </td>
<td><input type="submit" id="zhucechenggong" value="注册" onclick=
"validate()"/></td>
<td><input name="copyrightInput" id="copyrightInput" onclick=
"regCopyrightSubmit();" value="1" checked="checked" type="checkbox">
<label for="copyrightInput">
<span class="font12px"><a href="http://t.jishigou.net/other/regagreement"
target="_blank">我已看过并同意《使用协议》</a></span></label> </td> </tr>
<tr><td align="right" valign="middle"> </td>
</tr>
</tbody>
</table>
</form>
</div>
<div class="R_R"> <div class="r_tit">已有本站账号？</div>
<a class="r_loginbtn" href="index.php" rel="nofollow" title="快捷登录">请
点此登录</a>
<div class="R_linedot"></div>
```

```
<div class="r_tit">或使用其他账户登录：</div>
<div class="R_logoList">  
<a class="sinaweiboLogin" href="#" onclick="window.location.href='http:
//t.jishigou.net/index.php?mod=xwb&amp;m=xwbAuth.login';return false;">
<img src="includes/images/guo/sina_login_btn.gif" style="0;">
<div class="tlb_sina">使用新浪微博账号登录</div></a>  
<a class="qqweiboLogin" href="#" onclick="window.location.href='http:
//t.jishigou.net/index.php?mod=qqwb&amp;code=login';return false;">
<img src="includes/images/guo/login.gif">
<div class="tlb_qq">使用腾讯微博账号登录</div></a></div> </div> </div> </div>
<div class="footer">
<div class="bottomLinks bottomLinks_reg">
<div class="bL_List">
<div class="bL_info bL_io1">
<h4 class="MIB_txtar">找感兴趣的人</h4>
 <div id="ajax_output_area"></div> <div id="YXMPopBox" class="YXM-box"
style="position: absolute; clear: both; overflow: hidden; z-index: 10003;
zoom:1; top:2px; display:none;"><input name="YXM_input_result" id="YXM_
input_result" value="" type="hidden"><input name="YXM_level" id="YXM_
level" value="32" type="hidden"> <div class="YXM-bg"><div class="YXM-
title"><h3 id="YXM_title" class="title">请输入验证码</h3></body>
 <script>
function validate(){
//alert("hhh");
var regemail=/^\w+@\w+\.\w+$/;
var stremail=document.getElementById("email").value
var resemail=regemail.test(stremail);
if(resemail){
document.getElementById('email').innerHTML = "<img src='plugins/imgs/
right.gif'><font color='green'></font>";
    //return true;
    }
    else{
      document.getElementById('email1').innerHTML = "<img src='plugins/
      imgs/wrong.gif'><font color='red'><h5>请输入有效的email地址</h5>
      </font>";
       document.getElementById('email').value="";
        document.getElementById('email').focus();
       //return false;
}
var regpassword=/^\w{6,18}$/;
var strpassword=document.getElementById("password").value
var respassword=regpassword.test(strpassword);
if(respassword){
document.getElementById('password2').innerHTML = "<img src='plugins/imgs/
right.gif'><font color='green'></font>";
    }
    else{
      document.getElementById('password2').innerHTML = "<img src='plugins/
      imgs/wrong.gif'><font color='red'><h5>密码格式输入错误</h5></font>";
      document.getElementById('password').value="";
      //document.getElementById('password').focus();
}
var strpassword=document.getElementById("password").value;
var strpassword1=document.getElementById("password1").value;
```

```
if(strpassword==strpassword1){
document.getElementById('password3').innerHTML = "<img src='plugins/
imgs/right.gif'><font color='green'></font>";
    }else
    {
document.getElementById('password3').innerHTML = "<img src='plugins/imgs/
wrong.gif'><font color='red'><h5>密码输入不一致,请重新输入</h5></font>";
document.getElementById('password1').value ="";
//document.getElementById('password').value ="";
document.getElementById("password").focus();
}

var regusername=/^\S+$/;
var strusername=document.getElementById("username").value
var resusername=regusername.test(strusername);
if(resusername){
document.getElementById('username1').innerHTML = "<img src='plugins/imgs
/right.gif'><font color='green'></font>";
    }
    else{
      document.getElementById('username1').innerHTML = "<img src='plugins/
      imgs/wrong.gif'><font color='red'>昵称不能为空</font>";
    }
if(resusername && respassword && (strpassword==strpassword1) && resemail){
return true;
}else
{return false;}
}
</script>
 </html>
```

用户填写好注册信息后以表单的形式提交，判断注册是否成功的 Controller 关键代码如下。

```
public function zhucechenggongAction(){
    $username = $_POST['nickname_input'];
    $password = $_POST['password'];
    $email = $_POST['email'];
    $zhuceModel = new zhuceModel('localhost','root','','weibo');
    $res = $zhuceModel->insert($username,$password,$email);
    echo $res;
    echo "注册成功";
    header("Refresh:3; url='http://localhost/2013/weibo/index.php'");
        }
```

用户注册模块到此创建完成。

12.3.2　用户登录

用户登录模块为微博项目及其他应用程序最常见的模块。用户访问登录界面，输入正确的用户名或者邮箱、密码才能登录进入主界面，否则会弹出非法登录的提示信息。登录界面运行效果如图 12-10 所示。

图 12-10　登录界面

登录界面的模板关键代码如下。

View（视图层）：login.tpl

```
<div class="YXM-input YXM-input-w300">
<span class="sub-wrap">
<a class="YXM-logo-link" href="http://www.yinxiangma.com/" target=
"_blank">印象码</a>
</span>
<span class="input-wrap"><input name="YinXiangMa_response" id=
"seccodeverify_xyz_p" class="input-w210" type="text">
</span>
<span class="sub-wrap l_style"><a href="#" onclick="javascript:
YinXiangMa.valid();return false;" class="sub-btn l_style">确定</a>
</span><br class="YXM-clear">
</div>
<input name="YinXiangMa_pk" id="YinXiangMa_pk" value=
"98583a76eb813b39381fdb1684908dc0" type="hidden">
<input name="YinXiangMa_challenge" id="YinXiangMa_challenge" value=
"ac1e50bca16ee61da4ff540192375b8b" type="hidden">
```

用户输入用户名和密码之后，将信息提交到服务器进行身份验证。验证信息的
Controller 关键代码如下。

```
public function loginAction(){
    $_SESSION["username"]=$_GET["name"];
    $username = $_GET["name"];
    $pw = $_GET["password"];
    //file_put_contents("d://a.txt",$pw);
    $db = new weiboModel('localhost','root','','weibo');
    $res = $db->login($username,$pw);
    echo $res;
    }
```

Model 关键代码如下。

```
public function login($username,$pw){
    $sql = "select * from user where username='".$username."' and
    password='".$pw."'";
    //file_put_contents("d://a.txt",$sql);
    $res = mysql_query($sql);
    if(mysql_affected_rows()>0){
```

```
    return "登录成功";
  }
}
```

12.3.3　微博主页面

该页面是这个网站的首页，主要显示自己以及关注的用户所发表的微博，以及对微博可进行的操作，如图 12-11 所示。

图 12-11　首页

主页关键代码如下。

1. 显示首页信息的Controller

```php
public function shouyeAction(){
 //连接数据库
 $db = new weiboModel('localhost','root','','weibo');
 //当前页数
 $page = isset($_REQUEST['page'])?$_REQUEST["page"]:1;
 //每页显示的数量
 $pagesize = 3;
 //每页跳过的个数
$offest = $pagesize*($page-1);
 //获得总记录数
 $count = $db->weibo_count($_SESSION["username"]);
 //file_put_contents("d://a.txt",$count);
 //获得具体的信息
 $weibo = $db->weibo_select($_SESSION["username"],$pagesize,$offest);
 $pagehelp = new pageHelper();
```

```
                $pagehtml = $pagehelp->show($page,$count,$pagesize);

                //获得个人信息
                $info = $db->image_title($_SESSION["username"]);
                //获得关注，粉丝个人微博总数
                $this->smarty->assign("weibo",$weibo);
                $this->smarty->assign("pagehtml",$pagehtml);
                $this->smarty->assign("info",$info);
            $fans = $db->fans($_SESSION["username"]);
            $attention = $db->attention($_SESSION["username"]);
            $weibo_num = $db->weibo_num($_SESSION["username"]);
                $this->smarty->assign("weibo_num",$weibo_num);
                $this->smarty->assign("att_num",$attention);
                $this->smarty->assign("fans_num",$fans);
                $this->smarty->assign("name",$_SESSION["username"]);
                $this->smarty->display("index.tpl");
            }
```

2. 显示首页的Model

```
//统计关注人和登录人微博总数
    public function weibo_count($name){
        //获得个人微博总数
      $db = "select count(*) from weibo where username='".$name."'";
       $re = mysql_query($db);
       $row = mysql_fetch_row($re);
        $rr = $row;
        //获得粉丝微博总数
        $fans=array();
        $attioner = mysql_query("select attentioner from attention where
      username='miss_zhang'");
        while($row = mysql_fetch_assoc($attioner)){
          $fans[]=$row;
          }
        $result = array();
        for($i=0;$i<count($fans);$i++){
        $att = "select count(*) from weibo where username='".$fans[$i]
        ["attentioner"]."'";
         $res = mysql_query($att);
         while($r = mysql_fetch_row($res)){
          $result[]=$r[0];
         }

        }

        $a = array_sum($result);
        $b=array_sum($rr); //array(1) { [0]=> int(14) }
        $array=array("0"=>$b,"1"=>$a);
        return (array_sum($array));

    }
    //显示微博
    public function weibo_select($name,$pagesize,$offest){
        $db = "select weibo_content,user.username,time,image_title from weibo
    join user on user.username=weibo.username where user.username='".$name."'
    order by time desc limit $offest,$pagesize";
        $re = mysql_query($db);
```

```php
    $arr = array();
    while($row = mysql_fetch_assoc($re)){
     $arr[]=$row;
    }
  // $mine = array($arr);
   //查询粉丝
   $attioner = mysql_query("select attentioner from attention where
   username='".$name."'");
   $fans = array();
   while($row = mysql_fetch_assoc($attioner)){
     $fans[]=$row;
      //file_put_contents("d://c.txt",$row,FILE_APPEND);
   }
   $result = array();
   $title = array();
   for($i=0;$i<count($fans);$i++){
   /* $att = "select * from weibo where username='".$fans[$i]
   ["attentioner"]."' order by time desc limit $offest,$pagesize";*/
    $att = "select weibo_content,user.username,time,image_title from weibo
join user on user.username=weibo.username where user.username='".$fans[$i]
["attentioner"]."' order by time desc limit $offest,$pagesize";
    //file_put_contents("d://s.txt",$att,FILE_APPEND);
    $res = mysql_query($att);
    while($rows = mysql_fetch_array($res)){
    $result[]=$rows;
    //file_put_contents("d://s.txt",$rows,FILE_APPEND);
    }

    }
    $count=array("mine"=>$arr,"fans"=>$result);
   return $count;
   }
```

首页 VIEW 视图层:

```html
<!DOCTYPE html PUBLIC "-//W3C//DTD XHTML 1.0 Transitional//EN" "http:
//www.w3.org/TR/xhtml1/DTD/xhtml1-transitional.dtd">
<html xmlns="http://www.w3.org/1999/xhtml"><head>  <!-- base href="http:
//t.jishigou.net/" -->
<meta http-equiv="Content-Type" content="text/html; charset=utf-8">
<title> 我的首页- 记事狗微博(t.jishigou.net)</title>
<meta name="Keywords" content="记事狗微博">
<meta name="Description" content="分享发现">
<link rel="shortcut icon" href="http://t.jishigou.net/favicon.ico">
<link href="includes/styles/main.css" rel="stylesheet" type="text/css">
<link href="includes/styles/send.css" rel="stylesheet" type="text/css">
<link href="includes/styles/qun.css" rel="stylesheet" type="text/css">
<link href="includes/styles/hack.css" rel="stylesheet" type="text/css">
<link href="includes/styles/theme.css" rel="stylesheet" type="text/css">
<link href="includes/styles/img_slide.css" rel="stylesheet" type=
"text/css">

<script src="includes/jQuery/jquery-1.4.2.min.js"></script>
<script src="includes/jQuery/jQuery_title.js"></script>
<script src="includes/jQuery/jQuery_little.js"></script>
<script src="includes/jQuery/img_slide.js"></script>
<script src="includes/jQuery/zhuanzai.js"></script>
<script src="includes/jQuery/tongji.js"></script>
<script src="includes/jQuery/index.js"></script>
<script src="includes/jQuery/upload.js"></script>
<link href="includes/styles/zong.css" rel="stylesheet" type="text/css">
```

```
</head>
<body>
<div class="layout">
 <div class="header">
  <div class="headerNav">
   <ul class="hleft">
    <li class="logo">
     <a href="http://t.jishigou.net/topic" title="记事狗微博">
       <img src="includes/images/images_zhang/logo.png" style="_filter:
       progid:DXImageTransform.Microsoft.AlphaImageLoader(enabled=true,
       sizingMethod=crop)"></a>
     </li>
<div class="btnSearch">
<a id="search_name"><span class="lbl"></span></a></div> </form> </div>
</li> </ul>
<ul class="hright">
<li style="width:150px;"><font style=" color:white; font-size:16px;">欢迎
<span id="admin_name"><{$name}></span>登录</font></li>
<li class="t_member">
 <i href="/29001" title="我是管好这张嘴，点此访问个人主页"><img src=
 "includes/images/images_zhang/noavatar.gif" class="member" onerror=
 "javascript:faceError(this);"></i>
 <ul class="t_member_box">
 <li style="border:none;">
 <p class="spr_weibo">
 <a title="记事狗微博">我的首页</a></p> <p class="spr_info"><a>我的频道</a>
 </p> <p class="spr_fav"><a href="index.php?c=shoucang&a=show_collect">
 我的收藏</a></p> <p class="spr_qun"> <a href="http://t.jishigou.net/
 topic/qun">
 我的微群</a> </p>  <p class="spr_logout"><a href="http://t.jishigou.net/
 index.php?mod=login&amp;code=logout" rel="nofollow">退出登录</a></p> </li>
 </ul> </li>
 </ul> </li> <li class="pweibo" style="cursor:pointer;" title="发微博">
 </li> </ul> </div> </div> <div class="topTips">
<div id="topic_index_left_ajax_list" class="fixedLeft" style="_height:
950px;"> <div class="leftNav">
<div class="blackBox"></div>
<ul class="leftNav_main">
<li class="myweibo">
<a href="" hidefocus="true" title="个人主页" target="_parent"><i></i><img
src="includes/images/images_zhang/myweibo_icon.jpg">个人主页</a> </li>
<li class="mydigout"> <a href="" hidefocus="true" title="我赞的" target=
"_parent"><i></i>
<img src="includes/images/images_zhang/mydigout_icon.jpg">我赞的</a></li>
<li class="mypm"> <a href="index.php?c=sixin&a=sixin&username=<{$name}>"
target="_blank" hidefocus="true" title="我的私信" target="_parent"><i></i>
<img src="includes/images/images_zhang/mypm_icon.jpg">我的私信</a> </li>
<li class="myfav"> <a href="index.php?c=shoucang&a=show_collect&username=
<{$name}>" target="_blank" hidefocus="true" title="我的收藏" target=
"_parent"><i></i>
<img src="includes/images/images_zhang/myfav_icon.jpg">我的收藏</a> </li>
<li class="myhome"> <a href="index.php?c=select&a=select" hidefocus="true"
title="我的首页" target="_blank"><i></i><img src="includes/images/images_
zhang/myhome_icon.jpg">我的首页</a> </li>
</ul>
```

```html
<div class="main"> <div class="mainWrap">
<style type="text/css">
ul.mycon li{ width:65px;}
#t_channel em{cursor:pointer;}
</style> <div id="send">
<!--发布微博-->
<div class="sendBox">
<div class="sendTitle">
<div id="send_follow" class="mleft"> 发布微博</div>

<ul class="mycon" id="zifu">
<li>您可以输入</li><li style="width:auto"><span id="wordCheck" style=
"font-size:20px;">1800</span></li><li style="width:14px;">字</li>  </ul>
</div>

<div class="sendInput" style="display:block">
<textarea name="content" id="i_already" onkeyup="sum()">
</textarea>

</div>
<div class="sendInsert">
 <div class="mleft">
 <div class="menu">
 <div class="menu_bq" id="editface">
 <b class="menu_bqb_c"><a title="点击插入表情" style="color:#666;">表情
 </a></b> </div> </div>             <success></success>

 <div class="menu">
 <div class="menu_tq">
 <b class="menu_tqb_c" title="可实现图文混排">图片</b></div> </div>
 <div class="slide">

<!--图片自动切换-->

<div id="content">
<div class="content_right">
<div class="ad" >
  <ul class="slider" id="ul_img">
    <li><img style="border: 0px none;" src="includes/images/images_
    zhang/1.jpg" alt="" height="100" width="650"></li>
    <li><img style="border: 0px none;" src="includes/images/images_
    zhang/2.jpg" alt="" height="100" width="650"></li>
    <li><img style="border: 0px none;" src="includes/images/images_
    zhang/3.jpg" alt="" height="100" width="650"></li>

  </ul>

    <ul class="num">
     <li>1</li>
     <li>2</li>
     <li>3</li>
    </ul>

</div>
</div>
</div>
</div>
```

```
<!--开始-->
<{foreach from=$weibo item=value}>
<{foreach from=$value item=va}>
<div class="wb_l_face">

<div class="avatar">
<a class="nude_face">
<img style="display: inline;" src="<{$va.image_title}>" class="lazyload">
</a> </div>

<span id="follow_13" class="follow_13">
<a class="follow_html2_2" title="已关注，点击取消关注"></a></span>  </div>

<div class="Contant">
<div class="topicTxt">

<p class="utitle">
<!--用户名-->
<span class="un">
<a class="photo_vip_t_name" ><{$va.username}></a></span>
<!--<!--时间-->
<span style="display: block;" id="topic_lists_231560_time" class="ut">
<{$va.time}></span></p>
<!--内容-->
<div style="float:left; width:100%;">  </div>
<span id="topic_content_231560_short" class="topic_contnet"> <{$va.weibo_
content}>  </span>

<div class="from">
<div class="option">
<ul>
<li style="_margin-top:-1px;">
<span><a class="topicdig_231560 digusers" id="topicdig_231560" title=
"赞"> </a></span></li>
 <li class="o_line_l">|</li>
 <li class="zhuanfa"><span><a style="cursor:pointer;">转发(2)</a></span>
</li>
 <li class="o_line_l">|</li>
 <li id="topic_list_reply_231560_aid" class="comt"><span><a style="cursor:
pointer;">评论(11)</a> </span>  </li>
 <li class="o_line_l">|</li>
 <li id="topic_lists_231560_a" class="mobox"><a class="moreti"><span
class="txt">更多</span><span class="more"></span></a>

<div id="topic_lists_231560_b" class="molist" style="display:none">
<span id="favorite_231560" class="shoucang"> <a>收藏</a> </span>
<span><a target="_blank" title="去微博详细页面浏览">详情</a></span>
<a>删除</a>    <span><a title="举报不良信息"><font color="red">举报</font>
</a></span>
</div>
</li>
</ul>
 <div class="comment" style="display:none;position:relative;left:-300px;
 top:10px;"><textarea cols="65" rows="2"></textarea><input type="button"
 value="提交" style=" position:relative; right:-250px;"></div></div>
 </div>
</div>
  </div>
```

```
   <{/foreach}>
<{/foreach}>
</div>
</div>
<div id="listTopicArea">
   <div id="pagehtml" style=" position:relative; top:10px; left:100px;">
<!--分页-->
 <{$pagehtml}>
</div>
</div>
</div> </div>
<div class="mainSide">
<div class="memberBox" style="*height:210px;">
<div class="person_info">
<div class="avatar2" id="m_avatar2">
<a href="" title="29001"><img src="<{$info.image_title}>"> </a>
<p class="name"> <a href=""><b><{$name}></b></a> </p>
<p style="display: none;" class="avatar2_tips" ><a href='index.php?c=
comment&a=pic&user=<{$info.username}>' target="_blank" id="avatar_
upload"><span>修改头像</span></a></p></div> <div class="avatar2_info">  <p
class="name"> <a href="index.php?c=update&a=admin&username='<{$info.
username}>'" target="_blank" title="@管好这张嘴"><b class="person_name">
<{$info.username}></b></a> </p>    <div class="integral">积分: <a title="
点击查看我的积分" href="">12</a></div>  <div class="edit_sign">  <span> <a
href="" title="编辑个人签名"> <{$info.sign}>
</a></span> </div> </div> </div> <div class="user_atten"> <div class=
"person_atten_l"> <p><span class="num"><a href="http://t.jishigou.net
/29001/follow" title="管好这张嘴关注的"><{$att_num}></a></span></p> <p><a
href="" title="管好这张嘴关注的">关注</a> </p> </div> <div class="person_
atten_l"> <p><span class="num"><a href="" title="关注管好这张嘴的"><{$fans_
num}></a></span></p> <p><a href="" title="关注管好这张嘴的">粉丝</a> </p>
</div> <div class="person_atten_l"> <p><span class="num"><a href="" title="
管好这张嘴的微博"><{$weibo_num}></a></span></p> <p><a href="" title="管好这
张嘴的微博">微博</a> </p> </div> <div cc2.gif" style="padding:0 0 2px
4px;cursor:pointer;opacity: 0.7;"></span></li> <div id="alert_
follower_menu_13863"></div> <div id="Pmsend_to_user_area"></div> <div
id="global_select_13863" class="alertBox"></div> <div id="button_13863">
</div> <li class="pane" id="follow_user_19561"> <div class="fBox_l"><img
onerror="javascript:faceError(this);" </div>
 <div style="clear:both;text-align:center;margin:5px auto;">Powered by <a
href="http://www.jishigou.net/" target="_blank"><strong>JishiGou 4.0.1
</strong></a><span> &#169; 2005 - 2013 <a href="http://www.cenwor.com/"
target="_blank">Cenwor Inc.</a></span></div><div id="topicdiguser"></div>
<div id="topicrcduser"></div>
</body>
</html>
```

判断微博是否发布成功的 Controller:
```php
public function insert_weiboAction(){
     $content = $_REQUEST["content"];
     $name = $_REQUEST["name"];
    $db = new weiboModel('localhost','root','','weibo');
    $res = $db->insert_weibo($name,$content);
    //echo $res;
    if($res=="发布成功"){
       // echo "hello";
     $sele = $db->select_weibo($name);
```

```
        $array = array("str"=>$res,"info"=>$sele);
        echo json_encode($array);
        //file_put_contents("d://yuyu.txt",json_encode($array));
        }    }
```

3. 判断微博是否转载成功的Controller

```
public function zhuanzaiAction(){
    $username = $_REQUEST["username"];
    $name = $_REQUEST["name"];
    $content = $_REQUEST["content"];
    //file_put_contents("d://a.txt",$name);
    $db = new zhuanzaiModel('localhost','root','','weibo');
    $re = $db->zhuanzai($username,$name,$content);
    echo $re;
  //file_put_contents("d://a.txt",$re);
 }
```

4. 判断微博是否转载成功的Model

```
class zhuanzaiModel extends baseModel{
 public function zhuanzai($username,$name,$content){
     $re;
   if($username!=$name){
   $sql = "insert into reship values(null,'".$content."','".$username."',
   '".$name."')";
   mysql_query($sql);
   if(mysql_affected_rows()>0){
   $re = "转载成功! ";
   }}
   else{
   $re = "抱歉，您不能转载自己的";
   }
   return $re;
   //file_put_contents("d://a.txt",$sql);
 }
}
```

5. 收藏微博的Controller

```
public function shoucangAction(){
    $_SESSION["username"]=$_REQUEST["username"];
   $username = $_REQUEST["username"];
   $name = $_REQUEST["name"];
   $content = $_REQUEST["content"];
   //file_put_contents("d://a.txt",$name);
   $db = new collectModel('localhost','root','','weibo');
   $re = $db->collect($username,$name,$content);
   echo $re;
}
```

6. 显示收藏微博的Controller

```
 public function show_collectAction(){
```

```
$db = new weiboModel('localhost','root','','weibo');
$info = $db->image_title($_SESSION["username"]);
$this->smarty->assign("info",$info);
$fans = $db->fans($_SESSION["username"]);
$attention = $db->attention($_SESSION["username"]);
$weibo_num = $db->weibo_num($_SESSION["username"]);
$this->smarty->assign("weibo_num",$weibo_num);
$this->smarty->assign("att_num",$attention);
$this->smarty->assign("fans_num",$fans);
$this->smarty->assign("name",$_SESSION["username"]);

//显示收藏信息
$coll = new collectModel('localhost','root','','weibo');
$res = $coll->select($_SESSION["username"]);
$this->smarty->assign("array",$res);
$this->smarty->display("shoucang.htm");
}
```

收藏微博页面显示的是用户收藏的微博，对收藏的微博可以进行编辑、删除操作，如图 12-12 所示。

图 12-12 收藏页面

7. 显示收藏信息的视图（View）

```
<{foreach from=$array item=value}>
 <div class="Contant">
 <div class="topicTxt">
 <!--内容-->
<div style="float:left; width:100%;" class="cont">
<table width="630px" class="table">
<tr class="tr">
<td width="760" class="col_id">
```

```
<span style='display:none' class="va_id"><{$value.id}></span>
<span class="topic_contnet"> <b><font style="font-size:16px;" class=
'cont'><{$value.weibo_content}></font></b></span></td>
<td width="340" align="right"><span style=""><{$value.time}></span> </td>
<td width="230" align="right"><span style=""> 来自<{$value.publisher}>
</span> </td>
<td width="200" align="right"><span class="delete" style=" cursor:
pointer;">删除 </span><span class="edit" style=" cursor:pointer;">编辑
</span>  </td>
</tr>
</table>
</div>
 </div>
 </div>
<{/foreach}>
</div>
 </div>

 <div id="listTopicArea">
  <div id="pagehtml" style=" position:relative; top:10px; left:100px;">
 <{$pagehtml}>
```

8. 删除收藏信息的Controller

```php
public function delete_colAction(){
    $id = $_REQUEST["id"];
    $db = new collectModel('localhost','root','','weibo');
    $res = $db->delete_col($id);
    echo $res;
}
```

9. 更新收藏信息的Controller

```php
public function update_colAction(){
    $cont = $_REQUEST["cont"];
    $id = $_REQUEST["id"];
    $db = new collectModel('localhost','root','','weibo');
    $res = $db->update_col($cont,$id);
    //echo $res;
    if($res = '更新成功'){
     $re = $db->select_up($id);
     $a = array("str"=>$res,"info"=>$re);
     echo json_encode($a);
    }
}
```

小结

本例用 MVC 框架仿记事狗微博项目，实现微博的分页显示、编辑及删除。

第13章　旅游网站开发

本章实现一个旅游网站——杭州旅游项目，该项目主要在 Windows + PHP + Apache +MySQL 的开发环境下开发。本章将通过该例详细介绍如何利用 Smarty 模板技术进行项目开发，以及 PHP 脚本语言与 Smarty 模板的使用方法。

本章知识点：

- 管理员登录信息的验证
- 分页功能的实现
- 上传图片功能的实现
- Smarty 模板数组的循环
- 验证码功能
- 数据库数据的增删改查

13.1　系统概述

本例开发的杭州旅游项目，基于 PHP 与 Smarty 知识，通过这样一个简单的例子，希望读者掌握在 Apace 服务下开发小型网站的基本方法，为以后学习 Smarty 打下基础。

项目中，后台实现管理用户的登录，可以将景点列表、旅游线路、美食和餐馆进行分页显示以及对内容编辑、删除和添加数据。前台使用 Smarty 相关知识实现新闻列表的分页显示，包括景区、美食、旅游路线等模块的显示。

本系统采用如下环境开发。

（1）操作系统：Windows 7。

（2）开发工具：EditPlus/Dreamweaver。

（3）数据库环境：MySQL。

13.2　数据库结构

杭州旅游项目的核心是处理和保存数据，因此该项目分析与设计阶段的核心工作就是设计数据库的结构与实现方式，确定系统最终需要的数据库结构。

同时数据库结构设计图与用例图一起组成了该项目的详细设计说明书，对于大型项目的开发而言，后面的编码工作完全按照这两步设计的结果确定软件需求进行实现，数据库设计的好坏是该项目开发成功与否的关键因素。

结合前面的需求分析、用例图，按照数据库设计原则，为本例确认了如下所示的表结构。

（1）User 表，用于存放用户信息，如图 13-1 所示。

字段	类型	整理	属性	Null	默认	额外
id	int(11)			否	无	auto_increment
username	varchar(50)	gb2312_chinese_ci		是	NULL	
password	varchar(5)	gb2312_chinese_ci		是	NULL	

图 13-1　User 表

（2）Eatery 表，用于存放餐厅、宾馆基本信息，如图 13-2 所示。

字段	类型	整理	属性	Null	默认	额外
id	int(11)			否	无	auto_increment
title	varchar(20)	gb2312_chinese_ci		是	NULL	
eatery_desc	varchar(1000)	gb2312_chinese_ci		是	NULL	
image	varchar(50)	gb2312_chinese_ci		是	NULL	

图 13-2　Eatery 表

（3）Logon 表，存放用户登录信息，如图 13-3 所示。

字段	类型	整理	属性	Null	默认	额外
logon_id	int(11)			否	无	auto_increment
id	int(11)			是	NULL	
logon_name	varchar(50)	gb2312_chinese_ci		是	NULL	
logon_time	datetime			是	NULL	
logon_ip	varchar(20)	gb2312_chinese_ci		是	NULL	
logon_sf	varchar(20)	gb2312_chinese_ci		是	NULL	

图 13-3　Logon 表

（4）News 表，用于存放新闻信息，如图 13-4 所示。

字段	类型	整理	属性	Null	默认	额外
id	int(11)		.	否	无	auto_increment
title	varchar(100)	gb2312_chinese_ci		是	NULL	
detail	varchar(5000)	gb2312_chinese_ci		是	NULL	
news_time	date			是	NULL	
source	varchar(1000)	gb2312_chinese_ci		是	NULL	
url	varchar(100)	gb2312_chinese_ci		是	NULL	

图 13-4　News 表

（5）Scenic 表，用于存放景点信息，如图 13-5 所示。

字段	类型	整理	属性	Null	默认	额外
id	int(11)			否	无	auto_increment
scenic_name	varchar(50)	gb2312_chinese_ci		是	NULL	
image	varchar(1000)	gb2312_chinese_ci		是	NULL	
simple	varchar(2000)	gb2312_chinese_ci		是	NULL	
description	varchar(5000)	gb2312_chinese_ci		是	NULL	
charge	varchar(20)	gb2312_chinese_ci		是	NULL	

图 13-5　Scenic 表

（6）Snack 表，用于存放餐馆基本信息，如图 13-6 所示。

字段	类型	整理	属性	Null	默认	额外
id	int(11)			否	无	auto_increment
title	varchar(20)	gb2312_chinese_ci		是	NULL	
snack_desc	varchar(1000)	gb2312_chinese_ci		是	NULL	
image	varchar(100)	gb2312_chinese_ci		是	NULL	

图 13-6　Snack 表

（7）View 表，用于存放景区基本信息，如图 13-7 所示。

字段	类型	整理	属性	Null	默认	额外
id	int(11)			否	无	auto_increment
title	varchar(20)	gb2312_chinese_ci		是	NULL	
image	varchar(60)	gb2312_chinese_ci		是	NULL	

图 13-7　View 表

13.3　后台功能的实现

该项目主要的功能实现集中在了后台管理中，主要包括管理员登录模块，景点展示、添加、编辑与删除模块。下面就针对这几项基本功能，对项目后台功能进行详细阐述。

13.3.1　管理用户登录

后台登录界面，主要是对登录者的信息进行验证，在这个界面中还可以进行身份的选择，若以管理员的身份登录，登录进去的页面是后台主界面；若以普通会员的身份登录，则进入的是前台首页面。

其中 HTML 代码如下。

```
<!DOCTYPE html PUBLIC "-//W3C//DTD XHTML 1.0 Transitional//EN" "http:
//www.w3.org/TR/xhtml1/DTD/xhtml1-transitional.dtd">
<html xmlns="http://www.w3.org/1999/xhtml">
<head>
<meta http-equiv="Content-Type" content="text/html; charset=utf-8">
<title>杭州旅游网</title>
<link href="../includes/base.css" rel="stylesheet" type="text/css" />
<link href="../includes/login.css" rel="stylesheet" type="text/css" />
<script language="javascript" type="text/javascript">
function refreshcode1(obj,url){
    obj.src = url+"?nowtime="+Math.random();
    }
</script>
</head>
<body>
<div id="login-box">
  <div class="login-top"><a href="../hww/index.html" target="_blank"
  title="返回网站主页">返回网站主页</a></div>

  <div class="login-main">
   <form name="form1" method="post" action="login1.php">

    <dl>
     <dt>用户名：</dt>
     <dd><input type="text" name="username"/></dd>
     <dt>密  码：</dt>
     <dd><input type="password" class="alltxt" name="password"/></dd>

     <dt>验证码：</dt>
     <dd><input id="vdcode" type="text" name="validate" style="text-
     transform:uppercase;"/><img id="vdimgck" align="absmiddle" alt="
     看不清？点击更换" style=" cursor:pointer;" onClick="refreshcode1
     (this,this. src);" src="ckcode.php?ckcode=1&a1" /> </dd>
       <dt> </dt>
       <dd><input type="radio" value="管理员" name='sf' checked="checked"/>
       管理员 <input type="radio" value="普通会员" name='sf' />普通会员</dd>
       <dt> </dt>
       <dd style=" position:relative; top:5px;"><button type="submit"
       name="sm1" class="login-btn" onclick="this.form.submit();">登录
       </button></dd>
     </dl>
    </form>
  </div>
  <div class="login-power">Powered by<strong>hangzhou<?php echo $cfg_
  version; ?></strong></a>&copy; 2004-2011 <a href="http://www.desdev.cn"
  target="_blank">trips</a> Inc.</div>
</div>
```

```
</body>
</html>
```

利用 PHP 进行身份验证的关键代码如下。

```php
<?php
session_start();
$_SESSION['user'] = $_POST['username'];
$_SESSION['sf']=$_POST['sf'];
$username=$_POST['username'];
$password=$_POST['password'];
$logon_ip = $_SERVER['REMOTE_ADDR'];
$sf = $_POST['sf'];
include 'includes/connect.php';

$sql = mysql_query("select * from user where username='$username' and
password='$password'");
$array=array();
while($row = mysql_fetch_assoc($sql)){
    $array[]=$row;
    }
if(mysql_affected_rows()>0){
    //echo "登录成功";
    if(trim(strtolower($_POST['validate'])) == strtolower($_SESSION
    ["ckcode"])){
        if($sf=='管理员'){
         $id = $array[0]['id'];
        $sql = mysql_query("insert into logon values(null,$id,'$username',
        now(),'$logon_ip','$sf'); ");
        if(mysql_affected_rows()>0){
        //echo "成功";
                header('Location:index.php');
        }
}
else{
header('location:../hww/index.html');
    }
}
    else{
        echo "验证码输入错误";
        header("Refresh:3; url='logon.html'");
        }
}
else{
echo "用户名或密码错误";
header("Refresh:3; url='logon.html'");

}
```

登录界面运行效果如图 13-8 所示。

图 13-8   后台登录界面

13.3.2   后台主界面

经过身份验证后进入后台主页面，后台管理系统是用 frameset 框架搭建的，可以显示当前的时间，表格的内容是所有管理用户的登录记录，如图 13-9 所示。

图 13-9   后台首页面

13.3.3　景点列表页面

景点列表页面显示的是 Scenic 表所有的记录，在该页面可以对景点信息进行编辑、删除操作，如图 13-10 所示。

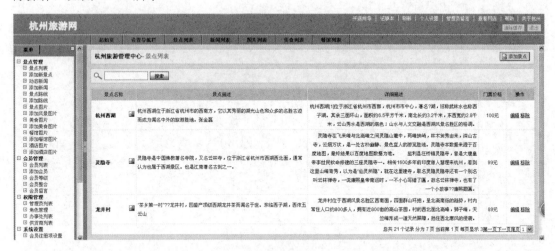

图 13-10　景点列表页面

其中 PHP 代码如下。

```php
<?php
include 'includes/connect.php';

$sql = "select * from scenic";
$res = mysql_query($sql);
$return = array();
while($row = mysql_fetch_assoc($res)){
$return[] = $row;
}

$page = isset($_GET['page'])?$_GET['page']:1;
            $pagesize=3;                            //这是已知的条件
            $offset=$pagesize*($page-1);
            $sql1 = "select * from scenic limit $offset,$pagesize";
            $result = mysql_query($sql1);
            $return = array();
            while($row = mysql_fetch_assoc($result)){
                    $return[] = $row;

                    }
            //获取符合条件的所有记录
            $sql2 = "select count(*) as total from scenic";
            $res = mysql_query($sql2);
            $rows = mysql_fetch_assoc($res);
            $total_rows=$rows['total'];
            $url = 'trip_list.php';
            //var_dump($rows);
            include 'includes/page.class.php';
            $html=page::show($total_rows,$page,$pagesize,$url);
    include 'trip_list_html.php';
```

显示界面代码如下。

```
<!DOCTYPE html PUBLIC "-//W3C//DTD XHTML 1.0 Transitional//EN" "http:
//www.w3.org/TR/xhtml1/DTD/xhtml1-transitional.dtd">
<html xmlns="http://www.w3.org/1999/xhtml">
<head>
<title>杭州旅游管理中心 - 景点列表 </title>
<meta name="robots" content="noindex, nofollow">
<meta http-equiv="Content-Type" content="text/html; charset=utf-8" />
<link href="../includes/general.css" rel="stylesheet" type="text/css" />
<link href="../includes/main.css" rel="stylesheet" type="text/css" />
</head>
<body>

<h1>
<span class="action-span"><a href="trip_add.html">添加景点</a></span>
<span class="action-span1"><a href="index.php?act=main">杭州旅游管理中心
</a> </span><span id="search_id" class="action-span1"> - 景点列表 </span>
<div style="clear:both"></div>
</h1>
<div class="form-div">
  <form action="trip_search.php" name="searchForm" method="post">

    <img src="../includes/images/icon_search.gif" width="26" height="22"
    border="0" alt="SEARCH" />
     <input type="text" id="brand_name" name="scenic_name" size="15"
     value='<?php echo isset($scenic)?$scenic:''; ?>' />
     <input type="submit" value=" 搜索 " class="button"/>
  </form>
</div>

<script language="JavaScript">
    function search_brand()
    {
        listTable.filter['brand_name'] = Utils.trim(document.forms
        ['searchForm'].elements['brand_name'].value);
        listTable.filter['page'] = 1;

        listTable.loadList();
    }

</script>
<form method="post" action="" name="listForm">
<!-- start brand list -->
<div class="list-div" id="listDiv">

  <table cellpadding="3" cellspacing="1">

    <tr>
      <th>景点名称</th>
      <th>景点描述</th>
      <th>详细描述</th>
      <th>门票价格</th>
      <th>操作</th>
    </tr>

    <?php if(@$return):?>
    <?php foreach($return as $value):?>
```

```
    <tr>
      <td class="first-cell" width="100">

      <span style="float:right"><a href="<?php echo $value['image']; ?>"
      target="_brank"><img src="../includes/images/picnoflag.gif" width=
      "16" height="16" border="0" alt="景点 LOGO" /></a></span>
      <span onclick="javascript:listTable.edit(this, 'edit_brand_name',
      1)"><?php echo $value["scenic_name"]; ?></span>
      </td>

      <td align="left" width="430"><?php echo $value['simple']; ?></td>
      <td align="right" width="430"><span onclick="javascript:listTable.
      edit(this, 'edit_sort_order', 1)"><?php echo $value
      ['description']; ?></span></td>
      <td align="center"><?php echo $value['charge'];?></td>
      <td align="center">
      <a href="edit.php?id=<?php echo $value['id']; ?>" title="编辑">编辑
      </a>
      <a onclick="return confirm('你确认要删除选定的商品品牌吗？');" title=
      "移除" href="trip_delete.php?id=<?php echo $value['id']; ?>">移除</a>

      </td>

    </tr>
      <?php endforeach;?>
      <?php else: ?>
      <tr><td align='center' nowrap='true' colspan='6'><?php echo "您查找
      的商品不存在" ?></td></tr>
      <?php endif; ?>
      <tr>

      <td align="right" nowrap="true" colspan="6">
          <!-- $Id: page.htm 14216 2008-03-10 02:27:21Z testyang $ -->
          <div id="turn-page">
          <?php if(isset($html)):?>
          <?php echo $html; ?>
          <?php else:?>
          <?php echo '';?>
          <?php endif;?>
          </div>
      </td>
    </tr>

  </table>

<!-- end brand list -->
</div>
</form>
</script>
<div id="popMsg">
  <table cellspacing="0" cellpadding="0" width="100%" bgcolor="#cfdef4"
  border="0">
  <tr>
    <td style="color: #0f2c8c" width="30" height="24"></td>
    <td style="font-weight: normal; color: #1f336b; padding-top: 4px;
    padding-left: 4px" valign="center" width="100%"> 新订单通知</td>
    <td style="padding-top: 2px;padding-right:2px" valign="center" align=
    "right" width="19"><span title="关闭" style="cursor: hand;cursor:
```

```
pointer;color:red;font-size:12px;font-weight:bold;margin-right:4px;"
onclick="Message.close()" >X</span><!-- <img title=关闭 style="cursor:
hand" onclick=closediv() hspace=3 src="msgclose.jpg"> --></td>
  </tr>
  </table>
</div>

</body>
</html>
```

13.3.4　景点列表的编辑

该页面可以对景点列表内容进行编辑和移除，如图 13-11 所示。

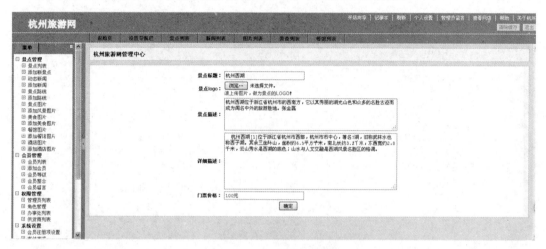

图 13-11　景点编辑页面

PHP 代码如下。

```php
<?php
include 'includes/connect.php';
$id=$_GET['id'];
$sql=mysql_query("select * from scenic where id = $id");
$array = array();
while($row = mysql_fetch_assoc($sql)){
    $array[]=$row;

    }
//var_dump($array);
include 'edit_html.php';
```

显示代码如下。

```
<!DOCTYPE html PUBLIC "-//W3C//DTD XHTML 1.0 Transitional//EN" "http:
//www.w3.org/TR/xhtml1/DTD/xhtml1-transitional.dtd">
<html xmlns="http://www.w3.org/1999/xhtml">
```

```html
<head>
<meta http-equiv="Content-Type" content="text/html; charset=utf-8" />
<title>无标题文档</title>
<link href="../includes/general.css" rel="stylesheet" type="text/css" />
<link href="../includes/main.css" rel="stylesheet" type="text/css" />
</head>

<body>
<h1>
<span class="action-span1"><a href="index.php?act=main">杭州旅游网管理中心
</a> </span><span id="search_id" class="action-span1"></span>
<div style="clear:both"></div>
</h1>

<div class="main-div">

<table>
<form method="POST" action="edit_edit.php?id=<?php echo $array[0]
['id'] ?>" enctype="multipart/form-data" onsubmit="return validate()">
<tr>
<td width="31%" align="right"><strong>景点标题：</strong></td>
<td width="69%"><input type="text" style=" width:200px;" name='scenic_
name' value="<?php echo $array[0]['scenic_name'];?>" /></td>
</tr>
<tr>
<td align="right"><strong>景点logo：</strong></td>
<td><input type="file" name="brand_logo" size="45" value="<?php echo
$array[0]['image'];?>" /><br /><span class="notice-span" style="display:
block"  id="warn_brandlogo">
        请上传图片，作为景点的LOGO!        </span></td>
</tr>
<tr><td align="right"><strong>景点描述：</strong></td>
<td><textarea cols="60" rows="4" name="desc"><?php echo $array[0]
['simple'];?></textarea></td></tr>
<tr><td align="right"><strong>详细描述：</strong></td>
<td><textarea cols="60" rows="8" name="description"><?php echo $array[0]
['description'];?></textarea></td></tr>
<tr><td width="31%" align="right"><strong>门票价格：</strong></td>
<td><input type="text" style=" width:200px;" name="charge" value="<?php
echo $array[0]['charge'];?>"/></td></tr>
<tr><td></td><td><input type="submit" value="确定" style=" position:
relative; left:140px;" /></td></tr>
</form>
</table>
</div>
</body>
</html>
```

移除信息效果如图 13-12 所示。

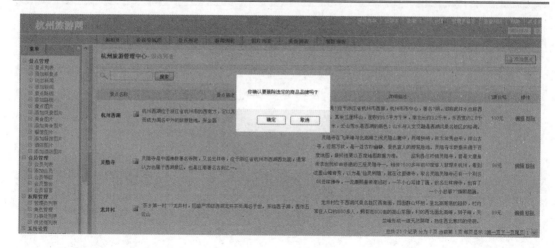

图 13-12　景点信息删除

PHP 代码如下。

```php
<?php
include 'includes/connect.php';
$id = $_GET['id'];
$sql = mysql_query("delete from scenic where id = $id");
if(mysql_affected_rows()>0){
    echo "删除成功";
    }
```

13.3.5　景点信息添加模块

添加景点信息内容，如图 13-13 所示。

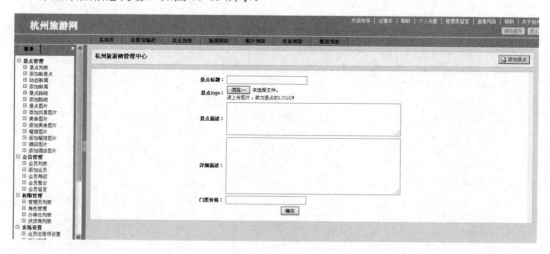

图 13-13　添加景点

HTML 代码如下。

```html
<!DOCTYPE html PUBLIC "-//W3C//DTD XHTML 1.0 Transitional//EN" "http:
```

```
//www.w3.org/TR/xhtml1/DTD/xhtml1-transitional.dtd">
<html xmlns="http://www.w3.org/1999/xhtml">
<head>
<meta http-equiv="Content-Type" content="text/html; charset=utf-8" />
<title>无标题文档</title>
<link href="../includes/general.css" rel="stylesheet" type="text/css" />
<link href="../includes/main.css" rel="stylesheet" type="text/css" />
</head>

<body>
<h1>
<span class="action-span"><a href="trip_add.html">添加景点</a></span>
<span class="action-span1"><a href="index.php?act=main">杭州旅游网管理中心
</a> </span><span id="search_id" class="action-span1"></span>
<div style="clear:both"></div>
</h1>

<div class="main-div">

<table>
<form method="POST" action="trip_add.php" enctype="multipart/form-data"
onsubmit="return validate()">
<tr>
<td width="31%" align="right"><strong>景点标题: </strong></td>
<td width="69%"><input type="text" style=" width:200px;" name='title'
/></td>
</tr>
<tr>
<td align="right"><strong>景点 logo: </strong></td>
<td><input type="file" name="brand_logo" size="45"/><br /><span class=
"notice-span" style="display:block" id="warn_brandlogo">
        请上传图片，作为景点的 LOGO!         </span></td>
</tr>
<tr><td align="right"><strong>景点描述: </strong></td>
<td><textarea cols="60" rows="4" name="desc"></textarea></td></tr>
<tr><td align="right"><strong>详细描述: </strong></td>
<td><textarea cols="60" rows="8" name="description"></textarea></td></tr>
<tr><td width="31%" align="right"><strong>门票价格: </strong></td>
<td><input type="text" style=" width:200px;" name="charge" /></td></tr>
<tr><td></td><td><input type="submit" value="确定" style=" position:
relative; left:140px;" /></td></tr>
</form>
</table>

</div>

</body>
</html>
```

PHP 代码如下。

```php
 <?php
$brand = $_FILES['brand_logo'];
```

```
//var_dump($brand);
            if($brand['error'] == 0){
             //判断用户提交的图片格式是否是要求的格式
        $allow_type = array('image/jpeg','image/png','image/gif',
        'image/jpg','image/pjpeg');

            if(in_array($brand['type'],$allow_type)){
            //in_array()函数判断图片格式是否正确
            //说明用户提交的图片格式正确
            //再判断提交的图片大小
        $max_size = 2000000;
            if($brand['size'] <= $max_size){
            //如果文件重名了会覆盖之前提交的图片，怎么解决？
            //文件名使用用户上传的时间戳+5个随机数+文件名后缀
            //现在可以允许用户上传到服务器了，移动到指定的目录中
                $new_file_name = time().mt_rand(100000,99999).strrchr
                ($brand['name'],'.');
                move_uploaded_file($brand['tmp_name'],'../includes/
                images/'.$new_file_name);
                $title = $_POST['title'];
        $simple = $_POST['description'];
        $desc = $_POST['desc'];
        $charge = $_POST['charge'];
                $brand_logo = '../includes/images/'.$new_file_name;
                include 'includes/connect.php';
                $sql = mysql_query("insert into scenic values(null,
                '$title','$brand_logo','$simple','$desc',
                '$charge');");
             if(mysql_affected_rows()>0){
             echo "添加成功";
                header("Refresh:3; url='http://localhost/trip/admin/
                trip_add.html'");
             }
             }
         }
     }
```

13.4 前台界面

后台管理员在完成对景点信息的增、删、改之后，将在前台页面中进行体现。下面针对前台页面进行设计。前台页面是使用 MVC 模板技术进行设计的。

13.4.1 前台首页

前台首页起到一个门的作用，展示杭州西湖的美景，单击 ENTER 进入的是杭州旅游网的主页，如图 13-14 所示。

图 13-14　前台首页

代码如下。

```
<!DOCTYPE html PUBLIC "-//W3C//DTD XHTML 1.0 Transitional//EN" "http:
//www.w3.org/TR/xhtml1/DTD/xhtml1-transitional.dtd">
<html xmlns="http://www.w3.org/1999/xhtml">
<head>
<meta http-equiv="Content-Type" content="text/html; charset=utf-8" />
<title>上有天堂 下有苏杭</title>

<style type="text/css">
<!--
html,body{
    overflow:hidden;
    height:100%;
}
.enterBodyBg{
    background:url(images/enter_body_bg_01.jpg) repeat;

}
.homeCenterBg{
    background:url(images/enter_center_bg_03.jpg) no-repeat;
    width:999px;
    height:643px;
    margin:0 auto;
    overflow:hidden;
}
.homeTopicBottomImg{
    background:url(images/enter_flash_bottom_06.jpg) no-repeat;
    width:999px;
    height:31px;
```

```
        clear:both;
    }
    .homeCenterLeft{
        float:left;
        width:247px;
        height:630px;
        background:url(images/enter_flash_left_03.jpg) no-repeat;
    }
    .homeTopicRight{
        float:left;
        background:url(images/enter_flash_right_04.jpg) no-repeat;
        width:752px;
        height:630px;
        overflow:hidden;
    }
    .homeLogo{
        margin:37px 0;
        background:url(images/home_logo_03.png) no-repeat !important;
        background:none;
        _FILTER:progid:DXImageTransform.Microsoft.AlphaImageLoader(src='imag
        es/home_logo_03.png');
        width:214px;
        height:73px;
    }
    .homeMenuBg{
        background:url(images/gou_info_bg_1_0.jpg) no-repeat;
        width:150px;
        height:145px;
        margin:360px 120px;
    }
    .homeMenuBg ul{
        margin:0;
        padding:0;
        list-style-type:none;
    }
    .homeMenuBg ul li{
        height:50px;
        line-height:50px;
        text-align:center;
        color:#cebe95;
        cursor:pointer;
        font-family:Verdana, Arial, Helvetica, sans-serif;
    }
    .homeMenuBg ul li a,.homeMenuBg ul li a:visited{
        color:#cebe95;
        text-decoration:none;
    }
    .homeMenuBg ul li a:hover{
        background:url(images/home_menu_over_06.jpg) repeat-y;
        _background:url(images/home_menu_over_06.jpg) repeat-y -3px 0px;
        +background:url(images/home_menu_over_06.jpg) repeat-y -3px 0px;
```

```
        width:114px;
        display:block;
        height:50px;
        line-height:50px;
        text-decoration:none;
        font-weight:bold;
        color:white;
}
-->
</style>
</head>
<body class="enterBodyBg" scroll="no" onLoad="maxMainHeight()">
    <style>
A.applink:hover {border: 2px dotted #DCE6F4;padding:2px;background-color:
#ffff00;color:green;text-decoration:none}
A.applink      {border: 2px dotted #DCE6F4;padding:2px;color:#2F5BFF;
background:transparent;text-decoration:none}
A.info         {color:#2F5BFF;background:transparent;text-decoration:
none}
A.info:hover   {color:green;background:transparent;text-decoration:
underline}
</style>

<script language="javascript" type="text/javascript">
var xPos = 0;
var yPos = 0;
var step = 1;
var delay = 17;
var height = 0;
var Hoffset = 0;
var Woffset = 0;
var yon = 0;
var xon = 0;
var pause = true;
var interval;
img1.style.top = yPos;
function changePos(){
width = document.body.clientWidth;
height = document.body.clientHeight;
Hoffset = img1.offsetHeight;
Woffset = img1.offsetWidth;
img1.style.left = xPos + document.body.scrollLeft;
img1.style.top = yPos + document.body.scrollTop;
if (yon)
{yPos = yPos + step;}
else
{yPos = yPos - step;}
if (yPos < 0)
{yon = 1;yPos = 0;}
if (yPos >= (height - Hoffset))
{yon = 0;yPos = (height - Hoffset);}
```

```
if (xon)
{xPos = xPos + step;}
else
{xPos = xPos - step;}
if (xPos < 0)
{xon = 1;xPos = 0;}
if (xPos >= (width - Woffset))
{xon = 0;xPos = (width - Woffset);   }
}
function start(){
img1.visibility = "visible";
interval = setInterval('changePos()', delay);
}
function pause_resume(){
if(pause)
{
clearInterval(interval);
pause = false;}
else{
interval = setInterval('changePos()',delay);
pause = true;
}
}
start();
img1.onmouseover = function() {
clearInterval(interval);
interval = null;
}
img1.onmouseout = function() {
interval = setInterval('changePos()', delay);
}
</SCRIPT>
<div class="homeCenterBg" id="homeContent">
    <div style="width:999px;clear:both;">
   <div class="homeCenterLeft">
   <div class="homeLogo"></div>
    <div class="homeMenuBg">
      <ul>
      <li><a href="index.php"><h2>ENTER</h2></a></li>
      </ul>
      </div>
   </div>
  <div class="homeTopicRight">
  <object classid="clsid:D27CDB6E-AE6D-11cf-96B8-444553540000" width=
  "753" height="630">
<embed src="images/main.swf" quality="high"  type="application/x-
shockwave-flash" width="753" height="630" wmode="transparent"></embed>
     </object>
    </div>
  </div>
</div>
```

```
</body>
</html>
```

13.4.2　杭州旅游的主页

使用 JavaScript 技术，实现图片的自动切换，使用 Smarty 循环数组的知识分页显示有关杭州的新闻，如图 13-15 所示。

图 13-15　前台主页

逻辑代码部分如下。

```php
<?php
include("connect.php");
include("libs/Smarty.class.php");
$smarty=new Smarty;
$smarty->reInitSmarty("demo/templates","demo/templates_c","demo/configs","demo/cache");
$page=isset($_GET['page'])?$_GET['page']:1;
$pagesize=15;
$offset=$pagesize*($page-1);
$q="select * from news limit $offset,$pagesize";
$res=mysql_query($q);
```

```
$rows=array();
while($row=mysql_fetch_assoc($res)){
    $rows[]=$row;

    }
$sql = "select count(*) as total from news";
$res = mysql_query($sql);
$a = mysql_fetch_assoc($res);
$total_rows=$a['total'];
$url = 'index.php';
include 'page.class.php';
$html=page::show($total_rows,$page,$pagesize,$url);
$smarty->assign("page",$html);
$smarty->assign("rows",$rows);
$q="select * from scenic limit 2";
$res=mysql_query($q);
$route=array();
while($row=mysql_fetch_assoc($res)){
    $route[]=$row;
}
$smarty->assign('route',$route);
$smarty->display("index.tpl");

?>
```

前台首页模板 Index.tpl 代码如下。

```
<!DOCTYPE html PUBLIC "-//W3C//DTD XHTML 1.0 Transitional//EN" "http:
//www.w3.org/TR/xhtml1/DTD/xhtml1-transitional.dtd">
<html xmlns="http://www.w3.org/1999/xhtml">
<head>
<meta http-equiv="Content-Type" content="text/html; charset=utf-8" />
<link href="demo/templates/css/style.css" rel="stylesheet" type="text/
css" />
  <script language="javascript"type="text/javascript" src="images/jquery.
 js"></script>
  <script language="javascript" type="text/javascript" src="images/myjs.
 js"></script>

<title>杭州旅游网欢迎您</title>
</head>

<body>
<div id="header">
<div class="header_1">
<div id="logo"><a href="#"><img src="images/third_6_news-3_02.jpg" alt=""
/></a></div>
<div id="header_1_right">
<a class="dcol1" href="#">设为首页</a>  <a class="dcol1"
href="#">收藏本站</a>  |  <a class="dcol2" href="#">登
录</a>  <a class="dcol2" href="#">注册</a></div>
</div>
<div id="nav">
<div class="nav1">
<ul>
    <li><a class="bg2" href="#">首  页</a></li>
```

```
    <li><a class="bg1" href="jingdian.php">景点大全</a></li>
    <li><a class="bg1" href="route.php">旅游路线</a></li>
    <li><a class="bg1" href="#">电子门票</a></li>
    <li><a class="bg1" href="#">我的主页</a></li>
</ul>
</div>
<div class="nav2">
<form name="soso_form" method="post" action="">
<input name="soso" type="text" value="" />  
<img class="ss" src="images/third_6_news-3_07.gif" alt="" />
</form></div>
</div>
<div class="header_2">
热门目的地： 苏州　五日游　无锡　南京　千岛湖　上海　杭州　周庄　四日游　三日游
</div>
</div>
    <div id="pagebody">
        <div id="left">
<div class="list_new2">

  <script>
    var widths=600;
    var heights=280;
    var counts=4;
    img1=new Image ();img1.src='images/fj.jpg';
    img2=new Image ();img2.src='images/fj2.jpg';
    img3=new Image ();img3.src='images/fj3.jpg';
    img4=new Image ();img4.src='images/fj4.jpg';
    url1=new Image ();url1.src='http://www.baidu.com';
    url2=new Image ();url2.src='http://www.baidu.com';
    url3=new Image ();url3.src='http://www.baidu.com';
    url4=new Image ();url4.src='qdh.php';
      //网页地址
    var nn=1;
    var key=0;
    function change_img()
    {if(key==0){key=1;}
    else if(document.all)
    {document.getElementById("pic").filters[0].Apply();document.getEleme
    ntById("pic").filters[0].Play(duration=2);}
    eval('document.getElementById("pic").src=img'+nn+'.src');
    eval('document.getElementById("url").href=url'+nn+'.src');
    for (var i=1;i<=counts;i++){document.getElementById("xxjdjj"+i).
    className='axx';}
    document.getElementById("xxjdjj"+nn).className='bxx';
    nn++;if(nn>counts){nn=1;}
    tt=setTimeout('change_img()',2000);}
    function changeimg(n){nn=n;window.clearInterval(tt);change_img();}
        document.write('<style>');
        document.write('.axx{padding:1px 7px;border-left:#cccccc 1px
        solid;}');
        document.write('a.axx:link,a.axx:visited{text-decoration:none;
        color:#fff;line-height:12px;font:9px sans-serif;background-color:
```

```
    #666;}');
    document.write('a.axx:active,a.axx:hover{text-decoration:none;
    color:#fff;line-height:12px;font:9px sans-serif;background-color:
    #999;}');
    document.write('.bxx{padding:1px 7px;border-left:#cccccc 1px
    solid;}');
    document.write('a.bxx:link,a.bxx:visited{text-decoration:none;
    color:#fff;line-height:12px;font:9px sans-serif;background-color:
    #D34600;}');
    document.write('a.bxx:active,a.bxx:hover{text-decoration:none;
    color:#fff;line-height:12px;font:9px sans-serif;background-color:
    #D34600;}');
    document.write('</style>');
    document.write('<div style="width:'+widths+'px;height:'+
    heights+'px;overflow:hidden;text-overflow:clip;">');
    document.write('<div><a id="url"><img id="pic" style="border:0px;
    filter:progid:dximagetransform.microsoft.wipe(gradientsize=
    1.0,wipestyle=4, motion=forward)" width='+widths+' height='+
    heights+' /></a></div>');
    document.write('<div style="filter:alpha(style=1,opacity=10,
    finishOpacity=80);background: #888888;width:100%-2px;text-align:
    right;top:-12px;position:relative;margin:1px;height:12px;padding:
    0px;margin:0px;border:0px;">');
    for(var i=1;i<counts+1;i++){document.write('<a href="javascript:
    changeimg('+i+');" id="xxjdjj'+i+'" class="axx" target="_self">'
    +i+'</a>');}
    document.write('</div></div>');
    change_img();
</script>
</div>
</div>

<div id="right">
 <div class="right1">
  <div class="right1_1"><a href="#">常见问题</a></div>
   <div class="right1_2">
    <ul class="wenti">
        <li class="r12_1"><a href="#">我可以当天订票嘛？</a></li>
      <li class="r12_2"><a href="#">请至少提前 2 天预订...</a></li>
        <li class="r12_1"><a href="#">我可以当天订票嘛？</a></li>
<li class="r12_2"><a href="#">请至少提前 2 天预订...</a></li>
<li class="r12_1"><a href="#">我可以当天订票嘛？</a></li>
<li class="r12_2"><a href="#">请至少提前 2 天预订...</a></li>
</ul>
          </div>
          </div>
    <div class="right1">
        <div class="right1_1"><a href="#">热门线路</a></div>
        <div class="right1_2">
        <div class="xianlu">
         <img src="images/third_6_news-3_22.jpg" alt="" />
        <span class="xl_s1"><a href="#">杭州一日游</a></span>    <span
        class="xl_s2">650 元</span><br />
```

```
          <a href="#">景区位于嗣庐县东南部，处于浦江、浦江、浦江三县之间</a>
      </div>
      <{section name=a loop=$route}>
<div class="xianlu">
  <img src="<{$route[a].image}>" alt="" />
    <span class="xl_s1"><a href="#"><{$route[a].scenic_name}></a></span>
    <span class="xl_s2"><{$route[a].charge}></span><br />
      <a href="#"><{$route[a].simple}></a>
      </div>
    <{/section}>
      <div class="xianlu">
      <img src="images/r4.gif" alt="" />
        <span class="xl_s1"><a href="#">九溪一日游</a></span>      <span
        class="xl_s2">650 元</span><br />
        <a href="#">九溪之水发源于杨梅岭，途中汇合了青湾、宏法、方家、佛石等溪流，
        因称九溪，古时候人们常喜欢用"九"字来表示数量的众多。十八涧，原是指这条山区溪
        流的源头</a>
    </div>
    </div>
      </div>
      </div>
<div style="width:600px; margin-top:310px; margin-left:2px;">
    <div class="list_new">
    <ul>
<{section name=a loop=$rows}>
<li><span class="s1"><a href="<{$rows[a].url}>"><{$rows[a].title}></a>
</span><span class="s2"><{$rows[a].news_time}></span></li>
<{/section}>
    </ul>
    </div>
    <div class="fenye">
        <{$page}>
    </div>
    </div>
    </div>
<{include file="footer.tpl"}>
```

分页是利用 Smarty 进行网站设计最常用的知识点之一，通过定义分页类实现信息的分页显示。实现分页功能的 PHP 分页类代码如下。

```php
    <?php
class page{
      public static function show($total_rows,$page,$pagesize,$url){
        $return = '';
          //求出总的页数
          $total_page = ceil($total_rows/$pagesize);
          $request_url = $url.'?page=';
          $return .= "总共  $total_rows 个记录 分为 $total_page 页 当前第
          $page 页 每页显示 $pagesize";
          //格式化字符串
          $first = sprintf('<a href="%s">%s</a>',$request_url.'1','第一
          页');
```

```
//一次求出上一页，下一页，尾页的字符串
    if($page>1){
$prev=sprintf('<a href="%s">%s</a>',$request_url.($page-1),
'上一页');
        }else{
            $prev = '';
        }

    if($total_page == $page){
            $next = '';
        }else{
        //href="brand.php?page=2"
$next = sprintf('<a href="%s">%s</a>',$request_url.($page+1),'
下一页');
        }
$last = sprintf('<a href="%s">%s</a>',$request_url.$total_page,
'尾页');
        $select_page = '<select onchange="goPage(this)">';

        for($i=1;$i<=$total_page;$i++){
            if($i == $page){
$select_page .= sprintf('<option value="%s" selected>%s
</option>',$i,$i);
            }else{
$select_page .= sprintf('<option value="%s">%s</option>',
$i,$i);
            }
        }
        $select_page.='</select>';
    //一定要注意，定界符结束时一定要顶格写，分号结束
        $select_script=<<<SCR
  <script type="text/javascript">
                function goPage(obj){
                    window.location.href="$request_url"+obj.value;
            }
</script>
SCR;

        $return .= $first.$prev.$next.$last.$select_page.$select_
        script;
        return $return;
    }
}
```

13.4.3 景点模块设计

该模块主要显示杭州旅游的各个景点，其运行效果如图 13-16 所示。

图 13-16　前台景点列表

其逻辑代码 PHP 代码如下。

```php
<?php
```

```
include ("connect.php");
include ("libs/Smarty.class.php");
$smarty = new Smarty();
$smarty->template_dir="demo/templates";        //更新模板存放路径及编译路径
$smarty->compile_dir="demo/templates_c";       //更新编译路径
$smarty->left_delimiter="<{";                  //修改界定符
$smarty->right_delimiter="}>";
$smarty->config_dir = "demo/configs";          //更改配置文件的路径
$smarty->cache_dir = "demo/cache";             //更改缓存文件的路径
$page=isset($_GET['page'])?$_GET['page']:1;
$pagesize=9;
$offset=$pagesize*($page-1);
$q="select * from view limit $offset,$pagesize";
$res=mysql_query($q);
$array=array();
while($row=mysql_fetch_assoc($res)){
    $array[]=$row;

    }

$sql = "select count(*) as total from view";
            $res = mysql_query($sql);
            $a = mysql_fetch_assoc($res);
            $total_rows=$a['total'];
            $url = 'jingdian.php';
    include 'page.class.php';
     $html=page::show($total_rows,$page,$pagesize,$url);
$smarty->assign("page",$html);

$q="select * from scenic limit 4";
$result=mysql_query($q);
$array1=array();
$i=0;
while($row=mysql_fetch_assoc($result)){
    $array1[$i]=$row;
    $i++;
    }

$smarty->assign("array",$array);
$smarty->assign("array1",$array1);
$smarty->display('jingdian.tpl');
?>
```

其显示模板 Jingdian.tpl 代码如下。

```
<!DOCTYPE html PUBLIC "-//W3C//DTD XHTML 1.0 Strict//EN" "http://www.
w3.org/TR/xhtml1/DTD/xhtml1-strict.dtd">
<html xmlns="http://www.w3.org/1999/xhtml" lang="zh-CN">
 <head>
  <title> 杭州旅游网 </title>
  <meta http-equiv="content-Type" content="text/html; charset=utf-8" />
  <meta http-equiv="content-Language" content="zh-CN" />
 link href="demo/templates/images/style.css" rel="stylesheet" type="text/
 css" />
  <script language="javascript" type="text/javascript" src="demo/
  templates/images/jquery.js"></script>
  <script language="javascript" type="text/javascript" src="demo/
  templates/images/myjs.js"></script>
```

```
</head>

<body>
 <div id="container">
     <div id="header">
         <div class="header_1">
             <div id="logo"><a href="#"><img src="demo/templates/
             images/third_6_news-3_02.jpg" alt="" /></a></div>
             <div id="header_1_right">
                 <a class="dcol1" href="#">设为首页</a>  <a
                 class="dcol1" href="#">收藏本站</a>  | 
                  <a class="dcol2" href="#">登录</a>  <a
                 class="dcol2" href="#">注册</a>
             </div>
         </div>
         <div id="nav">
             <div class="nav1">
                 <ul>
                     <li><a class="bg1" href="index.php">首  
                     页</a></li>
                     <li><a class="bg2" href="jingdian.php">景点大全
                     </a></li>
                     <li><a class="bg1" href="route.php">旅游路线
                     </a></li>
                     <li><a class="bg1" href="#">电子门票</a></li>
                     <li><a class="bg1" href="#">我的主页</a></li>
                 </ul>
             </div>
             <div class="nav2">
                 <form name="soso_form" method="post" action="">
                     <input name="soso" type="text" value="" /> 
                      
                     <img class="ss" src="demo/templates/images/third_
                     6_news-3_07.gif" alt="" />
                 </form>
             </div>
         </div>
         <div class="header_2">
             当前位置：景点大全 &gt; 杭州
         </div>
     </div>
     <div id="pagebody">
         <div id="left">
             <div class="showly">
               <div class="showly_2">
                 <div class="showly2_1" style="margin-top:10px;">
                     <ul>
                     <li><a class="sbg1" href="jingdian.php">景区介绍</a>
                     </li>
                     <li><a class="sbg1" href="jingdian_food.php">美食</a>
                     </li>
                     <li><a class="sbg1" href="jingdian_sleep.php">住宿</a>
                     </li>
                     <li><a class="sbg1" href="#">特色消费</a></li>
                     <li><a class="sbg1" href="#">旅游路线</a></li>
                     <li><a class="sbg1" href="#">旅游攻略</a></li>
                     <li><a class="sbg1" href="#">新闻时刻</a></li>
```

```
                </ul>
            </div>
        <div class="jd_3">
            <div class="jd3_1">
                <div class="jd31_1">杭州旅游攻略</div>
            </div>
            <div class="jd3_2">
             <div class="jd32_1">
                        <span class="jd32_1_s1">杭州景区介绍</span>
                </div>
        <div class="jd32_2">
```
杭州是长江流域中华文明的发源地。早在五万年前，"建德猿人"便活跃于天目山区。一万至二万年前人类已出现在杭州平原。四千年前的良渚文化时期，杭州老和山水田畈发现的石斧、纺轮和积谷凝块，证明原始先民已在今杭州西北郊繁衍生息。
```
<a href="jingdian_jieshao.php">详情</a>
                </div>
            </div>
            <div class="jd3_2">
                <div class="jd32_1">
                        <span class="jd32_1_s1">良辰美景</span>
                </div>
                <div class="works">
            <ul>
            <{section name=q loop=$array}>
            <li>
            <img src="<{$array[q].image}>"  width="180"
            height="125"/><br /><{$array[q].title}></li>

            <{/section}><ul>
        </div>
                </div>
                <div class="jd3_2">
                    <div class="jd32_1">
                        <span class="jd32_1_s1"></span>
                    </div>

                </div>
            </div>
                <div class="fenye">
                <{$page}>
                </div>
            </div>
            </div>
        </div>
    </div>
    <div id="right">
    <img src="demo/templates/images/tp.jpg" alt="" />
        <div class="right1">
            <div class="right1_1"><a href="#">热门线路</a></div>
    <div class="right1_2">
    <{section name=a loop=$array1}>
<div class="xianlu">
        <img src="<{$array1[a].image}>" alt="" />
        <span class="xl_s1"><a href="#"><{$array1[a].scenic_name}>
        </a></span>           <span class="xl_s2"><{$array1[a].charge}>
        </span><br />
    <a href="#"><{$array1[a].simple}></a>
                </div>
            <{/section}>
```

```
            </div>
                </div>
            </div>
        </div>
        <div class="jd_4">
            <ul>
                <li><a class="sbg2">国外风光</a></li>
            </ul>
        </div>
    </body>
</html>
```

习题

1．掌握使用 Smarty 的 5 大基本步骤。
2．实现分页功能。
3．实现上传图片功能。
4．实现验证码功能。
5．实现数据的增删改查功能。

第 14 章　博客管理系统

本博客管理系统是采用 Windows 作为操作系统，使用 PHP 语言与 MySQL 数据库，Apache 服务器来实现的。系统主要包括用户注册登录和注销模块、文章模块、评论模块、站内搜索、标签模块、主题模块、归档模块等。

本章知识点：

- 管理系统的开发流程
- 进一步掌握项目的需求分析及系统设计
- 学习不同图片的上传技术

14.1　需求分析

当今 Internet 高速发展，人与人之间的交流也随着技术的进步而不断地发生着日新月异的变化。Blog（博客）是继 E-mail、BBS、ICQ 之后出现的第 4 种网络交流方式，它的出现使人们的生活、工作和学习更加方便。现今博客正迅速发展，通过它人们可分享文章、照片和思想。博客已成为一种新兴的网络媒介，并被应用到销售、商业推广中。

现今，博客是一种新的信息共享方式，其提供了一种可信任、实时连通的交流平台。博客充分发挥了网络开放性与交互性的特点，用户可在任何时间、任何地点，通过网络交流与沟通。不仅是信息的传递与获取，还可以进行资源共享，展示自我，为个人发展带来新的机遇。

本博客管理系统具有以下功能。

（1）访客可以浏览博文、图片，发表评论。

（2）拥有强大的检索功能，可对博文进行精确查询与模糊查询。

（3）完善的博文管理功能，能够完成博文的发表、删除，及对相关评论的回复。

14.2　系统设计

系统设计的主要任务是设计软件系统的模块层次结构以及模块间的控制流程，设计数据库的结构。另外，系统设计要考虑到未来发展的需要。本系统将实现以下基本的目标。

（1）访客可以浏览博文、图片，发表评论。

（2）搜索查询功能，能够实现精确查询和模糊查询。

（3）完善的文章管理功能。

（4）图片上传功能。

14.2.1　系统功能结构

博客管理系统主要由图片管理、博文管理、好友管理、用户管理模块组成。博文管理模块主要由上传博文、浏览博文、查询博文、删除博文、评论添加、评论查看、评论删除功能组成。图片管理模块主要由上传图片、浏览图片、删除图片功能组成。好友管理模块主要由添加好友、删除好友、查询好友功能组成。用户管理模块主要完成用户个人信息设置功能。博客系统的功能结构图如图 14-1 所示。

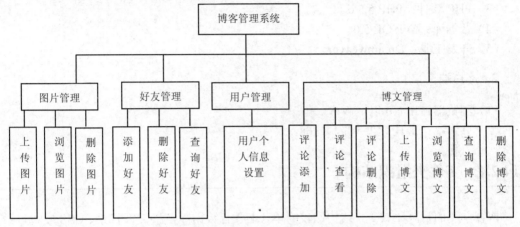

图 14-1　博客管理系统功能结构图

14.2.2　系统流程图

当游客访问博客管理系统时可以以游客的身份匿名使用系统部分功能。当游客以用户身份访问系统时可以使用系统绝大部分功能。博客管理系统的流程图如图 14-2 所示。

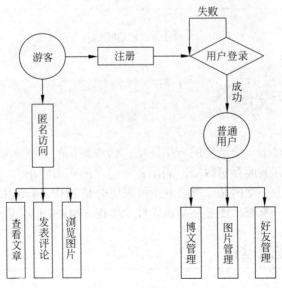

图 14-2　系统流程图

14.2.3　开发环境

在开发博客管理系统平台时，该项目构建开发环境需使用如下软件。

1．服务器端

（1）操作系统：Windows 7。
（2）服务器：Apache 2.2.8。
（3）PHP 软件：PHP 5.5.6。
（4）数据库：MySQL 5.0。
（5）开发工具：Dreamweaver。

2．客户端

（1）浏览器：IE 6.0 以上版本。
（2）分辨率：最佳效果 1024×768。

14.2.4　文件夹组织结构

博客系统的目录比较少，结构比较简单，主要有数据库链接文件目录、CSS 模式目录、JS 脚本目录及背景图片目录。文件夹组织结构如图 14-3 所示。

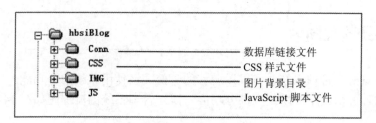

图 14-3　文件组织结构

14.3　数据库设计

数据库设计是指对于一个给定的应用环境，构造最优的数据库模式，建立数据库及其应用系统，使之能够有效地存储数据，满足各种用户的应用需求。

本博客系统属于中小型网站，所以本系统采用的是 PHP+MySQL 这对黄金组合，无论从成本、性能、安全上考虑，还是从易操作性上考虑，MySQL 都是最佳选择。

14.3.1　数据库概念设计

通过进行需求分析及功能设计，本系统抽象出用户实体、图片实体、朋友圈实体、博文实体和留言实体。下面给出主要实体及 E-R 实体图。

用户实体包括用户 id、用户生日、用户性别、登记时间、用户姓名、用户账号,如图 14-4 所示。

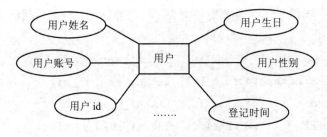

图 14-4　用户实体图

图片实体主要包括图片名称、上传图片用户 id 和上传图片时间等属性,E-R 图如图 14-5 所示。

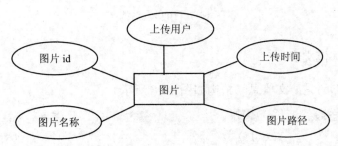

图 14-5　图片实体

14.3.2　数据库物理结构设计

根据实体 E-R 图和本系统的实际情况,需要 5 张表,如图 14-6 所示。

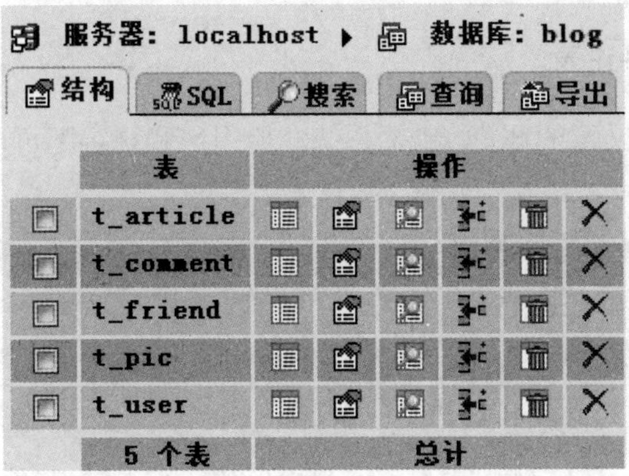

图 14-6　系统数据库结构

以上 5 张数据库表的结构如下。

1. t_user（用户表）

用户表主要存储用户的个人信息，如图 14-7 所示。

	字段	类型	整理	属性	Null
☐	**id**	int(11)			否
☐	**name**	varchar(50)	latin1_swedish_ci		否
☐	**realname**	varchar(50)	latin1_swedish_ci		否
☐	**pwd**	varchar(10)	latin1_swedish_ci		否
☐	**mail**	varchar(50)	latin1_swedish_ci		否
☐	**sex**	varchar(6)	latin1_swedish_ci		否
☐	**city**	varchar(30)	latin1_swedish_ci		否
☐	**ip**	varchar(50)	latin1_swedish_ci		否

图 14-7　用户表结构

2. t_article（博文表）

博文表中存储的是博文信息，结构如图 14-8 所示。

字段	类型	整理	属性	Null
aid	int(11)			否
content	text	latin1_swedish_ci		否
title	varchar(50)	latin1_swedish_ci		否
time	datetime			否
username	varchar(20)	latin1_swedish_ci		否

图 14-8　博文表结构

3. t_comment（评论表）

评论表存储的是对文章的评论，包括系统注册用户和访客都可以发表评论。t_comment 表的结构如图 14-9 所示。

字段	类型	整理	属性	Null
id	int(11)			否
articleid	int(11)			否
username	varchar(50)	latin1_swedish_ci		否
content	text	latin1_swedish_ci		否
time	datetime			否

图 14-9　评论表结构

4．t_pic（图片表）

图片表存储的是上传到系统中图片的信息。t_pic 表的结构如图 14-10 所示。

字段	类型	整理	属性	Null
id	int(11)			否
picname	varchar(30)	latin1_swedish_ci		否
user	varchar(50)	latin1_swedish_ci		否
time	datetime			否
road	varchar(50)	latin1_swedish_ci		否

图 14-10　图片表结构

5．t_friend（好友表）

好友表用来存放好友的信息，结构如图 14-11 所示。

字段	类型	整理	属性	Null
id	int(11)			否
name	varchar(50)	latin1_swedish_ci		否
bir	date			否
address	varchar(50)	latin1_swedish_ci		否
friendid	int(11)			否

图 14-11　好友表结构

14.4　首页设计

首页对于系统是至关重要的，决定用户对系统的第一印象。本系统首页页面设计简洁，主要包括以下三部分内容。

（1）首部导航栏：包括首页链接、注册。

（2）左侧显示区：包括最新博文、最新图片和系统时间模块。游客主要通过该页面浏览文章、浏览图片及发表评论。

（3）主显示区：为系统公告栏，显示系统及网站的最新资讯。

14.4.1　首页技术分析

在页面主显示区是一个公告栏模块。公告栏主要用于公布系统版本的更新或升级情况、网站的最新活动安排等，也可以链接一些精彩的博文。本系统的公告栏模块是通过

\<marquee\>标签来实现的。\<marquee\>标签可以实现文字或图片的滚动效果。\<marquee\>标签的特点就是可以让文字或图片动起来，其常用属性如表 14-1 所示。

表 14-1　marquee 属性表

属　　性	属　性　值	说　　明	应　用　举　例
direction	left、right、down、up	文字移动属性，分别表示从右往左、从左往右、从下到上、从上到下	\<marquee　direction="up"\>从下往上移动\</marquee\>
behavior	scroll,slide,alternate	文字移动方式，分别表示沿同一方向不停滚动、只滚动一次、在两个边界内来回滚动	\<marquee behavior="scroll"\> 不 停 滚 动\</marquee\>
loop	数值 1,2,3…	循环次数，不指定则表示为无限循环	\<marquee behavior="scroll" loop="3"\> 只 滚 动 3 次 \</marquee\>

14.4.2　首页的实现过程

博客管理系统首页采用二分栏结构。具体实现代码如下。

```php
<?php
session_start();
include "Conn/conn.php";
?>
<!DOCTYPE HTML PUBLIC "-//W3C//DTD HTML 4.01 Transitional//EN" "http:
//www.w3.org/TR/html4/loose.dtd">
<html>
<head>
<meta http-equiv="Content-Type" content="text/html; charset=gb2312">
<title>HBSI博客</title>
<link href="CSS/style.css" rel="stylesheet"/>
</head>
<?php
$str=array("河","北","软","件","职","业","技","术","学","院");
$word=strlen($str);
for($i=0;$i<4;$i++){
    $num=rand(0,$word*2-1);        //$word=$word*2-1
    $img=$img."<img src='images/checkcode/".$num.".gif' width='16'
    height='16'>";                //显示随机图片
    $pic=$pic.$str[$num];         //将图片转换成数组中的文字
}
?>
<script src="JS/check.js" language="javascript">
</script>
<body onselectstart="return false">
<table width="757" border="0" align="center" cellpadding="0"
cellspacing="0">
  <tr align="right" valign="top">
    <td height="149" colspan="2" background="images/head.jpg">
```

```
        <table width="100%" height="149"  border="0" cellpadding="0"
    cellspacing="0">
     <tr>
       <td height="51" align="right">
        <br>
        <table width="262" border="0" cellspacing="0" cellpadding="0">
         <tr align="left">
           <td width="26" height="20"><a href="index.php"></a></td>
           <td width="71" class="word_white"><a href="index.php"><span
           style="FONT-SIZE: 9pt; COLOR: #000000; TEXT-DECORATION: none">
           首  页</span></a></td>
           <td width="87"><a href="file.php"><span style="FONT-SIZE:9pt;
           COLOR: #000000; TEXT-DECORATION: none">我的博客</span></a></td>
           <td width="55"><a href="<?php echo (!isset($_SESSION
           [username])?'Regpro.php':'safe.php'); ?>"><span style="FONT-
           SIZE: 9pt; COLOR: #000000; TEXT-DECORATION: none"><?php echo
           (!isset($_SESSION[username])?"博客注册":"安全退出"); ?></span>
           </a></td>
           <td width="23"> </td>
         </tr>
        </table>
        <br></td>
     </tr>
     <tr>
       <td height="66" align="right"><p> </p></td>
     </tr>
     <tr>
      <form name="form" method="post" action="checkuser.php">
       <td height="20" valign="baseline">
        <table width="100%"  border="0" cellpadding="0" cellspacing=
        "0">
         <tr>
           <td width="32%" height="20" align="center" valign=
           "baseline">  </td>
           <td width="67%" align="left" valign="baseline" style="text-
           indent:10px;">
             <?php
           if(!isset($_SESSION[username])){
         ?>
             用户名:
             <input  name=txt_user size="10">
密  码:
<input  name=txt_pwd type=password style="FONT-SIZE: 9pt; WIDTH: 65px"
size="6">
验证码:
<input name="txt_yan" style="FONT-SIZE: 9pt; WIDTH: 65px" size="8">
<input type="hidden" name="txt_hyan" id="txt_hyan" value="<?php echo
$pic;?>">
<?php echo $img; ?>  
<input style="FONT-SIZE: 9pt"  type=submit value=登录 name=sub_dl onClick=
"return f_check(form)">
```

```
 
<?php
            }else{
        ?>
            <font color="red"><?php echo $_SESSION[username]; ?>
            </font>  河北软件职业技术学院网站欢迎您的光临！！！当
            前时间: <font color="red"><?php echo date("Y-m-d l"); ?>
</font>
        <?php
            }
        ?>
</td>
            <td width="1%" align="center" valign="baseline"> </td>
        </tr>
        </table>
        </td>
        </form>
    </tr>
    </table>
    </td>
</tr>
<tr>
  <td width="236" height="501" background=" images/left.jpg">
    <table width="100%" height="100%"  border="0" cellpadding="0"
    cellspacing="0">
      <tr>
        <td height="155" align="center" valign="top">      <?php
        include "cale.php"; ?></td>
      </tr>
      <tr>
        <td height="125" align="center" valign="top"><br>

          <table width="200"  border="0" cellspacing="0" cellpadding=
          "0">
            <tr>
              <td><table width="201"  border="0" cellspacing="0"
              cellpadding="0" valign="top" style="margin-top:5px;">
                <?php
        $sql=mysql_query("select id,title from tb_article order by
        now desc limit 5");
        $i=1;
        while($info=mysql_fetch_array($sql)){
        ?>
                <tr>
                  <td width="201" align="left" valign="top">
                     <a href="article.php?file_id=<?php
                  echo $info[id];?>" target="_blank"><?php echo $i."、
                  ".substr($info[title],0,20);?></a>
                  </td>
                </tr>
                <?php
```

```
                $i=$i+1;
            }
            ?>
                <tr>
                  <td height="10" align="right"><a href="file_more.
                  php"><img src=" images/more.gif" width="27" height=
                  "9" border="0">   </a></td>
                  </tr>
              </table></td>
            </tr>
        </table></td></tr>
      <tr>
        <td height="201" align="center" valign="top">        <br>
          <table width="145"  border="0" cellspacing="0" cellpadding=
          "0">
            <tr>
              <td>
              </td>
            </tr>
          </table>        </td>
        </tr>
      </table>
 </td>
 <td width="521" height="501" align="center" background="images/right.
 jpg">
    <table width="100%" height="98%"  border="0" cellpadding="0"
    cellspacing="0">
  <tr>
   <td> </td>
  </tr>
  <tr>
   <td height="372" align="center"><table style="WIDTH: 252px"
   cellspacing=0 cellpadding=0>
     <tbody>
      <tr>
       <td style="WIDTH: 429px; HEIGHT: 280px" colspan=3 rowspan=2
       align="center">
         <a href="file.php" >
               <label style="background: #FCC;font-size:36px; color:
               #000; font-weight:bold">
                   发表新博文
                </label>
             </a>

          <marquee onMouseOver=this.stop()
          style="WIDTH: 426px; HEIGHT: 280px" onMouseOut=this.start()
          scrollamount=2 scrolldelay=7 direction=up>
         <span style="FONT-SIZE: 9pt"><center>
         河北软件职业技术学院网站欢迎您！！！
         </center>
         </span>
```

```
            </marquee>


          </td>

      </tr>
      <tr></tr>
    </tbody>
  </table></td>
    </tr>
    <tr>
      <td height="66"> </td>
    </tr>
  </table>
  </td>
 </tr>
</table>
</body>
</html>
```

首页运行效果如图 14-12 所示。

图 14-12 博文系统首页

注意，通过 include 命令包含 Conn/文件夹下的 conn.php，该文件中保存着创建数据库连接的代码，因为系统中多个页面都要与数据库创建连接，所以把创建数据库连接的代码写在独立的文件中。代码如下。

```
<?php
$link=mysql_connect("localhost","root","");
mysql_select_db("db_tmlog",$link);
mysql_query("set names gb2312");
?>
```

14.5　博文管理模块设计

对于博客系统来说，文章管理是最基本的功能，但同时也是最复杂的一个功能。本系统的博文管理模块包括"添加博客文章"、"查找博客文章"、"管理我的博客"、"发表评论"、"删除博文"和"删除评论"6 大功能。其中，普通用户只能删除自己的博文及对博文的评论，只有管理员才有权删除任何一篇文章及回复。

14.5.1　博文管理模块技术分析

想使用博文管理模块，用户必先登录，匿名用户无法使用博文管理模块的功能；要想删除博文和评论，前提是当前用户必须拥有管理员权限，或者是博文或评论的拥有者，否则不会显示删除功能。这两方面的控制都需要 Session 的配合，本节介绍 Session 的应用及常见的问题处理。Session 的中文译名为"会话"，是指用户从进入网站开始，直到离开网站这段时间内，所有网页共同使用的公共变量的存储机制。Session 比 Cookie 更有优势：Session 是存储在服务器端的，不易被伪造；Session 的存储没有长度限制；Session 的控制更容易等。但大多数初学者在使用 PHP 中的 Session 时，经常出现一些莫名其妙的错误，而又不知道如何去解决。其实，大多数的错误的原因是对 Session 的配置不了解造成的，在 php.ini 中对 Session 的配置如表 14-2 所示。

表 14-2　Session常用配置选项

配 置 选 项	说　　明
session.save_path = c:/temp	保存 Session 变量的目录，在 Linux/UNIX 下为/tmp
session.ues_cookies = 1	是否使用 Cookie
session.name = PHPSESSID	表示会话 ID
session.auto_start = 0	是否自动启用 Session,当为 1 时,在每页中就不必调用 Session_satrt() 函数了
session.cookie_lifetime = 0	设定 Cookie 送到浏览器后的保存时间，单位为 s。默认值为 0，表示直到浏览器关闭
session.cookie_path = /	Cookie 有效路径
session.cookie_domain =	有效域名
session.serialize_handler = php	定义串行化数据的标识，本功能只有 WDDX 模块或 PHP 内部使用，默认值为 PHP
session.gc_probability = 1	设定每次临时文件开始处理的处理概率。默认值为 1
session.gc_maxlifetime = 1440	设定保存 Session 的临时文件被清除前的存活秒数
session.referer_check =	决定参照到客户端的 Session 代码是否要删除。有时出于安全或其他考虑，会设定不删除。默认值为 0
session.cache_limiter = nocache	设定 Session 缓冲限制
session.cache_expire = 180	文档有效期，单位为 min
session.save_handler = files	用于保存 Session 变量，默认情况下用文件

对于初学者来讲，Session 在 php.ini 中是不需要改动的，因为安装时会根据操作系统自行做出适当的调整。只将少数的几项，如 Session 存活周期（session.cookie_lifetime = 0）、

自动开启 Session（session.auto_start）等稍加改动即可。PHP 主要是通过会话（Session）处理函数来对 Session 进行控制和使用的。常用的处理函数如表 14-3 所示。

表 14-3　Session处理函数

函　　数	函 数 说 明
session_start();	开启 Session 或返回已经存在的 Session
$_SESSION['name'] = value;	注册一个 Session 变量
session_id()	设定或取得当前的 Session_id 值
isset($_SESSION['name'])	检测指定的 Session 值是否存在。isset 不只可以检测 Session，还可以检测其他类型，如 isset($_POST['name'])、isset($_GET['name'])等
session_regenerate_id()	更改 Session_id 的值
session_name()	返回或改变当前 Session 的 name
unset($_SESSION['name'])	删除名为 name 的 Session
session_destroy()	结束当前会话，删除所有 Session

注意：

（1）如需改变当前 Session 的 name 属性值，必须在 session()之前调用 session_name()函数，而且 session_name 不能全部是数字，否则会不停地生成新的 session_id。

（2）不能使用 unset($_SESSION)语句，这样将禁止整个会话的功能。使用 Session 时要注意以下问题。

① 将 session_start 放到第 1 行。

这种情况是新手最容易犯的错误。产生的错误代码为：

Warning: session_start() [function.session-start]: Cannot send session cache limiter - headers already sent…

其原因就是在使用 session_start()之前，就有 HTML 代码输出了。注意空行或类似 echo 语句的输出都被作为 HTML 的输出。

② 使用 Session 之前，要先写 session_start()。

在使用 Session 之前都能先调用 session_start()函数，但对于 session_destroy()函数却经常忽略。session_destroy()虽然是结束当前会话并删除所有 Session，但在删除之前，也要先开启 Session 支持才可以，不然会产生这样的错误代码：session_destroy()[function.session-destroy]: Trying to destroy uninitialized session in…

所以，凡是在使用 Session 或 Session 函数的页面中，需要加上 session_start()这句话。

③ 删除所有 Session。

如果想删除所有 Session，但又不想结束当前会话，用 unset 一个一个删除实在是太麻烦了，最简单的办法就是将一个空数组赋给$_SESSION，如$_SESSION = array()。

14.5.2　添加博文的实现过程

添加博文模块主要操作表 t_article 中的数据。用户登录后，系统会直接进入到文章添加页（file.php），也可以通过单击"博文管理"|"添加博客文章"回到 file.php 页。博文

添加页面的运行结果如图 14-13 所示。

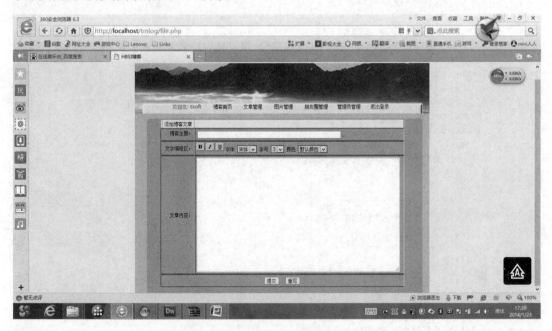

图 14-13 博文添加页面

添加博文页为一个发布表单，包括博文主题、博文编辑、博文内容等元素。部分表单元素如表 14-4 所示。

表 14-4 添加博文页面的主要表单元素

名称	元素类型	重 要 属 性	含 义
myform	form	method="post" action="check_file.php"	添加文章表单
txt_title	text	id="txt_title" size="68"	文章标题
size	select	class="wenbenkuang" onChange="showsize(this.options[this.selectedIndex].value)"	字体大小
color	select	onChange="showcolor(this.options[this.selectedIndex].value)" name="color" size="1" class="wenbenkuang" id="select"	字体颜色
file	textarea	cols="75" rows="20" id="file" style="border:0px;width:520px;"	文章内容
btn_tj	submit	id="btn_tj" value="提交" onClick="return check();"	"提交"按钮

用户填写完博文主题和博文内容后，单击"发表"按钮，系统将跳转到处理页（check_file.php）进行数据处理。在处理页中，根据传过来的博文标题、博文作者和博文内容等数据形成 insert 语句，并通过执行 insert 语句保存在数据库的 t_article 表中。如果添加信息成功，系统返回到本页，可继续执行添加操作；如果添加失败，则返回到上一步。关键实现代码如下。

```
<html>
<head></head>
<body>
<?php
session_start();
```

```
include "Conn/conn.php";
//echo $_POST["btn_tj"];
if($_POST["btn_tj"]<>""){
    $title=$_POST[txt_title];
    $author=$_SESSION[username];
    $content=$_POST[file];
    $now=date("Y-m-d H:i:s");
    $sql="Insert Into tb_article (title,content,author,now) Values
    ('$title','$content','$author','$now')";
    $result=mysql_query($sql);
    if($result){
        echo "<script>alert('恭喜您，你的文章发表成功！！！');window.location.
        href='file.php';</script>";
    }
    else{
        echo "<script>alert('对不起，添加操作失败！！！');window.location.
        href='file.php';</script>";
    }
}
?>
</body>
<html>
```

14.5.3　博文列表的实现过程

单击"博文管理"|"我的博文"，将显示用户发表过的博文列表。博文列表页面
（myfiles.php）的运行结果如图 14-14 所示。

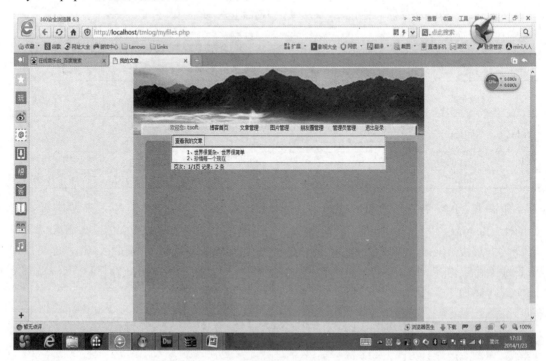

图 14-14　博文列表

博文列表页面使用了分页技术与 do…while 循环语句来输出博文的各标题，数据从表 t_article 中读出。程序关键代码如下。

```php
<?php
session_start();
include "Conn/conn.php";
include "check_login.php";
?>
<html>
<head>
<meta http-equiv="Content-Type" content="text/html; charset=gb2312">
<link href="CSS/style.css" rel="stylesheet">
<title>我的文章</title>
<style type="text/css">
<!--
.style1 {color: #FF0000}
-->
</style>
</head>
<script src=" JS/menu.JS"></script>
<script src=" JS/UBBCode.JS"></script>
<script language="javascript">
function check(){
    if(myform.txt_title.value==""){
        alert("博客主题名称不允许为空！");myform.txt_title.focus();return
        false;
    }
    if(myform.file.value==""){
        alert("文章内容不允许为空！");myform.file.focus();return false;
    }
}
</script>
<body >
<div class=menuskin id=popmenu
    onmouseover="clearhidemenu();highlightmenu(event,'on')"
    onmouseout="highlightmenu(event,'off');dynamichide(event)"
    style="Z-index:100;position:absolute;">
</div>
<TABLE width="757" cellPadding=0 cellSpacing=0 style="WIDTH: 755px" align=
"center">
  <TBODY>
    <TR> <TD style="VERTICAL-ALIGN: bottom; HEIGHT: 6px" colSpan=3> <TABLE
    style="BACKGROUND-IMAGE: url( images/f_head.jpg); WIDTH: 760px;
    HEIGHT: 154px"
    cellSpacing=0 cellPadding=0> <TBODY>
        <TR>
          <TD height="110" colspan="6"
        style="VERTICAL-ALIGN: text-top; WIDTH: 80px; HEIGHT: 115px;
        TEXT-ALIGN: right"></TD>
        </TR>
        <TR>
          <TD height="34" align="center" valign="middle">
            <TABLE style="WIDTH: 580px" VERTICAL-ALIGN: text-top;
            cellSpacing=0 cellPadding=0 align="center">
              <TBODY>
                <TR align="center" valign="middle">
                    <TD style="WIDTH: 100px; COLOR: red;">欢迎您: <?
                    php echo $_SESSION[username]; ?>  </TD>
```

```
                <TD style="WIDTH: 80px; COLOR: red;"><SPAN  style="FONT-
                SIZE: 9pt; COLOR: #cc0033"> </SPAN><a href="index.php">
                博客首页</a></TD>
                <TD style="WIDTH: 80px; COLOR: red;"><a  onmouseover=
                showmenu(event,productmenu) onmouseout=delayhidemenu()
                class='navlink' style="CURSOR:hand" >文章管理</a></TD>
                <TD style="WIDTH: 80px; COLOR: red;"><a  onmouseover=
                showmenu(event,Honourmenu) onmouseout=delayhidemenu()
                class='navlink' style="CURSOR:hand">图片管理</a></TD>
                <TD style="WIDTH: 90px; COLOR: red;"><a  onmouseover=
                showmenu(event,myfriend) onmouseout=delayhidemenu()
                class='navlink' style="CURSOR:hand" >朋友圈管理</a>
                </TD>
                 <?php
                   if($_SESSION[fig]==1){
                    ?>
                    <TD style="WIDTH: 80px; COLOR: red;"><a
                    onmouseover=showmenu(event,myuser) onmouseout=
                    delayhidemenu() class='navlink' style="CURSOR:hand"
                    >管理员管理</a></TD>
                   <?php
                    }
                   ?>
                   <TD style="WIDTH: 80px; COLOR: red;"><a href="safe.
                   php">退出登录</a></TD>
             </TR>
           </TBODY>
         </TABLE>                       </TD>
        </TR>
      </TBODY>
    </TABLE></TD>
  </TR>
  <TR>
   <TD colSpan=3 valign="baseline" style="BACKGROUND-IMAGE: url(images/
   bg.jpg); VERTICAL-ALIGN: middle; HEIGHT: 450px; TEXT-ALIGN: center">
   <table width="100%" height="100%"  border="0" cellpadding="0"
   cellspacing="0">
     <tr>
       <td height="451" align="center" valign="top">

       <table width="600" height="100%"  border="0" cellpadding="0"
       cellspacing="0">
       <tr>
        <td height="130" align="center" valign="top"><?php if($page=="")
        {$page=1;}; ?>
<table width="560" border="1" align="center" cellpadding="3" cellspacing=
"1" bordercolor="#9CC739" bgcolor="#FFFFFF">
          <tr align="left" colspan="2" >
            <td width="390" height="25" colspan="3" valign="top"
            bgcolor="#EFF7DE"> <span class="tableBorder_LTR"> 查看我的
            文章 </span> </td>
          </tr>
          <?php
                 if ($page){
                    $page_size=20;      //每页显示 20 条记录
                    $query="select count(*) as total from tb_article
                    where author = '".$_SESSION[username]."' order by
                    id desc";
```

```
                            $result=mysql_query($query);//查询总的记录条数
                            $message_count=mysql_result($result,0,
                            "total");            //为变量赋值
                            $page_count=ceil($message_count/$page_size);
                            //根据记录总数除以每页显示的记录数求出所分的页数
                            $offset=($page-1)*$page_size;
                            //计算下一页从第几条数据开始循环

                                $sql=mysql_query("select id,title from
                                tb_article where author = '".$_SESSION
                                [username]."' order by id desc limit $offset,
                                $page_size");
                                $info=mysql_fetch_array($sql);

                ?>
        <tr>
           <td height="31" align="center" valign="top" ><table width=
           "500"  border="0" cellspacing="0" cellpadding="0">
             <tr>
               <td><table width="498"  border="0" cellspacing="0"
               cellpadding="0" valign="top">
                   <?php
                        if($info){
                        $i=1;
                        do{
                      ?>
                   <tr>
                     <td width="498" align="left" valign="top">  
                       <a href="showmy.php?file_id=<?php
                     echo $info[id];?>"><?php echo $i."、".$info
                     [title];?></a> </td>
                   </tr>
                   <?php
                        $i=$i+1;
                        }while($info=mysql_fetch_array($sql))
                     ?>
               </table></td>
             </tr>
           </table></td>
        </tr>
      <?php } ?>
</table>
<table width="560" border="0" align="center" cellpadding="0"
cellspacing="0">
  <tr bgcolor="#EFF7DE">
    <td width="33%">  页次：<?php echo $page;?>/<?php
    echo $page_count;?>页
     记录：<?php echo $message_count;?> 条  </td>
    <td width="67%" align="right" class="hongse01">
            <?php
                if($page!=1)
                 {
                    echo  "<a href=myfiles.php?page=1>首页</a>
                     ";
                    echo "<a href=myfiles.php?page=".($page-1).">
                    上一页</a> ";
                 }
                if($page<$page_count)
```

```
                                       {
                                          echo "<a href=myfiles.php?page=".($page+1).
                                          ">下一页</a> ";
                                          echo "<a href=myfiles.php?page=".$page_
                                          count.">尾页</a>";
                                       }
                                    }
                                 ?>
                     </td>
                  </tr>
               </table></td>
            </tr>
         </table>

               </td>
         </tr>
      </table></TD>
         </TR>
      </TBODY>
   </TABLE>
   </body>
   </html>
```

14.5.4 查看博文、评论的实现过程

单击列表中任意一个博文标题，都会看到对应的博文内容和博文评论。查看博文页面
（showmy.php）的运行结果如图 14-15 所示。

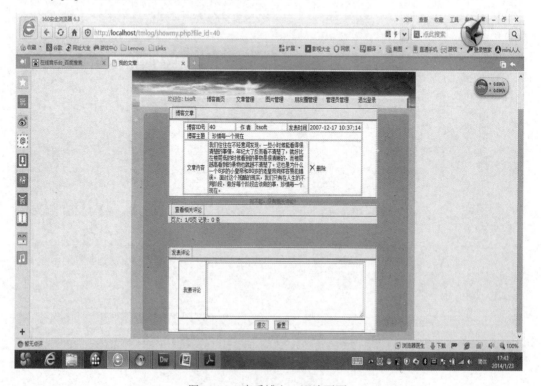

图 14-15 查看博文、评论页面

　　系统根据当前页面传过来的博文 id 值从数据表 t_article 中返回对应的博文信息（包括博文 id、博文作者、博文标题、博文内容和发表时间）、输出文章信息后，开始查找表 t_comment 中 fileid 字段值等于文章 id 的所有评论集，并通过分页显示出来。显示文章页面（showmy.php）的关键代码如下。

```php
<?php
session_start();
include "Conn/conn.php";
include "check_login.php";
$file_id1=$_GET[file_id];
$bool = false;
?>
<html>
<head>
<meta http-equiv="Content-Type" content="text/html; charset=gb2312">
<link href="CSS/style.css" rel="stylesheet">
<title>我的文章</title>
<style type="text/css">
<!--
.style1 {color: #FF0000}
-->
</style>
</head>
<script src=" JS/menu.JS"></script>
<script src=" JS/UBBCode.JS"></script>
<script language="javascript">
function check(){
if (document.myform.txt_content.value==""){
    alert("评论内容不能为空!");myform.txt_content.focus();return false;
}
}
</script>
<body >
<div class=menuskin id=popmenu
    onmouseover="clearhidemenu();highlightmenu(event,'on')"
    onmouseout="highlightmenu(event,'off');dynamichide(event)"
    style="Z-index:100;position:absolute;">
</div>
<TABLE width="757" cellPadding=0 cellSpacing=0 style="WIDTH: 755px" align=
"center">
  <TBODY>
    <TR> <TD style="VERTICAL-ALIGN: bottom; HEIGHT: 6px" colSpan=3> <TABLE
      style="BACKGROUND-IMAGE: url( images/f_head.jpg); WIDTH: 760px;
      HEIGHT: 154px"
      cellSpacing=0 cellPadding=0> <TBODY>
        <TR>
          <TD height="110" colspan="6"
        style="VERTICAL-ALIGN: text-top; WIDTH: 80px; HEIGHT: 115px;
        TEXT-ALIGN: right"></TD>
        </TR>
        <TR>
          <TD height="34" align="center" valign="middle">
            <TABLE style="WIDTH: 580px" VERTICAL-ALIGN: text-top;
            cellSpacing=0 cellPadding=0 align="center">
              <TBODY>
                <TR align="center" valign="middle">
                  <TD style="WIDTH: 100px; COLOR: red;">欢迎您: 
```

```
                         <?php echo $_SESSION[username]; ?>  </TD>
                         <TD style="WIDTH: 80px; COLOR: red;"><SPAN  style="FONT-
                         SIZE: 9pt; COLOR: #cc0033"> </SPAN><a href="index.php">
                         博客首页</a></TD>
                         <TD style="WIDTH: 80px; COLOR: red;"><a  onmouseover=
                         showmenu(event,productmenu) onmouseout=delayhidemenu()
                          class='navlink' style="CURSOR:hand" >文章管理</a></TD>
                         <TD style="WIDTH: 80px; COLOR: red;"><a  onmouseover=
                          showmenu(event,Honourmenu) onmouseout=delayhidemenu()
                          class='navlink' style="CURSOR:hand">图片管理</a></TD>
                         <TD style="WIDTH: 90px; COLOR: red;"><a  onmouseover=
                         showmenu(event,myfriend) onmouseout=delayhidemenu()
                         class='navlink' style="CURSOR:hand" >朋友圈管理</a>
                         </TD>
                          <?php
                           if($_SESSION[fig]==1){
                            ?>
                            <TD style="WIDTH: 80px; COLOR: red;"><a
                            onmouseover=showmenu(event,myuser) onmouseout=
                            delayhidemenu() class='navlink' style="CURSOR:hand"
                            >管理员管理</a></TD>
                          <?php
                            }
                            ?>
                            <TD style="WIDTH: 80px; COLOR: red;"><a href="safe.
                            php">退出登录</a></TD>
                     </TR>
                   </TBODY>
               </TABLE>                       </TD>
           </TR>
         </TBODY>
      </TABLE></TD>
  </TR>
  <TR>
    <TD colSpan=3 valign="baseline" style="BACKGROUND-IMAGE: url(images/
    bg.jpg); VERTICAL-ALIGN: middle; HEIGHT: 450px; TEXT-ALIGN: center">
    <table width="100%" height="100%"  border="0" cellpadding="0"
    cellspacing="0">
     <tr>
       <td height="451" align="center" valign="top">

       <table width="600" height="100%"  border="0" cellpadding="0"
       cellspacing="0">
       <tr>
        <td height="130" align="center" valign="middle"><table width=
        "560" border="1" align="center" cellpadding="3" cellspacing="1"
        bordercolor="#9CC739" bgcolor="#FFFFFF">
            <tr align="left" colspan="2" >
              <td width="390" height="25" colspan="3" valign="top"
              bgcolor="#EFF7DE"> <span class="tableBorder_LTR"> 博
              客文章</span> </td>
            </tr>
            <td align="center" valign="top" ><table width="480" border=
            "0" cellpadding="0" cellspacing="0">
                <tr>
                  <td> <?php
                      $sql=mysql_query("select * from tb_article where id
                      = ".$file_id1);
```

```
                            $result=mysql_fetch_array($sql);
            ?>
                <table width="100%" border="1" cellpadding="1"
                cellspacing="1" bordercolor="#D6E7A5" bgcolor=
                "#FFFFFF" class="i_table">
                    <tr bgcolor="#FFFFFF">
                        <td width="14%" align="center">博客 ID 号</td>
                        <td width="15%"><?php echo $result[id]; ?></td>
                        <td width="11%" align="center">作
                            者</td>
                        <td width="18%"><?php echo $result[author]; ?>
                        </td>
                        <td width="12%" align="center">发表时间</td>
                        <td width="30%"><?php echo $result[now]; ?></td>
                    </tr>
                    <tr bgcolor="#FFFFFF">
                        <td align="center">博客主题</td>
                        <td colspan="5">  <?php echo $result
                        [title]; ?></td>
                    </tr>
                    <tr bgcolor="#FFFFFF">
                        <td align="center">文章内容</td>
                        <td colspan="4"><?php echo $result[content]; ?>
                        </td>
                        <td><?php
                                if($_SESSION[fig]==1 or ($_SESSION
                                [username] == $result[author])){
                                $bool = true;
                                ?>
                            <a href="del_file.php?file_id=<?php echo
                            $result[id];?>"><img src="images/A_
                            delete.gif" width="52" height="16" alt="
                            删除博客文章" onClick="return d_chk();">
                            </a>
                            <?php
                                }
                                ?>
                            </td>
                    </tr>
                </table></td>
            </tr>
        </table></td>
    </table></td>
</tr>
<tr>
  <td height="106" align="center" valign="top"><?php if($page=="")
  {$page=1;}; ?>
    <table width="560" border="1" align="center" cellpadding="3"
    cellspacing="1" bordercolor="#9CC739" bgcolor="#FFFFFF">
      <tr align="left" colspan="2" >
        <td width="390" height="25" colspan="3" valign="top"
        bgcolor="#EFF7DE"> <span class="tableBorder_LTR">查
        看相关评论</span> </td>
      </tr>
      <?php
                if ($page){
                    $page_size=4;      //每页显示 4 条记录
                    $query="select count(*) as total from tb_
```

```
                                 filecomment where fileid='  ,m ,' order by id
                                 desc";
                                 $result=mysql_query($query);//查询总的记录条数
                                 $message_count=mysql_result($result,0,
                                 "total");           //为变量赋值
                                 $page_count=ceil($message_count/$page_size);
                                 //根据记录总数除以每页显示的记录数求出所分的页数
                                 $offset=($page-1)*$page_size;
                                 //计算下一页从第几条数据开始循环
                                 for ($i=1; $i<2; $i++) {
                                 //计算每页显示几行记录信息
                                 if ($i==1) {
                                     $sql=mysql_query("select * from
                                     tb_filecomment where fileid='$file_id1'
                                     order by id desc limit $offset, $page_size");
                                     $result=mysql_fetch_array($sql);
                                     }
                                 if($result==false){
                                     echo "<font color=#ff0000>对不起，没有相关评
                                     论!</font>";
                                 }
                                 else{
                                     do{
                                 ?>
        <tr>
          <td height="57" align="center" valign="top" ><table width=
          "480" border="1" cellpadding="1" cellspacing="1"
          bordercolor="#D6E7A5" bgcolor="#FFFFFF" class="i_table">
             <tr bgcolor="#FFFFFF">
               <td width="14%" align="center">评论 ID 号</td>
               <td width="15%"><?php echo $result[id]; ?></td>
               <td width="11%" align="center">评论人</td>
               <td width="18%"><?php echo $result[username]; ?></td>
               <td width="12%" align="center">评论时间</td>
               <td width="30%"><?php echo $result[datetime]; ?></td>
             </tr>
             <tr bgcolor="#FFFFFF">
               <td align="center">评论内容</td>
               <td colspan="4"><?php echo $result[content]; ?></td>
               <td>
                  <?php
                             if ($bool){
                        ?>
                  <a href="del_comment.php?comment_id=<?php echo
                  $result[id]?>"><img src="images/A_delete.gif"
                  width="52" height="16" alt="删除博客文章评论"
                  onClick="return d_chk();"></a>
                  <?php
                         }
                        ?>                         </td>
             </tr>
          </table></td>
        </tr>
        <?php
                        }while($result=mysql_fetch_array($sql));
                        }
                ?>
       </table>
```

```html
<table width="560" border="0" align="center" cellpadding="0"
cellspacing="0">
  <tr bgcolor="#EFF7DE">
    <td width="52%">  页次: <?php echo $page;?>/<?php
    echo $page_count;?>页
      记录: <?php echo $message_count;?> 条 </td>
    <td align="right" class="hongse01">
      <?php
      if($page!=1)
       {
         echo  "<a href=article.php?page=1&file_id=".$file_
         id.">首页</a> ";
         echo "<a href=article.php?page=".($page-1)."&file_
         id=".$file_id.">上一页</a> ";
       }
      if($page<$page_count)
       {
           echo "<a href=article.php?page=".($page+1)."&file_
           id=".$file_id.">下一页</a> ";
           echo  "<a href=article.php?page=".$page_count.
           "&file_id=".$file_id.">尾页</a>";
       }
      }
      }
      ?> </td>
  </tr>
</table></td>
</tr>
<tr>
  <td height="107" align="center" valign="top">
    <!-- 发表评论  -->
    <form name="myform" method="post" action="check_comment.php">
        <table width="560" border="1" align="center"
        cellpadding="3" cellspacing="1" bordercolor="#9CC739"
        bgcolor="#FFFFFF">
         <tr align="left" colspan="2" >
           <td width="390" height="25" colspan="3" valign="top"
           bgcolor="#EFF7DE"> <span class="right_head"><SPAN
           style="FONT-SIZE: 9pt; COLOR: #cc0033"></SPAN></span>
           <span class="tableBorder_LTR"> 发表评论</span> </td>
         </tr>
        <td height="112" align="center" valign="top" >
          <input name="htxt_fileid" type="hidden" value="<?php
          echo $_GET[file_id];?>">
          <table width="500"  border="1" cellpadding="1"
          cellspacing="0" bordercolor="#D6E7A5" bgcolor=
          "#FFFFFF">
          <tr>
            <td align="center">我要评论</td>
            <td width="410"><textarea name="txt_content" cols=
            "66" rows="8" id="txt_content" ></textarea></td>
          </tr>
          <tr align="center">
```

```
                    <td colspan="2"><input type="submit" name="submit"
                    value="提交" onClick="return check();">
                       
                    <input type="reset" name="submit2" value="重置">
                    </td>
                  </tr>
                </table>                    </td>
            </table>
              </form>
            <!-------------->
            </td>
        </tr>
      </table>

            </td>
  </tr>
</table></TD>
    </TR>
  </TBODY>
</TABLE>
</body>
</html>
```

14.5.5   删除文章、评论的实现过程

在查看博文评论页面，当系统判定当前用户为管理员或是博文作者时，在每篇博文和评论的后面，都将显示相应的"删除"按钮。单击任意的"删除"按钮，系统会提示是否删除，如果确认，将跳转到处理页（del_file.php 和 del_comment.php），完成删除操作。在删除博文的处理页中，删除博文的同时，也删除了该篇博文的相关的评论。处理页首先在博文列表（t_article）中删除 id 等于$file_id 的记录，如果没有可删除记录，则提示失败，并返回上一步；如果删除成功，则转到评论列表（t_comment）中，删除所有该篇博文的评论。删除博文页（del_file.php）的关键代码如下。

```php
<?php
    session_start();
    include "check_login.php";
    include "Conn/conn.php";
    $sql="delete from tb_article where id=".$file_id;
    $result=mysql_query($sql,$link);
    if($result){
        $sql1 = "delete from tb_filecomment where fileid = ".$file_id;
        $rst1 = mysql_query($sql1,$link);
        if($rst1)
            echo "<script>alert('博客文章已被删除!');location='$_SERVER
            [HTTP_REFERER]';</script>";
        else
            echo "<script>alert('删除失败!');history.go(-1);</script>";
    }
    else{
        echo "<script>alert('博客文章删除操作失败!');history.go(-1);
```

```
                    </script>";
        }
    ?>
```

14.6 图片上传模块设计

图片上传在动态网页开发过程中应用非常广泛，为了能够和用户更好地互动，很多网站都为用户提供了上传图片的功能。如果有比较好的图片想和其他人一同分享，就可以通过图片上传功能来实现，以增加网站的核心竞争力。本系统的图片上传模块主要实现对图片的添加、浏览、查询和删除操作，而对图片的删除则只有管理员才有权限。

14.6.1 图片上传模块技术分析

上传图片和上传文件的原理基本相同，接下来主要介绍如何上传图片和图片的保存方式。

1. 上传图片的基本流程

在网页中实现上传图片功能的步骤如下。

（1）通过<form>表单中的 file 元素选取上传数据。

使用 file 元素上传数据时注意一点：就是在 form 表单中要加上属性enctype="multipart/form-data"，否则上传不了文件或图片。

（2）在处理页中使用$_FILES 变量中的属性判断上传文件类型和上传文件或图片，大小是否符合要求。$_FILES 变量为系统预定义变量，保存的是上传文件（图片）的相关属性。使用格式为：$_FILES[name][property]。图片的相关属性如表 14-5 所示。

表 14-5 图片相关属性

属　性　值	说　　　明
name	上传文件的文件名
type	上传文件的类型
size	上传文件的大小
tmp_name	上传文件在服务器中的临时文件名
error	上传文件失败的错误代码

（3）使用 move_uploaded_file() 函数上传文件（图片）或将文件（图片）以二进制的形式保存到数据库中。使用函数将文件（图片）保存到对应的文件夹中和以二进制的形式保存到数据库中是上传文件（图片）的两种形式。

（4）返回页面等待下一步操作。

2. 使用上传函数保存文件或图片

使用上传函数上传文件或图片的本质就是将文件或图片从浏览器端复制到服务器端

指定的文件夹里，数据库所存储的就是文件或图片的相对地址。当页面显示图片时需分为两步：第一步是读取文件或图片在数据库表中的地址；第二步是根据地址在页面中显示图片。此种方式的好处是减少数据库的容量和对数据库的压力，而且图片很容易被搜索引擎抓到，从而提高网站流量和人气。

move_uploaded_file()函数的一般格式为：

```
bool move_uploaded_file ( string filename, string destination );
```

filename：上传到服务器中的临时文件名。

destination：保存文件的实际路径。

> **注意**：这里的 filename 为临时文件名，而不是上传文件的原文件名，可以通过 $_FILES[filename][tmp_name]来获取。

14.6.2 图片上传的实现过程

博客用户登录后，单击导航栏中的"图片管理"|"添加图片"选项，即可进入添加图片页面，在"图片名称"文本框中添加上传的图片名称，在"上传路径"文本框中选择或者单击"浏览"按钮选择自己喜欢的图片，单击"提交"按钮，以二进制形式将图片上传到数据库中。图片上传页面的运行结果如图 14-16 所示。

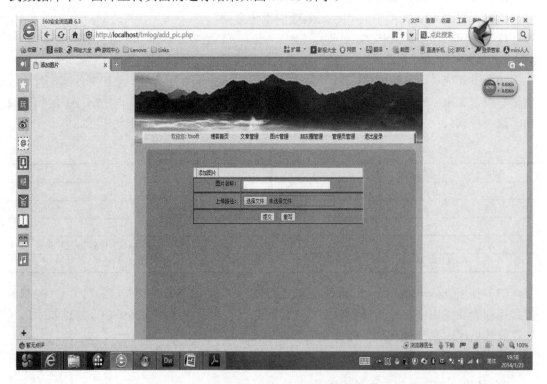

图 14-16　图片上传页面

图片上传页是一个上传文件的表单，主要包括一个文本域、一个文件域和一个"提交"

按钮。部分表单元素的名称及属性如表 14-6 所示。

表 14-6　图片上传页面中的表单元素

名　　称	元素类型	重　要　属　性	含　　义
myform	form	method="post"　　　action="tptj_ok.php" enctype="multipart/form-data"	图片上传表单
tpmc	text	type="text" id="tpmc" size="40"	图片名称
file	file	type="file" size="23" maxlength="60"	上传路径
btn_tj	submit	type="submit" id="btn_tj" value="提交" onClick="return pic_chk();"	"提交" 按钮

当用户输入图片名称，并选择相应路径后，单击"提交"按钮，系统将进入到上传处理页（tptj_ok.php）中进行处理。在处理页中，首先对图片名称进行处理，去掉特殊字符、空行和空格，然后对上传的文件进行类型检查、文件大小检查。最后以二进制的形式，和图片的其他信息（如上传用户、上传时间等）一起存进数据库的表中。关键代码如下。

```
<html1>
<head>
</head>
<body>
<?php
session_start();
include("Conn/conn.php");

if($_POST["btn_tj"]=="提交"){

    $tpmc=htmlspecialchars($_POST[tpmc]);
     //将图片名称中的特殊字符转换成 HTML 格式
    $tpmc=str_replace("\n","<br>",$tpmc);
     //将图片名称中的回车符以自动换行符取代
    $tpmc=str_replace(""," ",$tpmc);
     //将图片名称中的空格以" "取代

    $author=$_SESSION[username];
    $scsj=date("y;m;d");              //设置图片的上传时间
    //echo $_POST[file];
 // $fp=fopen($file,"r");        //以只读方式打开文件
 // $file=addslashes(fread($fp,filesize($file)));
    //将文件中的引号部分加上反斜线
    $fp=fopen($_FILES['file']['tmp_name'],"r");
    //以只读方式打开文件
$file=addslashes(fread($fp,filesize($_FILES['file']['tmp_
name'])));        //将文件中的引号部分加上反斜线
    $query="insert into tb_tpsc (tpmc,file,author,scsj) values ('$tpmc',
    '$file','$author','$scsj')";        //创建插入图片数据的 sql 语句

    $result=mysql_query($query);
    if ($result)
    {
        echo "<meta http-equiv=\"refresh\" content=\"1;url=browse_pic.
        php\">图片上传成功，请稍等...";
    }
    else
    {
```

```
                echo "defeat, the size of image is too large .(size<220kb)";
            }
    }
?>
</body>
</html>
```

14.6.3　图片浏览与删除的实现过程

图片上传使用的数据库表为 t_pic。无论是注册用户，还是非注册用户，只要登录网站，就可以浏览所有图片。管理员拥有删除图片的权限，其他人都无此操作权限。非注册用户可以通过首页中的"最新图片"进入图片浏览页面，注册用户先进入个人管理界面，单击"图片管理"|"浏览图片"菜单，同样可以进入图片浏览页面。用户浏览图片页面的运行结果如图 14-17 所示。

图 14-17　浏览图片页面

本页的实现代码和查看文章页面略有不同，查看文章页面中，每条数据占了一行，而查看图片则采用的是分栏显示，以每行两张图片的格式输出，每页显示 4 张图片。图片下有对应的"删除"按钮，单击按钮可将图片删除。程序关键代码如下。

```
<?php session_start(); include "Conn/conn.php"; include "check_login.
php";?>
<html>
<head>
<meta http-equiv="Content-Type" content="text/html; charset=gb2312">
<link href="CSS/style.css" rel="stylesheet">
<title>浏览图片</title>
<style type="text/css">
<!--
```

```
.style1 {font-size: 12pt}
-->
</style>
</head>
<script src=" JS/menu.JS"></script>
<script language="javascript">
function pic_chk(){
if(confirm("确定要删除选中的项目吗？一旦删除将不能恢复！")){
    return true;
}else
    return false;
}
</script>
<body>
<div class=menuskin id=popmenu
    onmouseover="clearhidemenu();highlightmenu(event,'on')"
    onmouseout="highlightmenu(event,'off');dynamichide(event)"
     style="Z-index:100;position:absolute;">
</div>
<TABLE width="757" cellPadding=0 cellSpacing=0 style="WIDTH: 755px" align=
"center">
  <TBODY>
    <TR> <TD style="VERTICAL-ALIGN: bottom; HEIGHT: 6px" colSpan=3> <TABLE
    style="BACKGROUND-IMAGE: url( images/f_head.jpg); WIDTH: 760px;
    HEIGHT: 154px"
    cellSpacing=0 cellPadding=0> <TBODY>
         <TR>
          <TD height="110" colspan="6"
       style="VERTICAL-ALIGN: text-top; WIDTH: 80px; HEIGHT: 115px;
       TEXT-ALIGN: right"></TD>
         </TR>
         <TR>
          <TD height="29" align="center" valign="middle">
            <TABLE style="WIDTH: 580px" VERTICAL-ALIGN: text-top;
            cellSpacing=0 cellPadding=0 align="center">
              <TBODY>
                <TR align="center" valign="middle">
                    <TD style="WIDTH: 100px; COLOR: red;">欢迎您: <?
                    php echo $_SESSION[username]; ?>  </TD>
                  <TD style="WIDTH: 80px; COLOR: red;"><SPAN  style="FONT-
                  SIZE: 9pt; COLOR: #cc0033"></SPAN> <a href="index.php">
                  博客首页</a></TD>
                  <TD style="WIDTH: 80px; COLOR: red;"><A href="RegPro.
                  php"> </A><a  onmouseover=showmenu(event,productmenu)
                  onmouseout=delayhidemenu() class='navlink' style=
                  "CURSOR:hand" >文章管理</a></TD>
                  <TD style="WIDTH: 80px; COLOR: red;"><A href="RegPro.
                  php"> </A><a  onmouseover=showmenu(event,Honourmenu)
                  onmouseout=delayhidemenu() class='navlink' style=
                  "CURSOR:hand">图片管理</a></TD>
                  <TD style="WIDTH: 90px; COLOR: red;"><A href="RegPro.
                  php"> </A><a  onmouseover=showmenu(event,myfriend)
                  onmouseout=delayhidemenu() class='navlink' style=
```

```
              "CURSOR:hand" >朋友圈管理</a>  </TD>
              <?php
                if($_SESSION[fig]==1){
                ?>
                <TD style="WIDTH: 80px; COLOR: red;"><a
                onmouseover=showmenu(event,myuser) onmouseout=
                delayhidemenu() class='navlink' style="CURSOR:hand"
                > 管理员管理</a></TD>
              <?php
                }
                ?>
                <TD style="WIDTH: 80px; COLOR: red;"><A href="RegPro.
                php"> </A><a href="safe.php">退出登录</a></TD>
            </TR>
          </TBODY>
        </TABLE>                  </TD>
      </TR>
    </TBODY>
  </TABLE></TD>
</TR>
<TR>
  <TD colSpan=3 valign="baseline" style="BACKGROUND-IMAGE: url(images/
  bg.jpg); VERTICAL-ALIGN: middle; HEIGHT: 450px; TEXT-ALIGN: center">
  <table width="100%" height="100%"  border="0" cellpadding="0"
  cellspacing="0">
    <tr>
      <td height="451" align="center" valign="top"><br>
        <table width="640"  border="0" cellpadding="0" cellspacing="0">
        <tr>
          <td width="613" height="16" align="right" valign="top">
           </td>
          <br>
        </tr>
        <tr>
          <td height="292" align="center" valign="top" bordercolor=
          "#D6E7A5">
              <table width="600" border="1" align="center" cellpadding=
              "3" cellspacing="1" bordercolor="#9CC739" bgcolor=
              "#FFFFFF">
            <tr align="left" colspan="2" >
              <td width="390" height="25" colspan="3" valign="top"
              bgcolor="#EFF7DE"> <span class="tableBorder_LTR">
            浏览图片</span>                  </td>
          </tr>

            <td height="192" align="center" valign="top" ><?php
  if($_GET[page]=="" || is_numeric($_GET[page]==false))
    {
      $page=1;
    }
  else
    {
    $page=$_GET[page];
```

```
}
$page_size=4;        //每页显示 4 张图片
$query="select count(*) as total from tb_tpsc order by scsj desc";
$result=mysql_query($query);        //查询总的记录条数
$message_count=mysql_result($result,0,"total");        //为变量赋值
if($message_count==0)
 {
 echo "暂无图片！";
 }
 else
  {
    if($message_count<$page_size)
     {
      $page_count=1;
     }
     else
      {
       if($message_count%$page_size==0)
        {
         $page_count=$message_count/$page_size;
        }
        else
         {
          $page_count=ceil($message_count/$page_size);
         }
       }
    $offset=($page-1)*$page_size;
    $query="select * from tb_tpsc where scsj order by id desc limit
    $offset, $page_size";
    $result=mysql_query($query);
?>
        <table width="496" border="1" align="center" cellpadding=
        "3" cellspacing="1" bordercolor="#D6D7D6">
        <tr>
          <?php
$i=1;
while($info=mysql_fetch_array($result))
 {
   if($i%2==0)
     {
?>
          <td width="500"><table width="245" border="0"
          cellpadding="0" cellspacing="0">
             <tr>
             <!-- <td colspan="2"><div align="center"><img src=
             "image.php?recid=<?php echo $info[id];?>" width=
             "225" height="160"></div></td>-->
                <td height="160" colspan="2"><div align="center">
                <img src="image.php?recid=<?php echo $info[id];?>
                " width="225" height="160"></div></td>
             </tr>
             <tr>
               <td width="109" height="25" align="left"> 图片
```

```
                                      名称:<?php echo $info[tpmc];?></td>
                              <td width="128">上传时间:<?php echo $info[scsj];?>
                              </td>
                      </tr>
                         <tr>
                             <td colspan="2" height="25">
                             <?php
                                 if ($_SESSION[fig]==1){
                             ?>
                               <a href="remove.php?pic_id=<?php echo $info
                               [id]?>"><img src="images/A_delete.gif"
                               width="52" height="16" alt="删除图片" onClick=
                               "return pic_chk();"></a>
                             <?php
                                 }
                              ?>
                              </td>
                         </tr>
                  </table></td>
             </tr>
             <?php
         }
         else
         {
       ?>
<td width="500" height="180"><table width="236" height="185" border="0"
cellpadding="0" cellspacing="0">
   <tr>

     <td height="160" colspan="2"><div align="center"><img src="image.
     php?recid=<?php echo $info[id];?>" width="225" height="160">
     </div></td>
   </tr>
   <tr>
     <td width="110" height="25"> 图片名称:<?php echo $info
     [tpmc];?></td>
     <td width="126">上传时间: <?php echo $info[scsj];?></td>
   </tr>
   <tr>
       <td colspan="2" height="25">
       <?php
                         if ($_SESSION[fig]==1){
                  ?>
                    <a href="remove.php?pic_id=<?php echo $info
                    [id]?>"><img src="images/A_delete.gif"
                    width="52" height="16" alt="删除图片" onClick=
                    "return pic_chk();"></a>
                  <?php
                     }
                  ?>
       </td>
   </tr>
</table></td>
```

```
    <?php
         }
            $i++;
         }
      ?>
  </tr>
            </table></td>
         </table>
         <table width="600" border="0" align="center" cellpadding="0"
         cellspacing="0">
         <tr bgcolor="#EFF7DE">
          <td>  页次: <?php echo $page;?>/<?php echo
           $page_count;?>页
            记录: <?php echo $message_count;?> 条 </td>
          <td align="right" class="hongse01">
            <?php
            if($page!=1)
              {
               echo  "<a href=browse_pic.php?page=1>首页</a> ";
               echo "<a href=browse_pic.php?page=".($page-1).">上一
               页</a> ";
              }
            if($page<$page_count)
              {
                echo "<a href=browse_pic.php?page=".($page+1).">下
                一页</a> ";
                echo  "<a href=browse_pic.php?page=".$page_
                count.">尾页</a>";
              }
            ?>
           </td>
          </tr>
         </table>
          <p> </p></td>
      </tr>
       </table>
       <br>
       <br>
       <br></td>
   </tr>
</table></TD>
   </TR>
  </TBODY>
</TABLE>
</body>
</html>
```

图片对应的"删除"按钮，程序关键代码如下。

```php
<?php
    include "Conn/conn.php";
    $sql="delete from tb_tpsc where id=".$_GET[pic_id];
    $result=mysql_query($sql);
    if($result){
```

```
        echo "<script>alert('图片删除成功!');location='browse_pic.php';
        </script>";
    }
    else{
        echo "<script>alert('图片删除操作失败!');history.go(-1);</script>";
    }
?>
```

14.7 朋友圈模块设计

本系统的朋友圈模块的主要功能有添加、查询、删除好友。添加的好友除了该用户以外，包括管理员在内的所有外人都不可以查看，以保证个人隐私不被外泄。用户被删除时，该用户现有的朋友圈也一并被删除。

14.7.1 朋友圈模块技术分析

在查询好友的功能中，使用到了模糊查询语句，用于模糊查找好友列表。模糊查询语句使用的是 like 运算符。在 PHP 中，带有 like 运算符的查询语句的常用格式有以下两种。

1. 使用通配符"%"的where 子句

通配符"%"表示 0 个或多个、任意长度和类型的字符，包括中文汉字。
示例 1：表示查找所有内容包含"**php**"字的文章。

```
select * from tb_file where content like '%php%';
```

示例 2：查找所有包含"**php**"字或"**mysql**"字的文章，这时可以配合 **or** 运算符来使用。

```
select * from tb_file where content like '%php%' or content like '%mysql%';
```

2. 使用通配符"_"的where 子句

通配符"_"表示匹配任意的单个字符。
示例 1：查找用户名只包含 5 个字符，其中后 4 个字符为 **hbsi** 的用户。

```
select * from tb_user where regname like '_hbsi';
```

示例 2：查找所有以 **hbsi** 开头，并且以 **hbsi** 结尾的，中间包含三个字符的用户。

```
select * from tb_user where regname like 'hbsi___hbsi';
```

注意：使用 MySQL 做模糊查询要注意编码问题。如果编码不统一，那么查询时就容易查不到数据，或返回的数据不匹配。所以在安装 MySQL 时，要保持和系统编码的统一。常用的编码格式有 gb2312、utf8 和 gbk 等。

14.7.2 查询好友的实现过程

当用户要查询好友时，单击"朋友圈管理"|"查询朋友信息"，显示查询页面。查询可以分为姓名查询和编号查询，均为模糊查询。当用户输入要查找的关键字后，单击"检索"按钮或按 Enter 键，系统跳到处理页进行处理。操作涉及为数据库中表 tb_friend 中的数据。查询好友页面的运行结果如图 14-18 所示。

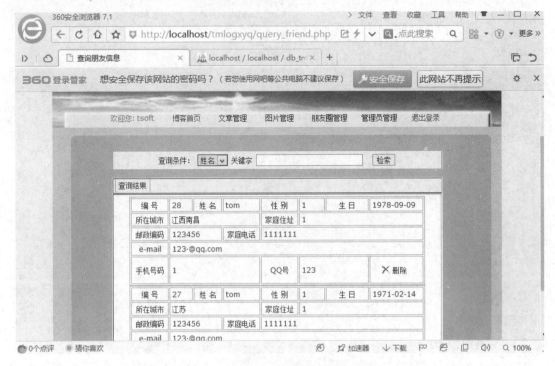

图 14-18 查询好友页面

查询页包含一个查询表单，包括查询条件和查询关键字两部分表单元素。主要表单元素如表 14-7 所示。

表 14-7 查询页表单的主要元素属性

名 称	元素类型	重 要 属 性	含 义
myform	form	method="post" action="query_friend.php" onSubmit="return check();"	查询好友表单
sel_tj	select	<option value="name" selected>姓名</option> <option value="id">编号</option>	查询条件选择
sel_key	text	id="sel_key" size="30"	查询关键字
submit	submit	type="submit" name="submit" value="检索"	"检索"按钮

当处理页接收到查询条件及查询关键字后，生成模糊查询语句，执行 SQL 语句并返回查询结果。如果没有输入关键字，则弹出提示框；如果没有查找到任何结果，则输出"Sorry!没有您要找的朋友！"。处理页的关键代码如下。

```
<?php session_start(); include "Conn/conn.php"; include "check_login.
php"; ?>
<html>
<head>
<meta http-equiv="Content-Type" content="text/html; charset=gb2312">
<link href="CSS/style.css" rel="stylesheet">
<title>查询朋友信息</title>
</head>
<div class=menuskin id=popmenu
    onmouseover="clearhidemenu();highlightmenu(event,'on')"
    onmouseout="highlightmenu(event,'off');dynamichide(event)"
    style="Z-index:100;position:absolute;"></div>
<script src=" JS/menu.JS"></script>
<script language="javascript">
function check(form){
if (document.myform.sel_key.value==""){
    alert("请输入查询条件!");myform.sel_key.focus();return false;
}
}
function fri_chk(){
if(confirm("确定要删除选中的朋友吗? 一旦删除将不能恢复! ")){
    return true;
}else
    return false;
}
</script>
<body>
<TABLE width="757" cellPadding=0 cellSpacing=0 style="WIDTH: 755px"
align="center">
  <TBODY>
    <TR> <TD style="VERTICAL-ALIGN: bottom; HEIGHT: 6px" colSpan=3> <TABLE
    style="BACKGROUND-IMAGE: url( images/f_head.jpg); WIDTH: 760px;
     HEIGHT: 154px"
    cellSpacing=0 cellPadding=0> <TBODY>
        <TR>
          <TD height="110" colspan="6"
        style="VERTICAL-ALIGN: text-top; WIDTH: 80px; HEIGHT: 115px;
        TEXT-ALIGN: right"></TD>
        </TR>
        <TR>
          <TD height="29" align="center" valign="middle"> <TABLE style=
          "WIDTH: 580px" VERTICAL-ALIGN: text-top; cellSpacing=0
          cellPadding=0 align="center">
              <TBODY>
                <TR align="center" valign="middle">
                  <TD style="WIDTH: 100px; COLOR: red;">欢迎您: <?php
                  echo $_SESSION[username]; ?>  </TD>
                  <TD style="WIDTH: 80px; COLOR: red;"><SPAN style=
                  "FONT-SIZE: 9pt; COLOR: #cc0033"></SPAN> <a href="index.
                  php">博客首页</a></TD>
                  <TD style="WIDTH: 80px; COLOR: red;"> <a onmouseover=
                  showmenu(event,productmenu) onmouseout=delayhidemenu()
                   class='navlink' style="CURSOR:hand" >文章管理</a></TD>
                  <TD style="WIDTH: 80px; COLOR: red;"> <a onmouseover=
                  showmenu(event,Honourmenu) onmouseout=delayhidemenu()
                  class='navlink' style="CURSOR:hand">图片管理</a></TD>
                  <TD style="WIDTH: 90px; COLOR: red;"> <a onmouseover=
                  showmenu(event,myfriend) onmouseout=delayhidemenu()
```

```
                              class='navlink' style="CURSOR:hand" >朋友圈管理</a> </TD>
                          <?php
                              if($_SESSION[fig]==1){
                               ?>
                              <TD style="WIDTH: 80px; COLOR: red;"> <a
                              onmouseover=showmenu(event,myuser) onmouseout=
                              delayhidemenu() class='navlink' style="CURSOR:hand"
                              >管理员管理</a></TD>
                              <?php
                              }
                              ?>
                              <TD style="WIDTH: 80px; COLOR: red;"> <a href="safe.
                              php">退出登录</a></TD>
                      </TR>
                  </TBODY>
              </TABLE></TD>
          </TR>
      </TBODY>
    </TABLE></TD>
  </TR>
  <TR>
   <TD colSpan=3 valign="baseline" style="BACKGROUND-IMAGE: url(images/
   bg.jpg); VERTICAL-ALIGN: middle; HEIGHT: 450px; TEXT-ALIGN: center">
   <table width="100%" height="100%"  border="0" cellpadding="0"
   cellspacing="0">
       <tr>
         <td height="451" align="center"><table width="600" height="360"
         border="0" cellpadding="0" cellspacing="0">
           <tr>
             <td height="32" align="center" valign="middle"><table
             width="480" border="0" cellpadding="0" cellspacing="0">
               <tr>
                 <td> <form  name="myform" method="post" action="">
                   <table width="560" border="1" cellpadding="3"
                   cellspacing="1" bordercolor="#D6E7A5">
                     <tr>
                       <td width="100%" height="28" align="center"
                       class="i_table">查询条件:
                         <select name="sel_tj" id="sel_tj">
                           <option value="name" selected>姓名</option>
                           <option value="id">编号</option>
                         </select>
                          关键字
                         <input name="sel_key" type="text" id="sel_
                         key" size="30">
 
                         <input type="submit" name="Submit" value="检
                         索" onClick="return check();"></td>
                     </tr>
                   </table>
                 </form></td>
               </tr>
             </table></td>
           </tr>
           <tr>
             <td height="325" align="center" valign="top">
               <?php
                 if ($_POST["Submit"]=="检索"){
```

```
        $tj=$_POST[sel_tj];
        $key=$_POST[sel_key];
        $sql=mysql_query("select * from tb_friend where $tj=
        '$key' and username='$_SESSION[username]'");
        $result=mysql_fetch_array($sql);
    if($result==false){
        echo ("[<font color=red>Sorry!没有您要找的朋友!</
        font>]");
    }
    else{
?>
<table width="560" border="1" align="center" cellpadding=
"3" cellspacing="1" bordercolor="#9CC739" bgcolor=
"#FFFFFF">
    <tr align="left" colspan="2" >
        <td width="390" height="25" colspan="3" valign="top"
        bgcolor="#EFF7DE"> <span class="tableBorder_LTR"> 查
        询结果</span> </td>
    </tr>
    <td height="192" align="center" valign="top" ><table
    width="480" border="0" cellpadding="0" cellspacing="0">
        <tr>
            <td align="center"> <?php
                do{
                ?>
            <table width="500" border="1" align=center
            cellpadding=3 cellspacing=2 bordercolor=
            "#FFFFFF" bgcolor="#FFFFFF" class=i_table>
            <tr bgcolor="#FFFFFF">
                <td width=13% align="center" valign=
                middle> 编
                    号</td>
                <td width=8% align="left"><?php echo $result
                [id]; ?></td>
                <td width=10% align="center">姓
                    名</td>
                <td width=13% align="left"><?php echo
                $result[name]; ?></td>
                <td width=13% align="center"><span class=
                "f_one">性
                    别</span></td>
                <td width=9% align="left"><?php echo $result
                [sex]; ?></td>
                <td width=15% align="center">生
                    日</td>
                <td width=19% align="left"><?php echo
                $result[bir]; ?></td>
            </tr>
            <tr bgcolor="#FFFFFF">
                <td width=13% align="center" valign=middle>
                所在城市</td>
                <td colspan="3" align="left"><?php echo
                $result[city]; ?></td>
                <td align="center">家庭住址</td>
```

```
                        <td colspan="3" align="left"><?php echo
                        $result[address]; ?></td>
                    </tr>
                    <tr bgcolor="#FFFFFF">
                      <td align="center">邮政编码</td>
                      <td colspan="2" align="left"><?php echo
                      $result[postcode]; ?></td>
                      <td align="center">家庭电话</td>
                      <td colspan="4" align="left"><?php echo
                      $result[tel]; ?></td>
                    </tr>
                    <tr bgcolor="#FFFFFF">
                      <td align="center">e-mail</td>
                      <td colspan="7" align="left"><?php echo
                      $result[email]; ?></td>
                    </tr>
                    <tr bgcolor="#FFFFFF">
                      <td height="45" align="center" valign=
                      middle>手机号码</td>
                      <td colspan="3" align="left"><?php echo
                      $result[handset]; ?></td>
                      <td align="center">QQ 号</td>
                      <td colspan="2" align="left"><?php echo
                      $result[QQ]; ?></td>
                      <td align="center">
                            <?php
                            if (isset($_SESSION[username])){
                            ?>
                            <a href="del_friend.php?friend_id=
                            <?php echo $result[id]?>"><img src=
                            "images/A_delete.gif" width="52"
                            height="16" alt="删除朋友信息" onClick=
                            "return fri_chk();"></a>
                            <?php
                            }
                             ?>
                          </td>
                    </tr>
                  </table>
                  <?php
                  }while($result=mysql_fetch_array($sql))
                 ?> </td>
                </tr>
              </table></td>
          </table>
          <?php
              }
            }
          ?> </td>
        </tr>
      </table></td>
    </tr>
  </table></TD>
  </TR>
</TBODY>
```

```
</TABLE>
</body>
</html>
```

小结

　　本章的博客管理系统首先介绍了博客的基本概念、发展前景、影响范围及博客网的功能分类，使读者对当今主流博客有了一个大致的认识。其次，实现了一个博客系统，包含所有基本功能的项目开发。最后，希望读者通过自己的努力，来逐步完善和加强这个博客系统的实用功能，最终完成一个令自己满意的作品。